"十二五"职业教育国家规划教材修订版

国家职业教育专业教学资源库配套教材

U0390978

YUANLIN ZHIWU ZAIPEI

园林植物栽培

（第三版）

质检

王国东 周兴元 主编
贾大新 李晓华 副主编

高等教育出版社·北京

内容提要

本书是“十二五”职业教育国家规划教材修订版，也是国家职业教育专业教学资源库配套教材。

全书分两篇，上篇是理论基础篇，包括园林植物及其生长发育、园林植物与环境；下篇是技能实训篇，包括园林绿化树种规划、园林树木种植、大树移植、园林树木的土水肥管理、园林树木的各种自然灾害以及预防措施、古树名木的养护、园林树木整形修剪的常用技术、主要园林树木的整形修剪、主要园林树木的栽培管理技术、园林植物容器栽培技术、特殊立地园林树木栽植。

本书可作为高职高专院校、应用型本科、五年制高职、继续教育园林技术、园林绿化、园林工程技术等专业的教材，也可供从事园林植物栽培养护、园林植物施工、园林种苗生产等工作人员的参考。

本书使用者可通过访问国家职业教育专业教学资源库共享平台（智慧职教，http：//www.icve.com.cn）上的园林技术专业教学资源库在线学习相关资源；也可以直接扫描二维码观看视频。

图书在版编目（CIP）数据

园林植物栽培 / 王国东，周兴元主编. -- 3版. -- 北京 ：高等教育出版社，2020.11（2021.11重印）
ISBN 978-7-04-054987-4

Ⅰ. ①园… Ⅱ. ①王… ②周… Ⅲ. ①园林植物-栽培技术-高等职业教育-教材 Ⅳ. ①S688

中国版本图书馆CIP数据核字(2020)第160181号

策划编辑 张庆波　　责任编辑 张庆波　　封面设计 王 洋　　版式设计 童 丹
插图绘制 李沛蓉　　责任校对 陈 杨　　责任印制 存 怡

出版发行 高等教育出版社
社　　址 北京市西城区德外大街4号
邮政编码 100120
印　　刷 鸿博昊天科技有限公司
开　　本 787 mm×1092 mm 1/16
印　　张 17.5
字　　数 430 千字
购书热线 010-58581118
咨询电话 400-810-0598
网　　址 http://www.hep.edu.cn
　　　　 http://www.hep.com.cn
网上订购 http://www.hepmall.com.cn
　　　　 http://www.hepmall.com
　　　　 http://www.hepmall.cn
版　　次 2006 年 1 月 第 1 版
　　　　 2020 年11月 第 3 版
印　　次 2021 年11月 第 2 次印刷
定　　价 36.40 元

本书如有缺页、倒页、脱页等质量问题，请到所购图书销售部门联系调换
版权所有 侵权必究
物 料 号 54987-00

前　言

党的十九大报告指出,“坚持人与自然和谐共生”“建设生态文明是中华民族永续发展的千年大计”。城乡环境建设是一个永恒的话题,园林植物栽培是其中一个不可缺少的要素。园林绿化设计、施工、养护企业数量急剧增加,规模快速扩大,急需一支技术精湛、业务娴熟的园林植物栽培和养护队伍。

园林植物栽培是高职高专园林类专业的主干课程,是一门实践性强、应用性广的课程,是国家职业教育园林技术专业教学资源库重点建设课程之一。课程以职业能力培养为重点,课程内容与行业岗位需求和实际工作需要紧密结合。课程设计以学生为主体,以能力培养为目标。基于上述课程建设理念,本书在编写中以“就业导向,能力本位”为指导,创新编写体例,更新编写内容,在保证理论基础知识实用、够用的前提下,主要以实践教学为主,强调技能实训。书中使用大量插图,有助于学生对相关知识的理解和相关技能的掌握。

书中理论基础篇和技能实训篇中的园林绿化树种规划、园林树木种植、园林树木的土肥水管理、古树名木的养护、园林树木整形修剪的绿化常用技术及园林树木的整形修剪等为本课程必修内容;技能实训篇中的主要园林树木的栽培管理技术、园林植物容器栽培技术、特殊立地园林树木的栽植等可根据各学校实际作为必修或选修内容。

本书由辽宁农业职业技术学院王国东教授、江苏农林职业技术学院周兴元教授担任主编。辽宁农业职业技术学院贾大新、江苏农林职业技术学院李晓华担任副主编。辽宁农业职业技术学院柳玉晶、张咏新,江苏农林职业技术学院李铁军、周道宏,温州科技职业学院梁文杰参加编写。辽宁农业职业技术学院原院长蒋锦标教授、北京绿京华生态园林股份有限公司董事长李夺担任主审。

编写分工如下:王国东、周兴元编写技能五、技能六;王国东编写技能九;王国东、贾大新编写技能二、技能三、技能四、技能七、技能八;柳玉晶、李铁军编写第二章、技能一;张咏新、李晓华编写第一章;梁文杰、周道宏编写技能十、技能十一。

全书由辽宁农业职业技术学院王国东教授统稿。

在此对曾给予本书编写大力支持和帮助的领导和同行们表示衷心感谢!

由于编者水平有限,不足之处,敬请批评指正。

编　者

2020年7月

目 录

上篇 理论基础

下篇 技能实训

上篇

理论基础

第一章　园林植物及其生长发育

目的要求

- 了解园林植物的概念、范畴以及园林植物的分类方法
- 理解园林植物生命周期和年周期的生长发育特点
- 掌握园林树木各器官的生长发育特点

学习要点

- 园林植物的概念
- 园林植物的分类
- 各器官在园林植物生命周期和年周期各阶段的生长发育特点

地球上的植物约有50万种，近1/6具有观赏价值，园林绿化所使用的植物仅为一小部分。园林植物种类繁多、习性各异，必须进行科学、合理的分类，才能进一步加以应用。

园林植物生长发育过程有一定的周期性，包括生命周期和年周期。各个器官在生长发育周期中表现出各自的生长发育特点。只有掌握了园林植物的生长发育特点，才能采取适宜的栽培管理措施，培育出更好的园林植物，应用于园林建设中。

第一节　园林植物的范畴与分类

Q：什么是园林植物？如何分类？

一、园林植物的概念及其范畴

园林植物是园林绿化中人工栽培的观赏植物，是供观赏、改善、美化环境和增添情趣的植物总称。园林植物包括木本园林植物和草本园林植物两大类，它们是构成自然环境、公园、风景区、城市绿化及室内装饰的基本材料。木本植物在绿化环境中起骨架作用，能营造浓荫、绿叶、花香和美果的美妙境界；草本植物起点缀、丰富园景和增加色调的作用，使园林景观充满生机，显得活泼而不呆板。如植物园和森林公园，基本上是由植物造景构成。将各种园林植物进行合理的配置和艺术搭配，再辅以少量的建筑、山石、园路、雕塑、水体等设施，即可组成一个优雅、舒适、风景如画的绿化环境。既可以达到净化空气、防治污染、调节气候、改良土壤、美化环境的目的，又可以为人们提供清新、优美、舒适、高雅的活动空间。

二、园林植物的分类

园林植物种类繁多，分布范围广，习性各异，栽培应用方式多种多样。为便于研究和应用，需要将园林植物进行分类。

（一）依据园林植物生长习性分类

1. 木本园林植物

木本园林植物是指园林绿化中栽植和应用的木本植物，是构成园林风景的主要植物，也是发挥园林绿化效益的主要植物类群。

(1) 按生长习性分类

乔木类：树体高大（5 m 以上），有明显高大挺直的主干，距地面较高处分枝形成树冠。按照树高分为大乔木（高 20 m 以上），如水杉（图 1–1）、云杉、白桦、毛白杨等；中乔木（高 10~20 m），如银杏、槐树、旱柳等；小乔木（高 5~10 m），如山桃、樱花、红叶李等。

图 1–1 大乔木（水杉）

图 1–2 灌木（棣棠）

灌木类：树体矮小（5 m 以下），无明显主干或主干短，枝近地面处丛生，如月季、金银木、紫荆、棣棠（图 1–2）、蜡梅、牡丹、珍珠梅等。

藤本植物：藤本植物是指能攀缘其他物体向上生长的木本蔓性植物。有的具有特殊的器官，如吸盘（如地锦）、吸附根[如凌霄（图 1–3）]、卷须（如葡萄）、蔓条（如蔷薇、藤本月季）等；有的藤本植物茎干本身有缠绕性（如紫藤）。

匍匐植物：植物的干、枝不能直立，匍匐地面生长，如偃松、铺地柏等（图 1–4）。

(2) 按是否落叶分类

常绿树：指四季常青的乔灌木，如油松、侧柏、广玉兰、枸骨等。

落叶树：指冬季树叶全部脱落的乔灌木，如梧桐、樱花、丁香等。

(3) 按叶的类型分类

针叶树：叶多为常绿（也有落叶的如金钱松、落叶松），针状或鳞片状，为裸子植物，如松、杉、柏等。

阔叶树：叶片宽阔，为双子叶植物，如悬铃木、广玉兰、泡桐、紫荆等。

图 1–3 藤本(凌霄)

图 1–4 匍匐植物(铺地柏)

2. 草本园林植物

(1) 露地花卉。露地花卉是指在露地自然条件下,可以完成生长发育全过程的园林草本植物。依据生命周期长短,分为一年生草本花卉、二年生草本花卉、宿根花卉和球根花卉。

一年生草本花卉:生命周期为一年,一般春季播种,夏季开花,秋季结实,冬季枯死。又称为春播花卉,如鸡冠花、翠菊、百日草、波斯菊(图 1–5)、金鱼草等。

二年生草本花卉:生命周期为两个生长季,第一年夏秋播种,第二年春季开花后结实枯死,又称为秋播花卉,如三色堇、羽衣甘蓝、金盏菊等。

宿根花卉:指植株寿命超过两年且能年年开花结实的花卉,如蜀葵、锦葵、芍药、菊花(图 1–6)、玉簪、荷包牡丹等。

图 1–5 一年生草本花卉(波斯菊)

图 1–6 宿根花卉(菊花)

球根花卉：指地下部分变态，具有肥大的块根（如大丽花、花毛茛）、块茎（如马蹄莲、大岩桐）、根茎（如美人蕉）、球茎（如唐菖蒲）、鳞茎（如百合、郁金香）的花卉。变态根或变态茎中贮藏着丰富的营养物质。

(2) 温室花卉。指原产于热带、亚热带及温暖地区的植物，在较冷的地区，不能自然露地越冬，必须在一定设施（如冷床、温床、大棚、温室等）内保护越冬，如瓜叶菊、仙客来、兰科植物、仙人掌科植物等。

(3) 水生植物。指生活在沼泽或不同水域中的植物，多为宿根草本花卉，除王莲外，多数为落叶植物，如荷花、凤眼莲、千屈菜、菖蒲等。

(4) 草坪植物。指用于覆盖地面，形成面积较大且平整的草地的草类植物。草坪植物大多是一些适应性较强的矮生禾本科植物，大多为多年生植物，如结缕草、狗牙根、野牛草、多年生黑麦草、剪股颖等，也有一、二年生植物，如一年生早熟禾。除禾本科植物之外，还有一些其他科的矮生草类，如莎草科的苔草、旋花科的马蹄金和豆科的白三叶等。

（二）依据园林植物观赏部位分类

1. 观花类植物

观花类植物是指花朵大而美丽，以观花为主的植物。包括木本观花类，如玉兰、牡丹、杜鹃、山茶、连翘和梅花等；草本观花类，如金鱼草、三色堇、一串红、唐菖蒲、菊花等。

2. 观叶类植物

观叶类植物以观叶为主，叶片奇特，色泽艳丽多变，具有很高的观赏价值，如五角枫、黄栌、红叶李、银杏、变叶木、龟背竹、竹芋和彩叶草等。

3. 观茎类植物

观茎类植物指枝茎引人注目，具有独特观赏价值的植物，如红瑞木、白皮松、白桦、光棍树、佛肚竹和黄金槐（图 1-7）等。

4. 观芽类植物

观芽类植物指以观芽为主的植物，如银芽柳、结香等。

5. 观果类植物

观果类植物指果实色泽艳丽，经久不衰，或果形奇特，果实累累的植物，如佛手、南天竹（图

图 1-7　观茎类（黄金槐）

图 1-8　观果类（南天竹）

1–8）、石榴、金橘、乳茄等。

6. 观姿态类植物

观姿态类植物树势挺拔或枝条扭曲、盘绕，树形优美，如雪松、龙爪槐、银杏及龙柏等。

7. 其他观赏类植物

其他观赏植物包括观赏苞片的象牙红、马蹄莲、叶子花；观赏膨大花托的鸡冠花；观赏瓣化萼片的紫茉莉、铁线莲；观赏瓣化雄蕊的美人蕉、红千层等。

（三）依据园林植物在绿化中的用途分类

1. 行道树

行道树是指成行种植在道路两旁的树木，如悬铃木、银杏、垂柳、香樟、合欢等（图 1–9）。

2. 庭荫树

庭荫树是指树冠浓密，形成较大树荫的树木。一般孤植或丛植在庭院、广场或草坪内，供人们休憩，如雪松、榕树、香樟、玉兰、樱花等（图 1–10）。

图 1–9 行道树

图 1–10 庭荫树

3. 花灌木

花灌木是指以观花为目的而栽植的灌木，以花大、色艳、浓香而取胜，如梅花、丁香、迎春、榆叶梅、木槿、桂花、栀子、紫荆、牡丹及月季等。

4. 片林与林带类

林木按带状栽植，作为公园外围的隔离带。环抱的林带组成一个闭锁的空间，稀疏的片林可以供游人休息和游玩，如毛白杨、各种松、柏、水杉、刺槐、栾树、竹、柳、广玉兰、槭类、栎类等。

5. 绿篱植物

绿篱植物是将耐修剪的植物成行密植，代替栏杆保护花坛，或在园林中起装饰和分隔作用，也可组成各种图案。常用树种有黄杨、女贞、水蜡、侧柏、龙柏、小檗、白榆、红叶石楠及枸骨等（图 1–11）。

6. 垂直绿化植物

栽植攀缘植物，绿化墙面和棚架等。常用种类如凌霄、紫藤、地锦、葡萄、木香、常春藤及络石等。

7. 草坪与地被植物

低矮的木本植物或草本植物种植在林下或裸露的地面上，起覆盖地面、防尘降温和美化的作用，如酢浆草、白三叶、马蹄金、沿阶草、结缕草、野牛草、早熟禾及铺地柏等。

8. 花坛植物

观花、观叶的草本花卉及低矮灌木露地栽植，组成各种花纹和图案。如常见一、二年生草本花卉、月季、石楠、檵木及金叶女贞等(图 1–12)。

图 1–11 绿篱植物

图 1–12 花坛植物

9. 切花及室内装饰植物

做成切花摆放在室内，或栽植在墙壁或柱上专设的花槽内，如菊花、唐菖蒲、香石竹、月季、蕨类、空气凤梨、吊兰、巴西铁、朱蕉、龙舌兰、仙人掌、三角花及竹芋等。

10. 盆景类

将花、草、树栽植在盆中，经艺术造型后，展现自然美景，美化生活，如五针松、枸骨、火棘、女贞、红豆杉、雀梅及罗汉松等。

(四) 依据园林植物的经济用途分类

木本粮食类：果实含淀粉较多，如板栗。

木本油料类：果实含脂肪较多，可以榨油，如油茶、文冠果等。

果用植物：果实可鲜食或加工成果脯、饮料等，如苹果、葡萄、柑橘、枇杷等。

药用植物：植物器官可以入药，如牡丹、杜仲、枸杞等。

芳香植物：花、枝、叶、果含芳香油，可提炼香精，如玫瑰、茉莉、肉桂等。

用材植物：提供木材、竹材及薪炭材等，如杉、竹、松等。

特用经济植物：提供特殊用途的植物，如橡胶树、漆树等。

观赏植物：雪松、金钱松、白皮松等大部分植物都具有观赏性。

蔬菜类植物：嫩的茎、叶可以食用，如石刁柏、香椿、落葵等。

第二节 园林植物的生长发育

Q: 园林植物的生命周期各阶段有何特点？年生长周期是怎样划分的？相应的管理措施是什么？物候观测的内容是什么？

一、园林植物的生命周期

园林植物无论是草本还是木本，每个植物从生命开始到结束，都要经历几个不同的生长发育阶段，即营养生长、生殖生长（即开花结实）、衰老和死亡（或更新）阶段。每个阶段长短不一，对外界条件的要求不同。研究园林植物生长发育变化，目的在于根据其生命周期各阶段的特点，采取相应的栽培管理措施，促进和控制园林植物生长发育进程，使其更好地满足园林绿化的需要。

园林植物种类繁多，生命周期长短不一。下面对木本植物、多年生草本植物和一、二年生草本植物的生命周期分别进行介绍。

（一）木本植物

木本植物也称为树木，个体寿命较长，可达几十甚至上百年。树苗分为两类，一是实生苗，即由种子开始的个体；另一是营养苗，即由营养器官繁殖开始的个体。

实生苗的生命周期可以划分为以下 5 个阶段。

1. 种子期

种子期是树木自卵细胞受精形成合子开始到种子萌发时为止。部分树木种子成熟后脱离母体，遇适宜条件即能萌发，如枇杷、白榆及麻栗等。但有些树木种子成熟后，即使给予适宜条件也不能立即萌发，需要经过一段时间自然休眠后才能发芽生长，如银杏、红豆杉、桃及杏等。

2. 幼年期

幼年期是从种子发芽到树木出现第一次花芽为止。这一时期是树木地上部和地下部旺盛的离心生长时期。树木在高度、冠幅、根系长度和根幅方面生长很快，体内营养物质快速积累，为营养生长转向生殖生长做准备。幼年期长短因树种种类不同而不同，有的只有一年，如紫薇、月季；大多数树木需 3~5 年或更长时间，如桃需 3 年，杏需 4 年，银杏需 20 年左右。处于幼年期的树木，可塑性大，适于定向培养、引种驯化。

园林绿化中常用苗木的幼年期大都是在苗圃内度过的。这一时期苗木在高度和根系生长上迅速，应注意培养树形，通过移植或切根，促生大量的须根和水平根，以提高出圃后的成活率。行道树和庭荫树的苗木，应注意先养干、养根和后促冠，使其达到规定的主干高度和冠幅。

3. 青年期

青年期是从树木第一次开花到花、果性状逐渐稳定为止。这一时期的树木离心生长仍然较快，但花、果实性状尚未达到该树种应有的标准性状。植株可以年年开花结实，但数量较少。

青年期的树木较前期可塑性大大降低，在栽培养护过程中，应给予良好的环境条件，加强水肥管理，使植株迅速扩大树冠、增加叶面积，加强树体内营养物质的积累。花灌木应采取合理的整形修剪，调节植株长势，培养骨干枝，塑造优美的树形，为壮年期的大量开花结实做准备。

为了使青年期的树木多开花，不能采用重剪。因为重剪从整体上削弱了植株总生长量，促进了部分枝条的旺盛生长，消耗大量营养，不利于营养物质的积累。

4. 壮年期

壮年期是从树木生长势自然减慢到树冠外围小枝出现干枯为止。这一时期的树木，各方面已经成熟，植株粗大，树冠定型，花、果性状稳定，能充分表现出该树种或品种的固有性状，同时对不良环境的抗性也达到最强。壮年期的后期，骨干枝的离心生长停止，出现衰退，树冠顶部和主枝先端出现枯梢，根系先端也干枯死亡。

壮年期应加强树体的综合管理，合理地灌溉、施肥，适宜地整形修剪，使其能够继续旺盛生长，避免早衰，较长时间地发挥观赏效益。施肥量应随开花量的增加逐年增加，休眠期施足基肥，生长期多次追肥，对促进根系生长、增强叶片功能、促进花芽分化非常有利；同时切断部分骨干根，进行根系更新；并将病虫枝、老弱枝、下垂枝和交叉枝等疏剪，改善树体通风透光条件。

5. 衰老期

衰老期是从树木生长发育出现明显衰退到死亡为止。这一时期树木生长势逐年下降，开花枝大量衰老死亡，开花、结实量减少，品质降低，树冠及根系体积缩小，树冠内常发生大量徒长枝，主枝上出现大的更新枝，对不良环境抵抗力差，极易生病虫害。

衰老期应加强肥水管理，在辐射状或环状沟施肥过程中，切断粗大的骨干根，促生较多的侧须根。另外，每年应中耕松土 2~3 次，疏松土壤，增强根系的活力。必要时用同种幼苗进行桥接或高接，帮助恢复树势。对更新力强的植物，重剪骨干枝，促发侧枝，或用萌蘖枝代替主枝进行更新和复壮。

值得注意的是，以上树木几个生长发育时期，没有明显的界线，各个时期的长短受树木本身系统发育特性和环境条件的限制，同一树种在不同环境条件下，各个时期的长短也会有较大差异。总的来说，树木在成熟期以前生长发育较快，积累大于消耗。成熟期以后生长量逐渐减少，衰老加快。

营养繁殖的木本植物，没有种子期和幼年期（或幼年期很短），只要环境适宜，就可开花。一生只经历青年期、壮年期和衰老期。各个年龄时期的特点及其管理措施与种子繁殖植物相应的时期基本相同（图 1–13 至图 1–16）。

图 1–13 种子期（山皂荚）

图 1–14 幼年期（山皂荚）

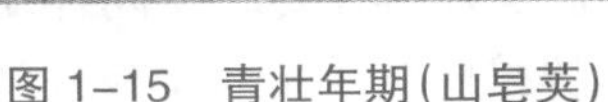

图 1-15 青壮年期（山皂荚）

图 1-16 衰老期（山皂荚）

（二）多年生草本植物

多年生草本植物个体寿命较木本植物短，一般仅 10 年左右。一生也需经历种子期、幼年期、青年期、壮年期、衰老期 5 个时期，各时期与木本植物相比要短一些。

（三）一、二年生草本植物

一、二年生草本植物，生命周期很短，在一年至二年中完成。它们一生也要经历种子期、幼年期、青年期、壮年期、衰老期。各个生长发育阶段很短，终生只开一次花。当气候条件不适合时，全株死亡，以种子延续生命。如百日草，一般春天播种，春夏季经历幼年期、青年期、壮年期，秋季来临时，种子成熟后全株死亡。整个生命周期历时近一年。

二、园林植物的年生长周期及物候观测

植物在一年中生长发育的规律，称为植物的年生长周期。在年生长周期中，因受环境条件的影响，植物内部生理机能发生改变的同时，外观形态也相应出现变化。植物的各个器官随季节性气候变化而按一定的顺序发生的形态变化称为物候。在一年中随着气候的变化各生长发育阶段开始和结束的具体时期，称为物候期。物候是植物年周期的直观表现，可作为植物年周期划分的重要依据。

（一）园林树木的年生长周期

根据温带地区树木地上部分在一年中生长发育的规律及其物候特点，可将树木的年生长周期划分为 4 个时期。

1. 生长初期

绝大多数树木生长初期是从春季树液流动、萌芽起，至发叶基本结束止。此时根系已经在生长，但常将萌芽作为树木开始生长的标志。萌芽、发叶的早晚与快慢，除取决于树种特性外，还与温度、营养、水分和产地有关。许多树木萌芽的起始温度为3~5℃，落叶树萌芽几乎是全部利用上年贮藏在根、枝干内的营养，对土壤中的无机养分与水分吸收甚少，萌芽前应先施足基肥。原产南方的树木，萌芽生长需要较高的温度，如果种植地北移，萌芽期会相应延迟。

这段时期，新叶开始形成，根系、枝梢加长生长。随着气温回升，应加强松土除草，适当增加灌水，树木会很快进入生长旺盛期，这时，对萌芽开花的树木，应追施薄肥。生长初期，树木的光合效能还不太高，总的生长量相对较小，抗寒能力较弱，在一些地区应注意倒春寒与春旱的不良影响（图1–17）。

2. 生长盛期

生长盛期大致是从树木发新叶结束至枝梢生长量开始下降为止。在生长盛期，树木叶面积达到最大，叶色浓绿，含叶绿素多，有很强的同化能力；枝、干的加长和加粗生长均十分显著；新梢上形成的芽也较饱满，有些树种还能很快形成腋花芽而开花。在树木生长盛期，连续的高温干旱天气，会使枝梢生长量变小，节间缩短，新梢逐渐木质老化，甚至封顶停止生长，出现一个生长低谷，严重者会新梢干枯，大量落叶。生长盛期树木对水、肥需求量大，在中耕除草、防治病虫害的同时，应增施追肥、加强灌溉（图1–18）。

图1–17 生长初期（文冠果）

图1–18 生长盛期（文冠果）

3. 生长末期

生长末期是从树木的生长量开始大幅度下降至停止生长为止。此时期枝梢木质化程度逐渐加重，芽封顶形成芽鳞，不断由叶向芽、枝干及根系转移体内的营养物质，常绿树木叶片的角质化和蜡质化加重，落叶树木叶片开始变色脱落。此时树木的休眠状态尚浅，切忌供给土壤大量的水分、养分，特别是氮肥，避免使树木回转到生长状态。可适量施用磷、钾肥，有助枝梢的木质化和营养物质的运输转移，增强树木的抗寒能力。

4. 休眠期

休眠期是从树木停止生长至萌芽前的一段时期。休眠期内，树木体内新陈代谢活动十分微弱和缓慢。落叶树的叶子已全部脱落，物候几乎没有变化。此时期不必追肥，但可施入基肥，有利于翌年萌芽、开花与生长。休眠期为树木在一年中对外界环境抗性最强的阶段，适合进行移栽、整形修剪，应抓紧实施其他许多冬季管理措施（图 1-19）。

图 1-19 休眠期（文冠果）

（二）草本植物年生长周期

大多数生宿根花卉或球根花卉春季开始生长，开花结实后，地上部分枯死，地下贮藏器官进入休眠状态越冬（如鸢尾、芍药、萱草、铃兰、玉簪以及春植球根类的唐菖蒲、大丽花等）或越夏（如秋植球根类的水仙、郁金香、风信子、小苍兰等）。一年生草本植物春季萌芽后，当年开花结实，而后死亡，仅有生长期的各时期的变化，无休眠期，因此其生命周期就是年周期。二年生草本植物秋播后，以幼苗状态越冬休眠或半休眠，第二年萌芽生长，开花结实后死亡。

（三）园林树木的物候观测

1. 物候观测的意义

园林树木的物候观测在气候学、地理学、生态学等学科领域具有重要意义，在园林树木栽培中有重要作用。

(1) 通过了解各种园林树木的开花物候期，合理配置树木，使树木间的花期相互衔接，做到四季有花，提高园林风景的质量。

(2) 观测结果可为科学制定年工作计划和安排生产及进行花期控制提供依据。

(3) 观测结果可为确定绿化造林时期和树种栽植的先后顺序提供依据。如春季发芽早的树木先栽，萌芽晚的可以迟栽，既保证了树木的适时栽植，提高栽植成活率，又可以合理地安排劳动力，缓解春季劳力紧张的矛盾。

(4) 观测结果可为育种原材料的选择提供科学依据。如掌握育种材料的花期、花粉成熟期、适宜授粉期等，是杂交育种取得成功的重要保证。

2. 物候观测的方法

根据《中国物候观测方法》一书提出的有关基本原则，结合园林树木的特点，进行园林树木物候观测，主要应做好如下几个方面的工作。

(1) 确定观测地点。观测地点应在一定地区范围有代表性且较开阔的地方。对观测地点的情况如地理位置、行政隶属关系、海拔、土壤、地形等应做详细记载。观测地点应多年不变。

(2) 确定观测植株。根据观测的目的要求，选定观测树木。通常以露地正常生长多年的植株为宜，新栽植株物候表现多不稳定。同地同种树木宜选 3~5 株、开花达 3 年以上的植株为观测对象。观测树冠南面中上部外侧枝条，同时对观测植株的种或品种名、起源、树龄、生长状况、种植方式（孤植或群植等）、株高、冠幅、干径、伴生树木种类等详加记载，必要时还需绘制平面图，对观测植株或选定的观测标准枝，应做好标记。

此外，树木在不同的年龄阶段，其物候表现可能有差异。因此，选择不同年龄的植株，同时进行观测，更有助于认识树木一段时间内或一生的生长发育规律，缩短研究的时间。

(3) 确定观测时间与年限。观测应常年进行，观测时间应以不失时机为原则。物候变化大的时候，如生长旺期，观测时间间隔宜短，可每天或 2~3 天观测一次；若遇特殊天气，如高温、低温、干旱、大雨、大风等，应随时观测；反之，间隔期可长。一天中宜在气温最高的下午两点钟前后观测。在可能的情况下，观测年限宜长不宜短，年限越长，观测结果越可靠，价值越大，一般要求 3~5 年。

(4) 确定观测人员。观测人员必须认真负责，持之以恒，明确物候观测的目的和意义。观测人员还应具备一定的基础知识，特别是生物学方面的知识。最好事先集中培训，统一标准和要求。观测人员宜相对固定。

(5) 观测资料的整理。物候观测不仅是对树木物候表现时间的简单记载，有时还要对有关的生长指标加以测量；必须边观测边记录，个别特殊表现要附加说明；观测资料要及时整理，分类归档。对树木的物候表现，应结合当地气候指标和其他有关环境特征，进行定性、定量的分析，寻找规律，建立相关联系，撰写树木物候观测报告，以便更好地指导生产实践。

3. 物候观测的内容

物候观测的内容常因物候观测的目的要求不同，有主次、详略等变化。如为了确定树木最佳的观花期（或移植时间），观测内容的重点将是树木的开花期（或芽的萌动或休眠时间）。树木物候表现的形态特征因树木种类而异，应根据具体树木来确定物候期划分的依据与标准。下面以落叶树种黄刺玫（图 1–20 至图 1–24）为例，介绍树木地上部分的物候观测内容。

图 1–20　萌芽期

图 1–21　展叶期

图 1–22　抽梢期

图 1–23　开花期

图 1–24　果实期

(1) 萌芽期。从叶芽和花芽膨大变色，芽鳞开裂，到长出幼叶状或花瓣（花序）时期称为萌芽期。此期是春季树木的花芽或叶芽开始萌动生长的时间，萌芽为树木最先出现的物候特征。

萌芽的早晚因植物种类、年龄、树体营养和环境条件而异。落叶树一般在昼夜平均温度达5℃以上时开始萌发，而常绿阔叶树要求在较高的温度下才能发芽，如柑橘类需要平均气温在9℃以上。同一树种，幼年树比老树萌芽早；树体营养好的植株萌芽早；发育充实的顶芽或顶端腋芽萌发早，在较长的发育枝上，中部以上营养充实的芽萌发早。另外，芽在气温高的年份萌发早于正常年份。

萌芽期的到来，标志着树木开始了新一年的生长，利用芽萌动与休眠的时间，可以计算树木生长期的长短，有助于确定树木的年生长量和判断树木引种成功的可能性；此外，萌芽期还是确定树木合理栽培时间的重要依据，许多树木宜在芽萌动前 1~2 周栽植。

(2) 展叶期。展叶期是从叶芽抽发新叶开始至树体上的新叶全部展放为止。此期分为展叶初期、展叶盛期与完全叶期。

展叶初期：树体上有 30% 左右枝上的新叶完全展开。此期为春色叶树种的观赏最佳期，一些常绿阔叶树木也开始了较大规模的新、老叶更替。

展叶盛期：树体上 90% 以上枝条的叶片已开放，外观上呈现出翠绿的春季景象，落叶树由当初完全利用体内贮藏营养开始转入光合产物的自生产，春色叶逐渐变绿。

完全叶期：树体上新叶已全部平展开放，先、后发生的新叶之间以及新、老叶之间，在叶形、叶色上无较大差异，叶片的面积达最大，一些常绿阔叶树的当年生枝接近半木质化，可作扦插繁殖的插条。

落叶树展叶期的长短，是选择庭荫树的标准之一。展叶期经历的时间与树木种类及立地条件密切相关，如单叶及叶片较小的阔叶树木常较复叶、叶片较大的种类展叶速度快，这可能与它们展叶所需要消耗的营养不同有关。所处环境条件好的树木，展叶早而快，反之则晚而慢。

(3) 抽梢期。抽梢期是从树木抽发新梢到封顶形成休眠顶芽时止。不同的植物，每年抽梢的次数不相同，有的植物在年周期内只在春季抽一次新梢，如核桃；有的植物能抽几次梢，有春梢、夏梢或秋梢，如白兰、碧桃、桂花等。除观测记载抽梢的起止日期外，还应记载抽梢的次数，选择标准枝测量新梢长度、粗度，统计节数与芽的数量，注意抽梢分枝的习性。对苗圃培育的幼苗（树），还应测量统计苗高、干径与分枝数等。抽梢期为树木营养生长旺盛时期，对水、肥、光需求量大，是抚育管理的关键时期。

(4) 开花期。开花期是从树体上出现第一朵或第一批完全开放的花开始至大部分花凋谢为止。可分为始花期、初花期、盛花期、末花期及花谢期。

始花期：树体上出现第一朵或第一批完全开放的花。

初花期：树体上大约 30% 以上的花蕾开花。

盛花期：树体上大约 70% 以上的花蕾开花。

末花期：树体上不足 10% 的花蕾未开放成花。

花谢期：树体上已无新形成的花，大部分花完全凋谢，只有少量残花。

有的树木一年内出现二次以上开花，称为多次开花。了解树木的花期与开花习性，有助于安排杂交育种和树木配置、设计工作。在观测中，要注意开花期间的花色、花量与花香的变化，以便确定最佳的观花期。

(5) 果实期。果实期是从坐果至果实成熟脱落为止。常观测以下两个时期。

果熟期：指树体上大部分果实已成熟的时期。主要记载果实的颜色，对采种和观果有实际意义。

脱落期：指树体上开始有果实脱落到绝大部分果实落离树体时止。记载果实开裂、脱落的情况，有些树木的果实成熟后，长期宿存，应附注说明。对观果树木，通过对果熟期和脱落期的观测，有助于确定最佳观果期；对非观果、非采种树木，在可能的情况下，可在坐果的初期，及时摘除幼果，以减少养分消耗。

(6) 秋叶变色期。秋叶变色期多存在于落叶树种，可大致划分为秋色叶始期、初期、盛期及全秋色叶期，划分的标准难以统一规定。树体上的叶，可全部也可部分呈现秋色，全部叶变色的速度在种类间存在差异，但通常树冠内部及下部的叶变色早而快。此外，注意观察记录在秋色叶期间叶色的微妙变化。

(7) 落叶期。落叶期主要指落叶树种在秋、冬季的自然落叶时间。常绿树种的自然落叶多在春季，与发新叶交替进行，无明显落叶期。

园林植物物候期变化具有 3 个明显的特点。

顺序性：受树木遗传规律的制约，各个物候的外在表现有一定的先后顺序。有的树木先开花后长叶，如梅花、蜡梅等；有的先长枝叶后开花，如紫薇、木槿等；还有的开花与展叶几乎同时进行，如桃花、紫叶李等。在自然状态下，前一个物候的完成是为后一物候做准备的，后一物候必须在前一个物候期通过的基础上才能正常进行，不能跨越。

重叠性：是指在同一个时间两个或几个物候期同时出现、平行进行的情况，如新梢生长与开花结果、果实膨大与花芽分化等，在大多数植物中都存在着。

重演性：是指在一年中，植物的同一物候现象可以多次重复出现。如有的植物新梢的一年多次生长，有的植物一年多次开花结果等。

在环境条件适宜的地区，树木能四季生长，在同一株树上，会出现开花与结果、萌芽与落叶并见的现象。另外，受树体结构的复杂性及生长发育差异性的影响，树木不同部位的物候表现可能不完全一致，从而使物候的情况变得复杂。因此物候观测应根据观测的目的和特定的树木种类而定(表 1–1)。

表 1–1 园林树木物候观测记录卡

<table>
<tr><td colspan="2" rowspan="4">项目</td><td>编号</td><td>树种</td><td>科属</td><td colspan="2">树龄</td></tr>
<tr><td></td><td></td><td></td><td colspan="2"></td></tr>
<tr><td>地点</td><td>地形</td><td>土壤</td><td>小气候</td><td>养护情况</td></tr>
<tr><td></td><td></td><td></td><td></td><td></td></tr>
<tr><td rowspan="10">物候期</td><td rowspan="2">萌芽期和展叶期</td><td>树液流动开始期</td><td>芽膨大始期</td><td>芽开放期或显蕾期</td><td>展叶开始期</td><td>展叶盛期</td></tr>
<tr><td></td><td></td><td></td><td></td><td></td></tr>
<tr><td rowspan="2">开花期</td><td>初花期</td><td>开花初期</td><td>末花期</td><td colspan="2">花谢期</td></tr>
<tr><td></td><td></td><td></td><td colspan="2"></td></tr>
<tr><td rowspan="2">结果期</td><td>幼果出现期</td><td>果实成长期</td><td>果实或种子成熟期</td><td colspan="2">脱落期</td></tr>
<tr><td></td><td></td><td></td><td colspan="2"></td></tr>
<tr><td rowspan="2">新梢生长期</td><td>春梢开始生长期</td><td>春梢停止生长期</td><td>秋梢开始生长期</td><td colspan="2">秋梢停止生长期</td></tr>
<tr><td></td><td></td><td></td><td colspan="2"></td></tr>
<tr><td rowspan="2">秋季变色及落叶期</td><td>秋叶开始变色期</td><td>秋叶全部变色期</td><td>落叶初期</td><td>落叶盛期</td><td>落叶末期</td></tr>
<tr><td></td><td></td><td></td><td></td><td></td></tr>
</table>

引自王国东,园林树木栽培与养护[M],2016.

第三节 园林植物各器官的生长发育

鉴于草本园林植物器官生长发育相对简单,且主要在花卉生产与应用及草坪建植与养护等课程中介绍,本节主要介绍园林树木各种器官生长发育特点。

Q:园林树木各种器官生长发育特点是什么?

一、园林树木的根系生长

(一)根系的生长特点

根系的伸长生长在一年中有周期性。根系生长速度的快慢与植物的种类、年龄及树体内营养水平有关。一般来看,根系生长与地上部生长之间是交替进行的,根系生长快速时期正是地上部生长缓慢时期。根系的第一个快速生长时期是在芽萌发前开始,时间较短,主要依靠树体贮藏的营养物质;第二个生长高峰是从秋季植株新梢生长缓慢、花芽已分化或开花结束开始,持续时间较长,直至气温降低为止,但长势较第一次高峰期时弱。在这两个根系生长高峰之间,有的树种还有几个旺盛生长期。生长旺盛期的次数因树种、树龄而异。如苹果的根系一年有 3 次生长高峰,美国山核桃则有 4~8 次。

幼年期根系生长很快,一般都超过地上部分的生长速度。随着树龄的增加,根系生长速度趋于缓慢,并逐年与地上部分的生长保持着一定比例关系。在根系生长过程中,经常发生局部自疏和更新。从根系开始生长一段时间后就开始出现吸收根的死亡现象,表现为吸收根逐渐木栓化,外表皮变褐色，逐渐失去吸收功能；有的轴根演变成输导根，有的则死亡；须根从形成到壮大直至死亡也有一定规律，其寿命一般只有数年。须根的死亡一般先发生在低级次的骨干根上，然后发生在高级次的骨干根上，最后导致较粗的骨干根后部出现光秃现象。当树木衰老、地上部濒临死亡时，根系仍能保持一段时期的寿命。

（二）根系的分布

根系在土壤中的分布因树种和土壤条件而异，主要有垂直分布和水平分布两种类型。

1. 根系的垂直分布

树木的根系大体沿着与土层垂直方向向下生长，这类根系叫做垂直根。垂直根多数是沿着土壤缝隙和生物通道垂直向下延伸，入土深度取决于土层厚度及其理化特性。在土质疏松通气良好、水分养分充足的土壤中，垂直根发育良好，入土深；而在地下水位高或土壤下层有砾石层等不利条件下，垂直根的向下发展会受到明显限制。

垂直根能将植株固定于土壤中，从较深的土层中吸收水分和矿质元素。所以，树木的垂直根发育好、分布深，树木的固地性就好，其抗风、抗旱、抗寒能力也强。不同树种根系的垂直分布范围不同，大多数集中在 10~60 cm 范围内。因此，在对园林树木施基肥时，应尽量施在根系集中分布层以下，以促进根系向土壤深层发展。

2. 根系的水平分布

树木的根系沿着土壤表层几乎呈平行状态向四周横向发展，这类根系叫做水平根。大树根系的水平分布一般要超出树冠投影的范围。因此，对园林大树施肥时，在树冠投影的外围扩大区域内施肥效果好。水平根大多数占据着肥沃的耕作层，须根很多，吸收功能强，对树木地上部分的营养供应起着极为重要的作用。在水平根系的区域内，由于土壤微生物数量多、活力强，营养元素的转化、吸收和运转快，容易出现局部营养元素缺乏，应及时补充。

在适宜的土壤条件下，不同的树木根系在地下分布的深浅差异很大。多数乔木树种垂直根特别发达，根系分布较深，常被称为深根性树种，如银杏、核桃、苹果、梨、香樟、香榧子、油松及樟子松等。部分灌木树种，主根不发达，侧根水平方向生长旺盛，大部分根系分布于上层土壤内，则被称为浅根性树种，如金银木、紫丁香及连翘等。深根性树种能吸收利用土壤深处的水分和养分，耐旱、抗风能力较强，但起苗、移栽难度大。生产上，多通过移植、断根等措施，来抑制主根的垂直向下生长，以保证栽植成活率。浅根性树种起苗、移栽相对容易，并能适应含水量较高的土壤条件，但抗旱、抗风及与杂草竞争能力较弱，其中有部分树木根系因分布太浅，会使近地层向上凸起，造成路面的破坏和风倒。在生产上可以将深根性与浅根性树种混交种植，充分利用地下空间、水分和养分。

根系在土壤中的分布状况，除取决于树木种类外，还受土壤条件、栽培技术措施及树龄等因素影响。多数树木的根系，在土壤水分、养分、通气状况良好的情况下，生长密集，水平分布较近；相反，在土层浅、干旱、养分贫瘠的土壤中，根系稀疏，单根分布深且相互距离远，有些根甚至能在岩石缝隙内穿行生长。用扦插、压条等方法繁殖的苗木，根系分布较实生苗浅。在青、壮年时期，树木根系分布范围最广。由于树根有明显的趋肥、趋水性，在栽培管理上，提倡深耕改土，施肥要达到一定深度，诱导根系向下生长，防止根系“上翻”，以提高树木的适应性。另外，一般情况下，矮化砧水平根发达，乔化砧垂直根发达。

（三）根系的功能

根是植物为适应陆地生活而逐渐形成的器官，在植物的生长发育过程中主要发挥吸收、固着和支持、输导和合成、贮藏和繁殖功能。

1. 根的吸收功能

根的主要功能是吸收作用。水分、无机盐类和植物体生长发育所需要的各种营养物质，除少部分可通过叶片、幼嫩枝条和茎吸收外，大部分都要通过根系从土壤中吸收。根并不是各部分都有吸收功能。对水分和矿物质的吸收，主要发生在根尖部位，以根毛区的吸收能力为最强。根毛的主要组成部分是由果胶质组成的细胞壁，其黏性和亲水性强。大量根毛增大了吸收面积，有利于对水分和营养物质的吸收。在移植苗木时应尽量减少细根损伤，保持苗木根系的吸收功能。

有些树木的根系能分泌有机和无机化合物，以液态或气态的形式排入土壤。多数树种的根系分泌物有利于溶解土壤养分或促进土壤微生物的活动，可加速养分转化、改善土壤结构、提高养分的有效性。有些树木的根系分泌物能抑制其他植物的生长而为自己保持较大的生存空间。也有一些树种的根系分泌物对树木自身有害，因此在园林树木栽培与管理过程中，不仅要考虑前茬树种的影响，也要考虑树种混交时的相互关系，可通过栽植前的深翻和施肥等措施加以调节和改善。

2. 根的固着和支持作用

园林树木庞大的地上部分之所以能抵御风、雨、冰、雪、雹等灾害的侵袭，是由于植物发达的、深入土壤的庞大根系所起的固定与支持作用。根内的机械组织和维管组织是根系固着和支持作用的基础。大树移栽作业中，根系会受到伤害，与移栽地土壤没有密切结合，容易活动，一定要进行支撑和固定。

3. 根的输导和合成功能

由根毛、表皮吸收的水分和无机盐，通过根的维管组织输送到枝、叶等部位。叶制造的有机养料经过茎输送到根，再经根的维管组织输送到根的各个部分，以维持根系的生长和生活。根也可以利用其吸收和输导的各种原料合成某些物质，如多种氨基酸、生长素和植物碱等。

4. 根的贮藏和繁殖功能

许多园林树木的根内具有发达的薄壁组织，是树木贮藏有机和无机营养物质的重要部位。特别是秋冬季节，树木在落叶前会将叶片合成的有机养分大量地向地下转运，贮藏到根系中，翌年早春又向上回流到枝条，供应树木早期生长所需要的养分。所以，园林树木的根系是其冬季休眠期的营养储备库，骨干根中贮藏的有机物质可以占到根系鲜重的12%~15%。根内贮藏的大量养分也可供树木移植后重新生长发育。

许多园林树木的根具有较强的繁殖能力，根部能产生不定芽形成新的植株，部分阔叶乔木和大多数灌木树种产生不定芽的能力较强。多数树木在根部伤口处更容易形成不定芽，利用树木根部这种产生不定芽的能力和特性，可采用根插、分根蘖等方法进行营养繁殖。一些种子繁殖困难或种子产量很低的树种，除了用枝条进行营养繁殖外，用根繁殖也是一条重要途径。有些树种用根比用枝条繁殖更容易。

二、园林树木的枝芽生长

园林树木的树体枝干系统以及所形成的树形，取决于树木的枝芽特性与生长。了解树木的枝芽特性与生长，对树木的管理尤其是整形修剪，具有极其重要的意义。

（一）芽的分类与特性

芽与种子有相似的特点，在适宜的条件下，可以形成新的植株，是树木生长、开花结实、更新复壮、保持母株性状以及整形修剪的基础。

1. 芽的分类

根据芽的位置：定芽——有固定着生位置的芽，如顶芽、腋芽；不定芽——没有固定着生位置的芽。

根据芽的性质：叶芽——形成枝条叶片的芽，花芽——形成花器官的芽，混合芽——同时发育形成枝叶、花器官的芽，潜伏芽——一些休眠芽和隐芽（多年不萌发、呈潜伏状态的芽）。

根据芽鳞有无：鳞芽——芽的外面包有鳞片，温带及寒带地区木本植物的芽，如杨树、松树等，都为鳞芽；裸芽——芽的外面无鳞片，仅为幼叶所包裹，如枫杨和胡桃的雄花芽是裸芽。

根据芽的生理活性：活动芽——在生长过程中开放形成枝条或花的芽；休眠芽——处于不活动状态的芽，休眠芽以后可能伸展开放，也可能在植物的一生中，始终处于休眠状态。

根据芽在叶腋间的位置和形态：主芽——位于叶腋中央且最充实的芽，副芽——位于主芽上方或两侧的芽。

2. 芽的特性

(1) 芽序。定芽在枝条上按一定规律排列的顺序称为芽序。因为大多数的定芽着生在叶腋间，所以芽序与叶序相一致。主要有如下 3 种芽序。

互生芽序：多数树木为此类芽序，如葡萄、榆树、板栗、香樟等；互生芽序包括 2/5 式和 1/2 式，多数树木的互生芽序为 2/5 式，即相邻芽在茎或枝条上沿圆周着生部位相位差为 144°，如紫荆、国槐、垂柳等；1/2 式芽序，即着生部位相位差为 180°，如榆树和板栗等。

对生芽序：每节上的芽相对而生，如泡桐、丁香、大叶黄杨、桂花及女贞等。

轮生芽序：芽在枝上呈轮生状排列，如夹竹桃、南洋杉、雪松等。

有些树木的芽序也因枝条类型、树龄和生长势不同而有所变化（图 1–25 至图 1–28）。

(2) 芽的异质性。同一枝条上不同部位的芽存在大小、饱满程度等差异的现象称为芽的异质性。这是由于芽在生长发育过程中，所处的环境和所着生的枝条内部养分状况不同。早春新梢

图 1–25 2/5 互生芽序（刺槐）

图 1–26 1/2 互生芽序（榆树）

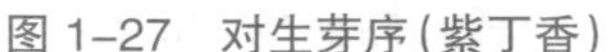

图1-27 对生芽序（紫丁香）

图1-28 轮生芽序（灯台树）

生长时基部形成的芽，由于气温低、叶面积小，同时处于养分消耗时期，芽的发育程度差，常形成瘪芽或隐芽。随着叶面积增大，光合作用加强，同化物质增多，芽的质量逐渐提高。如果长枝生长延迟至秋后，气温降低，梢端往往不能形成顶芽，长枝条的基部和顶端部分或者秋梢上芽的质量会较差。

(3) 芽的早熟性和晚熟性。紫叶李、红叶桃、金叶女贞、大叶黄杨、月季、紫薇及榉树等都具有早熟性芽。这些树木当年新梢上的芽能够连续萌发生长，抽生二次或三次梢，这种不经过冬季低温休眠，就能够在当年萌发的芽称为早熟性芽。另有一些当年一般不萌发，必须经过冬季低温休眠，第二年春天才能萌发的芽，称为晚熟性芽，如苹果、梨的多数品种都具有晚熟性芽。

芽的早熟性和晚熟性与树龄、栽培地区气候有关。树龄增大，晚熟性芽增多，夏秋梢形成的数量减少。

(4) 萌芽力与成枝力。各种树木叶芽的萌发能力不同，松属的许多品种、紫薇、桃等的萌芽力较强，梧桐、核桃等树木的萌芽力较弱。枝条上的叶芽萌发的能力称为萌芽力，一般以萌发的芽数占总芽数的百分率表示。萌芽力在一半以上的为萌芽力强，如悬铃木、榆树等；枝条上的芽多数不萌发，则为萌芽力低。萌芽力是修枝的依据之一。

枝条上的芽萌发后，形成叶或抽成枝。枝条上的叶芽萌发后能够抽成长枝的能力称为成枝力。悬铃木、葡萄、桃、榆等萌发力高，成枝力强，树冠密集，成形快；银杏、西府海棠、白玉兰等成枝力较弱，树冠内枝条稀疏，幼树成形慢。

(5) 芽的潜伏性。许多树木的枝条基部或上部的芽，由于质量或营养的原因，在一般情况下成潜伏状态而不萌发，这些芽称为潜伏芽，也称为隐芽。当枝条受到某种刺激(如受伤等)时，潜伏芽能由潜伏状态转变萌发抽生新梢，这种能力称为“芽的潜伏力”或“潜伏芽的寿命”。潜伏芽寿命长的树种容易更新复壮，如悬铃木、金银木、月季、女贞等；潜伏芽寿命短的树种，树冠容易衰老。潜伏芽寿命的长短除与树种遗传特性有关外，也与栽培管理条件有关，条件好，潜伏力强。

（二）茎枝特性

1. 顶端优势

树木顶端的芽或枝条比其他部位的芽在生长上占有优势，称为顶端优势。这是枝条背地性生长的极性表现。一般高大乔木都具有较强的顶端优势。顶端优势主要表现为:树木同一枝条上顶芽或位置高的芽比其下部芽饱满充实,萌发力、成枝力强。抽生的新梢生长旺盛,顺枝向下的腋芽,枝条的生长势逐渐减弱,最下部的芽甚至处于休眠状态。如果剪去顶芽和上部芽,即能促使下部芽和潜伏芽的萌发。树木的中心主干生长势要比同龄的主枝强,树冠上部的枝条要比下部强。一般的树木都有一定的顶端优势,但低矮灌木顶端优势较弱。

图 1-29 顶端优势强(雪松)

顶端优势强的树种容易形成高大挺拔的树干和较狭窄的树冠,如雪松(图 1-29)、杨树、含笑等;而顶端优势弱的树种容易形成阔圆形树冠,如合欢、榉树、国槐(图 1-30)等;有的树种幼年期顶端优势较强,但青年期以后渐渐变弱,如喜树(图 1-31)、丝棉木、栾树、玉兰等。因此,对于顶端优势强的树种,为扩大树冠,可以通过抑制顶梢的顶端优势来促进主侧枝的生长;对于顶端优势弱的树种,可以通过对侧枝的修剪来促进中心主干的生长。

图 1-30 顶端优势较弱(国槐)

图 1-31 顶端优势较强(幼年期的喜树)

2. 分枝方式

各个树种由于遗传特性、芽的性质和活动情况不同,形成不同的分枝方式。主要分枝方式有以下 3 种。

(1) 单轴分枝。枝的顶芽具有极强的顶端优势,生长势旺,能形成通直的中心主干,同时依次发生侧枝,侧枝又以同样方式形成次级侧枝,如松柏类、雪松、冷杉、云杉、水杉、银杏、毛白杨、银桦、马褂木及池杉(图 1–32)等。这种分枝方式以裸子植物为多,属于这一分枝方式的阔叶树,在幼年期单轴分枝生长表现突出,但维持中心主干顶端优势时间较短,侧枝相对生长较旺,在成年期形成庞大树冠后,单轴分枝表现得不很明显。

(2) 合轴分枝。枝条的顶芽经过一段时间生长后,先端分化出花芽或自枯,由临近的侧芽代替延长生长,每年如此循环往复,这样形成了曲折的主轴。合轴分枝使树木中心主干在初期呈现出曲折的形状,但随着枝干的加粗生长,曲折的形状会逐渐消失。该类树木树冠开展,侧枝粗壮,整个树冠枝叶繁密,能提供大面积的遮阳,是主要的庭荫树种。如刺槐、垂柳、香椿、榆、榉树(图 1–33)、石楠、苹果、梨、梅、桃和杏等。合轴分枝以被子植物为多。

图 1–32 单轴分枝(池杉)

图 1–33 合轴分枝(榉树)

(3) 假二叉分枝。具有对生芽的树木,枝条顶端干枯死亡或形成花芽,下面的两侧腋芽同时发育,形成二叉状分枝,以后照此继续分枝。因其外形似二叉分枝,故以此称之。这种分枝方式实际上是合轴分枝的一种变化。如泡桐、丁香、女贞、石榴、四照花、卫矛、梓树(图 1–34)、接骨木及茉莉等。还有多歧分枝的树木,如海桐、乌桕(图 1–35)等。

有些树木,在同一树体上具有两种不同的分枝方式,如女贞顶端无花的为单轴分枝,有花的为假二叉分枝;有些顶端无花的为单轴分枝,有花的为合轴分枝,如玉兰、木棉等;鸡爪槭为合轴分枝兼假二叉分枝(图 1–36);有的树木幼年期为单轴分枝,到一定时期后转为合轴分枝或假二叉分枝,如香樟、合欢(图 1–37)等。

少数树木不分枝,如棕榈科的许多种。

3. 枝的生长类型

不同树木的茎在长期的进化过程中,形成了各自的生长习性以适应外界环境,除主干延长枝、突发性徒长枝呈垂直向上生长外,多数枝条呈斜向生长。在千姿百态、种类繁多的树木中,茎

图 1-34　假二叉分枝（梓树）

图 1-35　多歧分枝（乌桕）

图 1-36　合轴分枝兼假二叉分枝（鸡爪槭）

图 1-37　单轴分枝转合轴分枝（合欢）

枝生长大致可分为以下 3 种类型：

(1) 直立生长。茎干以明显的背地性生长，处于直立或斜生状态，多数树木为这种类型。按枝条生长特点又可分为垂直紧抱型、斜伸开张型、金字塔型、龙游型及下垂型等。

(2) 攀缘生长。茎长得细长柔软，自身不能直立，需要通过缠绕或特有的结构攀缘在其他物体上，借他物为支柱，向上生长，该类植物称为攀缘植物或藤本植物。攀缘方式各有不同，有的缠绕在其他物体上，如紫藤、金银花等；有的附有攀附器官（卷须、吸盘、吸附气根、钩刺等），借其他物体支撑向上生长。

(3) 匍匐生长。茎蔓细长，自身不能直立，又无攀缘器官的藤木或无直立主干的灌木，常匍匐于地面生长，如铺地柏等。这种生长类型的树木，在园林中常用作地被植物。

4. 干性和层性

干性是指树木中心干的强弱和维持时间的长短。顶端优势明显的树木，干性强而持久，这是高大乔木的共性，即枝干的中轴部分比侧生部分具有明显的优势。反之称为干性弱，弱小灌木的中轴部分长势较弱，维持时间短。

树木层性是指主枝在中心干上的分布或二级枝在主枝上的分布，具有明显的层次，如黑松、马尾松、广玉兰、枇杷及银杏（图 1–38）等。层性是顶端优势和芽的异质性共同作用的结果。有的树种的层性一开始就比较明显，如油松等；有的树种随树龄增大，弱枝衰退死亡，层性逐渐明显，如苹果、梨等。具有层性的树冠，有利于通风透光。

不同树种的干性和层性强弱不同。桧柏、水杉、龙柏等树种干性强而层性不明显；南洋杉、广玉兰等树种干性强，层性也明显；香樟、苦楝等树种，幼年期干性较强，进入成年期后，干性和层性逐渐衰退；无患子干性较弱、层性不明显（图 1–39）；桃、梅等始终无明显的干性和层性。

树木的干性和层性在不同的栽培环境中会发生一定的变化，如加大栽植密度能增强干性，降低栽植密度会导致干性下降。修剪也能在一定程度上改变树木的干性和层性。

图 1–38 干性强、层性明显（银杏）

图 1–39 干性较弱、层性不明显（无患子）

（三）枝的生长

园林植物每年以新梢生长来扩大树冠，新梢的生长包括加长生长和加粗生长两个方面。一年内枝条生长达到的粗度和长度，称为“年生长量”；在一定时间内，枝条加长生长和加粗生长的快慢，称为“生长势”。年生长量和生长势是衡量植物生长强弱和某些生命活动常用的指标，也是栽培措施是否得当的判断依据之一。

1. 枝的加长生长

枝的加长生长指新梢的延长生长。新梢是由一个叶芽发展而成，按照慢—快—慢的规律生长。新梢的生长可划分为开始生长期、旺盛生长期和缓慢与停止生长时期。

开始生长期是指叶芽幼叶伸出芽外，随之节间伸长，幼叶分离。这一时期新梢生长缓慢，节间较短，所展之叶为芽内幼叶原始体发育而成，又称为“叶簇期”。叶面积小，叶形与以后长成的差别较大，叶腋内形成的芽多质量较差。

随着叶片的增加很快进入旺盛生长期，这一时期所形成的节间逐渐变长，所形成的叶具有该种或品种的代表性，同化能力强，叶腋内形成的芽比较饱满，有些树种在这一段枝上还能形成花芽。

进入缓慢与停止生长时期后，新梢生长量变小，节间缩短，有的树种叶变小。新梢自基部向先端逐渐木质化，最后形成顶芽停止生长或自枯。

在栽培中应根据栽培目的，合理调节光、温、水、肥，来控制新梢的生长时期和生长量。

2. 枝的加粗生长

树干及各级枝的加粗生长都是形成层细胞分裂、分化、增大的结果。在新梢加长生长的同时，也进行加粗生长，但加粗生长的高峰晚于加长生长，停止也较晚。新梢由下而上增粗。新梢生长越旺盛，形成层活动也越激烈，且时间也越长。幼树形成层活动停止较晚，而老树较早。同一树上新梢形成层开始和结束均较老枝早。大枝和主干的形成层活动，自上而下逐渐停止，以根颈结束最晚。

（四）树体骨架

树木的整体形态构造，即树体骨架。根据枝、干的生长方式，可大致分为以下 3 种类型。

1. 单干直立型

单干直立型有一明显的与地面垂直生长的主干，主要为乔木和部分灌木。这种树木顶端优势明显，由主干、主干延长枝、主枝、侧枝等构成树体骨架（图 1–40）。

2. 多干丛生型

多干丛生型以灌木树种为主。由根颈附近的芽或地下芽抽生形成几个粗细相近的枝干，构成树体的骨架，在这些枝干上再萌生各级分枝（图 1–41）。

图 1–40 单干直立型（白玉兰）

图 1–41 多干丛生型（紫荆）

3. 藤蔓型

藤蔓型有一至多条从地面长出的明显主蔓，其藤蔓兼具单干直立型和多干丛生型树木枝干的生长特点（图 1–42，图 1–43）。

图 1–42 藤蔓型（紫藤）

图 1–43 藤蔓型（常春藤）

三、叶的生长和叶幕的形成

叶片是由叶芽中前一年形成的叶原基发展而来的。单个叶片自展叶到叶面积停止增加所经历的时间，不同种、不同品种和不同枝梢是不同的。在春季，叶芽萌动生长，此时枝梢处于开始生长阶段，基部先展开的叶片生理活跃，随枝的伸长，活跃中心不断上移，基部叶片趋向衰老。

叶幕是指叶在树冠内的集中分布区，反映了树冠叶面积总量。园林植物随着树龄、整形、栽培目的和方式的不同，其叶幕形状和体积也不同。幼年树，叶片充满整个树冠，其树冠的形状和体积也就是叶幕形状和体积；自然生长无主干的成年树，其枝叶一般集中在树冠的表面，叶幕往往是冠表薄薄的一层，呈弯月形叶幕；具有中心干的成年树，多呈圆头形叶幕；老年树多呈钟形叶幕；藤本叶幕随攀附的物体形状而异。

落叶树种的叶幕，从春天发叶到秋季落叶，能保持 5~10 个月的生活期。常绿树种的叶片生存期长，多半可达一年以上，而且老叶多在新叶形成之后才逐渐脱落，因而其叶幕比较稳定。

四、花芽分化与开花

（一）花芽分化

花芽分化是开花结实的基础，是具备一定年龄的植物，由营养生长向生殖生长转变的生理和形态标志。在自然条件下，成花诱导主要受低温和光周期的影响。成花的低温诱导又叫做春化作用，感受低温的部位是分生组织（如茎尖生长点和正在发育的幼胚）。春化作用分为种子春化和绿体春化。成花的光周期诱导由感受光周期的器官（叶片）和反应器官（茎生长点）共同完成。控制花芽分化应特别注意成花诱导阶段的环境条件，主要是温度及日照长度，即影响春化作用和光周期现象的主要条件。通常作一、二年生栽培的多年生草花三色堇、雏菊、紫罗兰等，成花诱导需要相继经过低温春化及长日照；多年生花木紫薇、月季等，其花芽分化多在夏季长日照及高温下于当年新梢上发生；夏季休眠的球根花卉郁金香、水仙等，当营养体达到一定大小时，在高温下分化花芽；许多秋、冬季开花的草本、木本花卉，其花芽分化需在短日照条件下进行，如一品红、菊花、牵牛、叶子花等。

一些花卉花芽分化后很快开花，如一年生花卉及多数仙人掌科花卉。许多在休眠期完成花芽分化的多年生花木，须待解除休眠，至花器官生长的适宜条件相继到来时才能开花。如牡丹、连翘、梅花、玉兰等，通常在夏季进行花芽分化，在翌年春季开花，显然需要冬季低温刺激以打破休眠。

园林植物的花芽分化类型因园林植物的种或品种、年龄及环境条件等的不同可以归纳为以下几种。

1. 夏秋分化类型

花芽分化一年一次。通常于6—8月高温季节进行，秋末完成分化，后进入休眠状态，于次年早春或春季长日照下开花。这类花卉包括许多木本花卉，如牡丹、梅花、榆叶梅、桃、李、樱花、杜鹃、山茶、白兰、紫藤及垂丝海棠等。还包括夏季休眠期分化花芽的秋植球根花卉、夏季生长期分化花芽的春植球根花卉。

2. 冬春分化类型

原产于温带的木本花卉多属此类。其花芽分化至开花时间短并连续进行，如柑橘类于12月至翌年3月间完成。其他一些二年生花卉和春季开花的宿根花卉在春季温度较低时进行花芽分化。

3. 当年一次分化的类型

此类型多为当年夏秋开花的种类。在当年枝的新梢或花茎顶端形成花芽，如紫薇、木槿、木芙蓉等木本花卉、夏秋开花的一年生及宿根花卉，如鸡冠花、翠菊、萱草等。

4. 一年多次分化类型

一年中多次发枝，每次发枝均能分化花芽的类型。如茉莉、月季、倒挂金钟、香石竹等四季开花的花卉及一些宿根花卉。这些花卉通常在花芽分化和开花过程中，营养生长仍继续进行。其中一些一年生花卉，只要营养生长达到一定大小，即可在夏秋气温较高的较长时间内，多次形成花蕾和开花。开花迟早由所在地区及播种、出苗期等决定。

5. 不定期分化类型

此类型每年不定期一次分化花芽，达到一定叶面积即可开花。主要决定于个体养分的积累程度，如凤梨科、芭蕉科、棕榈科的某些种类。

许多一、二年生花卉在不同日照长度及温度共同影响下也可不定期分化花芽。如万寿菊在高温、短日照下，或在12~13℃、长日照下均可分化花芽；报春花在低温下，无论长日照或短日照均可开花，但高温下仅在短日照下开花。另如，叶子花可在高温及短日照下分化花芽，但15℃下无论长日照或短日照均可分化花芽。

（二）开花

正常的花芽，当花粉粒和胚囊发育成熟时，花萼与花冠展开，这种现象称为开花。

1. 开花的顺序性

(1) 不同树种的开花顺序。树木的花期早晚与花芽萌动先后相关，相同地区的不同树种花芽萌动早晚不同，因此在一年中的开花时间也不相同，除特殊小气候环境外，各种树木每年的开花先后有一定顺序。园林绿化中进行合理配置园林树木，需要了解当地树木开花时间。如辽宁南部地区常见花灌木的开花顺序是：连翘、榆叶梅、紫丁香、紫荆、牡丹、锦带、珍珠梅及木槿等。

(2) 不同品种的园林树木开花早晚不同。同一地区同种树木的不同品种，开花时间也有一定的顺序性。如在北京地区，碧桃中的“早花白碧桃”于 3 月下旬开花，而“亮碧桃”则要到 4 月中下旬开花。

(3) 同株树木上的开花顺序不同。有些园林树木属于雌雄同株异花的树木，雌雄花的开放时间有的相同，也有的不同，如五角枫。同一树体上不同部位的开花早晚也有所不同，一般短花枝先开，长花枝和腋芽后开，如栀子。同一花序开花早晚也不同，如总状花序的紫藤开花顺序为由下而上。

2. 开花类别

不同植物花、叶展开的顺序不同。先花后叶类，春季萌动前就已经完成花器的分化，花芽萌动不久就开花，先开花后长叶，如银芽柳、迎春、连翘、玉兰、梅(图 1–44)及杏等，形成一树繁花的景观；花、叶同放类，花器也是在萌芽前完成分化，开花和展叶几乎同时进行，如榆叶梅、桃(图 1–45)、紫藤等；先叶后花类，于新梢顶部开花，如木槿、紫薇、槐、红花檵木(图 1–46)及桂花(图 1–47)等。

图 1–44 先花后叶类(梅花)

图 1–45 花叶同放类(桃)

图 1–46 先叶后花类(红花檵木)

图 1–47 先叶后花类(桂花)

3. 花期延续时间

花期延续时间的长短因树种、品种、树体营养状况及外界环境条件的影响而有差异。春季开花的树木，一般从5月中下旬到9月为花芽分化期，第二年春花芽膨大，到3月下旬至5月上旬开放，花期一般为1周到半个月，花后1~3个月果实成熟。夏秋开花的园林树木，在当年生枝上形成花芽后经半个月或更长时间就可进入开花期，花期较长，一般为半个月至数月，这类树木经常会有二次开花或生长期月月有花的现象。

五、果实的生长发育

从谢花到果实达到生理成熟为止，需经过细胞分裂、组织分化、种胚发育、细胞膨大和细胞内营养物质的积累和转化等过程。这一系列过程称为果实的生长发育。

各类果实生长发育所需的时间长短不同。果熟期与种熟期有的一致，有的不一致；有些种子需要后熟，个别的比果实熟得早。果实体积的增长并不是呈直线上升的，而是呈"S"形曲线或双"S"形曲线。果实的生长发育包括生长期和成熟期。在果实生长期，果实先伸长生长后横向生长，直至达到最大的体积。进入成熟期后，果实体积不再增大，主要是果实内含物的转化，最终果皮由绿色变为成熟的红、黄等颜色。

绝大多数的园林植物，开花后经过授粉受精才能结实。少数种类可不经过授粉受精，果实和种子都能正常发育，如湖北海棠等，这种现象叫做"孤雌生殖"。还有一些种类也不需授粉受精，子房膨大后发育成果实，但无种子，如无核葡萄，这种现象叫做"单性结实"。

经授粉受精后，子房膨大发育成果实，生产上称为"坐果"。实际上，坐果数比开放的花朵数少得多，能真正成熟的果则更少。开花后一部分未能授粉受精的花脱落，另一部分虽然已经授粉受精，但因营养不良或其他原因产生脱落，这种现象叫做"落花落果"。如桃，在一年中出现落花、落幼果、六月落果、采前落果共4次落花落果现象。

第四节 园林植物生长发育的整体性

Q：园林植物生长发育的整体性表现在哪些方面？

园林植物是一个有机体，在生长发育过程中，各器官和组织的形成及生长表现为相互促进或相互抑制，即园林植物生长发育具有整体性，也可称为相关性。

一、地上部分和地下部分的相关性

园林植物的地上部分和地下部分在生长上的依赖性十分明显。如处在肥沃土壤上的树木，根系发达、树冠高大；而生长在贫瘠土壤上的树木，根系小、树冠也小。植物的这种相关性，是由它们之间在营养物质及微量生理活性物质供需上的相互依存所形成的。根供给叶片水分和无机盐，而叶片将光合产物输送给根。另外，根系生长所需要的维生素、生长素是靠地上部分合成后向下运输供应的，而叶片生长所需的细胞分裂素等物质，又是靠根合成后向上运输供应的。

地上部分和地下部分的相对生长强度，通常用根冠比来表示，即根系的干物质总重与全株枝、叶的干物质总重的比值。外界环境条件对根冠比的影响较大。一般在土壤比较干旱、氮肥少、光照强的条件下，根系的生长量大于地上枝叶的生长量，根冠比大；反之，土壤湿润、氮肥多、光照弱、温度高的条件下，地上枝叶生长迅速，则根冠比小。另外，栽培措施中的修剪整枝在短期内增大了根冠比，但由于其具有促进枝叶生长的作用，所以其长期效应是降低根冠比。

二、极性与顶端优势

极性是指植物体或其离体部分的两端具有不同的生理特性。根部从形态学下端长出，新枝从形态学上端长出。极性现象的产生是因为植物体内生长素的向下极性运输。生长素的向下极性运输使茎的下端集中了足够浓度的生长素而有利于根的形成，而在生长素浓度低的形态学上端长出芽来。植物的极性一经形成，就不会轻易改变，因此在利用植物的某些器官（如枝条）进行扦插繁殖时，应避免倒插，以便发生的新根能够顺利进入土壤，新梢能够迅速伸长进行光合作用，促使插条成活。

顶端优势是植物的顶端生长快于侧向生长的现象。如顶芽较侧芽先萌发、生长快，主根较侧根生长快。如果去除顶芽，靠近顶芽的侧芽就优先萌发；除去主根先端，则侧根大量发生。顶端优势的产生与生长素的向下极性运输有关。生长素在顶端形成后向下运输，从而使侧芽附近的生长素浓度加大，抑制侧芽的生长。除去顶芽，会促进侧芽的生长，根系亦如此。

植物的这种主、侧的相关性现已被广泛应用到生产实践中。如在树木整形上，为使树木主干通直，就必须除掉侧枝，保持顶端优势；而绿篱、盆栽花卉等要达到矮化丛生的效果，就必须去除顶端优势。在苗木移栽时，常要截断主根，目的就是使移植后侧根能大量发生，保证成活。但要注意的是，对于栽培在比较干旱的土壤上的树木，需保持主根的顶端优势，使主根能够扎入土壤深层，吸收足够的水分，保证树苗成活并顺利生长。

三、营养生长和生殖生长的相关性

营养生长是生殖生长的物质基础。没有健壮的营养生长，就难有植物的生殖生长，生殖器官的发育所需的养料主要靠营养器官供应。二者的生长是协调的，但有时会产生养分的争夺。

一般情况下，当植株进入生殖生长占优势的时期，营养体的养分便集中供应生殖器官。一次开花的植物，当开花结实后，其枝叶因养分耗尽而枯死。多次开花植物，开花结实期枝叶生长受抑制；当花果发育结束后，枝叶仍能恢复生长。在肥水供应不足的情况下，枝叶生长不良，树势衰退，造成植株过早进入生殖阶段，开花提早。当水分和氮肥供应过多时，不仅会造成枝叶生长过于旺盛引起徒长，还会因枝叶旺长消耗大量营养物质而使生殖器官得不到充足的养分，花芽分化不良、开花迟、落花落果或果实不能充分发育。

营养器官的生长也要消耗大量的营养，因此常与生殖器官的生长发育竞争养分。保证营养器官的健壮生长是实现多开花、多结实的前提。但营养生长过旺，消耗养分过多，则会影响生殖生长。徒长枝上不能形成花芽，生长过旺的幼树不开花或延迟开花，是因为枝叶生长夺取了过多的养料的缘故。因此在管理上要防止枝叶过旺生长。生殖生长主要靠营养器官供给养料，如果开花结果过多，超过了营养器官的负担能力，就会抑制营养生长，使枝叶的数量减少，根系得不到足够的光合养料，降低吸收功能，进一步恶化树体的营养条件，甚至发生落花落果或出现大小年的现象。

栽培上利用控制水肥、合理修剪、抹芽或疏花、疏果等措施，来调节营养体生长和生殖器官发育的矛盾。

本章小结

本章主要介绍了与园林植物栽培养护密切相关的基础理论知识，包括园林植物的概念、范畴及生产上常用的分类方法，园林植物生命周期、年生长周期各个阶段的特点与树木物候观测的内容。重点介绍了园林植物各器官的生长发育及其在生长发育过程中的整体性，为采用适宜的栽培养护技术提供指导。

思考与练习

1. 名词解释：园林植物、生长、发育、物候、物候期、抽梢期、深根性树种、浅根性树种、萌芽力、成枝力、芽的异质性、单轴分枝、合轴分枝、假二叉分枝、顶端优势、干性、层性及叶幕。
2. 园林植物常用的分类方法有哪些？各自如何进行分类？各举 5~10 例说明。
3. 简述实生苗的生命周期 5 个阶段的生长特点与管理措施。
4. 简述园林树木的年周期 4 个时期的生长特点与管理措施。
5. 自然形成的树体骨架有几种类型？每种类型举 5 例说明。
6. 园林植物花芽分化类型有几种？每种类型举 5 例说明。
7. 园林植物生长发育的整体性表现在哪几个方面？栽培中如何利用这些特点？
8. 进行实际观察后举例说明观察到的树种的分枝方式、干性、层性的特点。

第二章　园林植物与环境

目的要求

- 理解影响园林植物生长发育的环境因子与概念
- 了解环境因子对植物生长发育的影响
- 掌握园林植物对环境因子的适应性及类型特点

学习要点

- 与园林植物有关的环境因子及概念
- 园林植物对环境因子的适应性及类型

园林植物与环境是一个相互联系的统一体,任何植物都不能离开环境而独立存在。园林植物的生长发育除受遗传特性影响外,还与各种外界环境因素有关。在适宜的环境条件下,园林植物才能生长发育良好,枝繁叶茂。

所谓环境是指园林植物生活空间一切因素的总和。从环境中分析出来的各个因素称为环境因子,又称生态因子。环境因子的变化,直接或间接地影响植物生长发育的进程和生长质量。环境因子主要包括气候因子(光照、温度、水分、空气等)、土壤因子(土壤结构、土壤理化性质等)、地形地势因子(地形类型、坡度、坡向、海拔等)、生物因子(植物、动物、微生物等)及人类活动等方面。这些因子综合地构成了生态环境。其中光照、温度、水分、空气和土壤基质等因子是植物生长过程中不可缺少又不可替代的,称为直接因子或生存因子。其余因子称为间接因子。间接因子通过影响直接因子的变化来影响植物生长。生态环境因子并不是孤立地对园林植物起作用,而是综合地影响着园林植物的生长发育。

正确地了解和掌握园林植物生长发育与外界生态环境因子的相互关系是园林植物栽培和应用的前提。

第一节　光与园林植物

Q:光与园林植物的生长发育有何关系?园林植物在长期的进化过程中,对光的适应表现出的生长发育特点是什么?

光是绿色植物必不可少的生存条件之一,绿色植物通过光合作用将光能转化为化学能储存在有机物中,为地球上的所有高等生物提供了生命活动的能源。各种绿色植物都需要一定的光照条件才能正常生长发育。

影响植物生长发育的光照条件主要有光质、光照度和光照长度(光周期)。多数树木对光周期并不敏感,影响最大的是光照度,光照度过大或过小(即光照过强或不足)均能影响园林植物的正常生长发育,严重时会造成病态。通过人为措施,不断改进栽培技术,改善园林植物对光能的利用,是园林植物栽培的重要目的。

一、光质与园林植物

太阳光是一种电磁波,其能量的 99% 集中在波长 150~4 000 nm 的范围内。光质是指太阳光谱的组成特点,主要由紫外线、可见光和红外线 3 部分组成。可见光是指人眼能看见的波长为 380~770 nm 范围的光。对植物起主要作用的是可见光部分,但是人眼看不见的波长小于 380 nm 的紫外线部分,以及看不见的波长大于 770 nm 的红外线部分,对植物也有作用。

不同波长的光对植物的生长发育、种子萌发、叶绿素合成及形态形成的作用是不一样的。太阳辐射光谱不能全被植物吸收,植物吸收用于光合作用的辐射能称为生理辐射或光合有效辐射。生理辐射光主要指红橙光(波长 595~760 nm)、蓝紫光(波长 370~490 nm)。红橙光被叶绿素吸收最多,光合作用活性最大,蓝紫光的光合效率仅为红橙光的 14%。红橙光有利于叶绿素及糖类的合成,加速长日照植物的生长发育,延长短日照植物的发育,促进种子萌发;蓝紫光有利于蛋白质的合成,加速短日照植物的发育。绿光大部分被绿色叶片所透射或反射,很少被植物吸收利用。

蓝紫光还可以抑制植物的伸长,使植物矮小;促进花青素等植物色素的形成,使花朵色彩鲜丽;对幼芽的形成和细胞的分化有重要作用。紫外线也有同样的功能。紫外线还有利于维生素 D 的合成。在紫外线辐射下,许多微生物死亡,能大大减少植物病害的传播。可见光中的红光和不可见光中的红外线都能促进茎的伸长生长、促进种子及孢子的萌发。

作用于植物的光有两种类型,即直射光和漫射光。在一定范围内,直射光的强弱与光合作用呈正相关。漫射光强度较低,其中短波长光占优势。

光质随纬度、海拔高度和地形变化而有所不同。直射光随海拔的升高而增强,紫外线强度也会增加,有关资料表明,海拔每升高 100 m,光的强度平均增加 4.5%,紫外线强度增加 3%~45%。高山植物一般都具有茎干粗矮、叶面缩小、毛茸发达、叶绿素增加、茎叶富含花青素、花色鲜艳等特征,除了和高山低温风大有关外,主要是高山上蓝、紫、青等短波光线较多的缘故。

二、光照度与园林植物

(一)园林植物对光照度的反应

植物对光照度的要求,通常用光补偿点和光饱和点来表示。光补偿点又叫做收支平衡点,是光合作用所产生的糖类的量与呼吸作用所消耗的糖类的量达到动态平衡时的光照度。在光补偿点以上,随着光照度的增加,光合强度逐渐提高,这时光合强度就超过呼吸强度,植物体内开始积累干物质。但是积累到一定值后,再增加光照度,光合强度不再增加,甚至出现下降,这种现象叫做光饱和现象,这时的光照度就叫做光饱和点。通过测定植物的光补偿点和光饱和点,可以判断其对光照的需求程度。在自然界的植物群落组成中,可以看到乔木层、灌木层、地被层,各层植物所处的光照条件都不相同,这是植物长期适应的结果,从而形成了植物对光的不同生态习性。根据植物对光照度的要求及适应性的不同,一般把植物分为以下 3 类。

1. 阳性植物

图 2–1 阳性植物(紫薇)在全光下丛植

阳性植物又称为喜光植物,不耐阴,要求较强的光照。光补偿点高,在全光照 3%~5% 时达到光补偿点。一般需光度为全日照 70% 以上,在自然植物群落中,常为上层乔木。如桃、杏、油松、银杏、悬铃木、刺槐、薄壳山核桃、泡桐、合欢、木棉、木麻黄、椰子、杧果、杨、柳、桦、国槐、紫薇(图 2–1)、牡丹、月季及许多一、二年生植物等。

2. 阴性植物

阴性植物具有较强的耐阴能力,光补偿点低,不超过全光照的 1%。在较弱的光照条件下比在强光下生长良好,一般需光度为全日照的 5%~20%,不能忍受过强的光照,尤其是一些树种的幼苗,需在一定的庇荫条件下才能生长良好。在自然植物群落中常处于中、下层,或生长在潮湿背阴处。在群落结构中常为相对稳定的主体,如红豆杉、三尖杉、香榧、铁杉、可可、咖啡、肉桂、萝芙木、珠兰、紫金牛、中华常春藤、地锦、云杉、冷杉、紫杉、山茶、海桐、珊瑚树、八角金盘(图 2–2)、三七、草果、人参、黄连、细辛、宽叶麦冬、吉祥草、沿阶草、文竹及兰花等。

3. 耐阴植物

大多数植物属于此类。一般需光度在阳性和阴性植物之间,对光的适应幅度较大,在全日照下生长良好,也能忍受适当的庇荫,又称中性植物,光照过强或过弱都对其生长不利。如枇杷、青冈属植物、槭属植物、榉树、朴树、枫香、杜鹃、广玉兰、山茶花、含笑、槐树、玉簪、十大功劳(图 2–3)、罗汉松、竹柏、山楂、椴树、栾树、君迁子、棣棠、珍珠梅、桔梗、白笈、虎刺及蝴蝶花等。过强的光照常超过其光饱和点,故盛夏应遮阴;过分遮阴又会削弱光合强度,造成植物因营养不良而逐渐衰弱死亡。

图 2–2 阴性植物(八角金盘)
(在北侧房檐下正常生长发育)

图 2–3 耐阴植物(十大功劳)
(林下生长茂盛)

阳性植物与阴性植物在形态结构、生理特性和个体发育等方面有着明显的区别(表2-1)。

表2-1 阳性植物与阴性植物的主要区别*

形态与生理特性	阳性植物	阴性植物
叶型	阳生叶为主	阴生叶为主
茎	较粗壮、节间短	较细、节间较长
单位面积叶绿素含量	少	多
分枝	较多	较少
茎内细胞	体积小,细胞壁厚,含水量低	体积大,细胞壁薄,含水量高
木质部和机械组织	发达	不发达
根系	发达	不发达
耐阴能力	弱	强
土壤条件	对土壤适应性广	适应比较湿润、肥沃的土壤
耐旱条件	较耐干旱	不耐干旱
生长速度	较快	较慢
生长发育	成熟早,寿命短	成熟晚,结实量少,寿命长
光补偿点、光饱和点	高	低

*引自姚方等,园林生态学[M],2010.

值得注意的是,不同的植物对光的需求量有较大的差异,同一种植物对光的反应也常因环境的改变而发生变化。同一树种,生长在分布区南界的植物比分布区中心的植物耐阴,而分布区北界的植物则较喜光,同时随海拔的升高而喜光性增强。土壤的肥力也可影响树木的需光量,例如榛子在肥沃的土壤中,最低需光量为全光照的1/60,在贫瘠的土壤中则为全光照的1/20。改变栽培地点,植物的喜光性常发生相应的变化,如原产于热带、亚热带的植物,属阳性,引到北方后,夏季却不能在全光照条件下生长,需要适当遮阴,这是由于原产地雨水多,空气湿度大,光的透射能力较弱,光照度比多晴少雨、空气干燥的北方要弱的缘故。因此在北方栽植南方的部分阳性植物时,应与中性植物一样对待,如铁树等。

植物对光能的利用,决定于单位面积园圃内叶面积指数的高低。稀植园,叶面积小,受光量少,光能利用率低;密植园,叶面积大,受光量多,光能利用率高,但过密时因受光不均,中下部枝条得不到光照而影响整体长势。只有使树冠合理分布才能较好地利用光能,不能过密或过稀。在园林建设中为了提高光能利用率,可以根据环境的光照度,合理选择栽培植物,做到植物与环境的统一。同时可以根据植物的需光量与质的不同进行合理配置,形成层次分明、错落有致的绿化景观。如阳性树种的寿命一般比耐阴树种短,但生长速度较快,所以在树木配置时阳性植物与耐阴植物必须搭配得当,长短结合。又如在一般情况下,植物的需光量随年龄的增加而增加,所以树木在幼苗阶段的耐阴性高于成年阶段;在同样的遮阴条件下,幼苗可以生存,但成年树表现为光照不足。在园林绿化中,可以利用这一原理,幼年树给予密植,以提高绿化效果和土地利用率;随着年龄的增长,要逐渐疏移或疏伐,还可以通过修剪整形而使树体保持一个合理的树冠结构。此外,在园林植物配置中,上层可种植阳性树种,中下层可配置较为耐阴或阴性的灌木和地被植物,形成复层林分,使不同层次的树木以及吸附类藤本、地被植物各得其所,以提高绿化质量。同时充分利用墙面攀附藤本植物和建屋顶花园，提高光能利用率与生态功能。

（二）光照度对园林植物生长发育的影响

1. 光照度与植物营养生长的关系

光能促进植物组织和器官的分化，制约各器官的生长速度和发育比例。强光对植物茎的生长有抑制作用，但能促进组织分化，有利于茎干木质部的发育，因而在全光照条件下生长的树木，一般树干粗壮、树冠庞大、分枝点较低、短枝密集，具有较高的观赏与生态价值。此外，叶子也较厚，栅栏组织较多。当光照不足时，树木的枝长且直立，生长势强，表现为徒长和黄化，根系生长不良，影响上部枝条的木质化程度，抗旱抗寒能力降低。

光合作用所产生的同化物质首先供给地上部分使用，然后才送到根系。根系的养分大部分来自地上部分。因此，光照度对植物根系的生长能产生间接的影响，光照不足对根系生长有明显的抑制作用，根的伸长量减少，新根发生数少，甚至停止生长。此外，光在某种程度上能抑制病菌活动，如在日照条件较好的立地上生长的树木，其病害明显减少。

过强的光照常会伤害植物。光照太强会引起日灼，尤其在大陆性气候、沙地和昼夜温差剧变的情况下更易发生。树木的叶和枝经强光照射后，叶片温度可提高 5~10℃，树皮温度可提高 10~15℃。当树干温度达 50℃以上或在 40℃持续 2 h 以上，即会发生日灼。

在光照度分布不均匀的条件下，植物的枝叶往往会在强光方向茂盛生长，而弱光方向生长不良，形成明显的偏冠现象，这种现象在城市园林树种中表现得十分明显。由于现代化城市高楼林立、街道狭窄，改变了光照的分布，在同一街道和建筑物的两侧，光照度会出现很大差别，从而导致树木不对称生长。

2. 光照度与植物生殖生长的关系

光照度与植物花芽的形成有十分密切的关系。在光照不足的情况下，光合作用强度降低，营养物质积累减少，不利于花芽分化，花芽形成少，已经形成的花芽，也会由于体内养分供应不足而发育不良或早期死亡，进而造成坐果率低，果实发育中途停止，落果现象增多。因此，为了保证植物的花芽分化及开花结果，必须保持充足的光照条件。

光照度对果实的品质影响也较为明显。果树在通风透光条件下，果实着色好，含糖量和维生素 C 含量提高，酸度降低，耐储性增强。

植物花朵的颜色和开花时间也与光照度有关。强光照射有利于花青素的形成，植物花朵颜色鲜艳。高山上的植物为适应紫外线照射的严峻环境，产生大量能吸收紫外线的类胡萝卜素和花青素加以对抗。类胡萝卜素使花朵呈现橙色或黄色，花青素使花朵呈现红色、蓝色、紫色等。这就使得高山上的植物花色比平地上的植物花色更加艳丽。半支莲、酢浆草在午间（或正午）强光下开花，月见草、紫茉莉、晚香玉在傍晚开花，昙花在夜间开花，牵牛、亚麻只盛开于每日的早晨，这些都说明了开花时间与光照度的关联性。

同一种植物生长发育阶段不同，需光量也不同。如木本植物与光照度的关系会随植株的年龄和生长发育阶段而改变。一般幼年期和以营养生长为主的时期稍耐阴，成年后和生殖生长阶段需要较强的光照，特别是由枝叶生长转向花芽分化的交界期间，光照度的影响更为明显，此时若光照不足，花芽分化困难，不开花或开花少。如喜强光的月季，在庇荫处生长，枝条节间长，叶大而薄，很少开花。此外，植物休眠期需光量较少。

三、光照时间(光周期)与园林植物

除了光照度外,昼夜间光照持续时间的长短对植物的生长发育也具有重要影响。一天内白昼和黑夜的时数交替(即昼夜长短的变化)称为光周期。植物需要在一定光照与黑暗交替的条件下才能开花的现象称为光周期现象。有些植物需要在昼短夜长的秋季开花,有些只能在昼长夜短的夏季开花。根据植物对光周期的反应和要求不同,可将植物分为以下 3 类。

1. 长日照植物

这类植物大多原产于温带和寒带,在生长过程中,需要有一段时间每天 12~14 h 的光照才能形成花芽,否则不能开花或开花明显推迟,如荷花(图 2–4)、唐菖蒲、凤仙花、翠雀等。

2. 短日照植物

这类植物大多原产于热带和亚热带,在 24 h 的昼夜周期中需一定时间的连续黑暗(一般 14 h 以上的黑暗)才能形成花芽,并且在一定范围内,黑暗时间越长,开花越早,否则便不开花或开花明显推迟。在自然栽培条件下,通常在深秋与早春开花的植物多属此类,如三角花、一品红、一串红等。

3. 中日照植物

这类植物对光照与黑暗的长短没有严格的要求,只要经过足够的营养生长,在温、湿度等生长条件适宜的情况下,无论在长日照条件还是在短日照条件下均能开花,如石竹、月季(图 2–5)、紫薇、大丽花、仙客来及蒲公英等。

图 2–4　长日照植物(荷花)

图 2–5　中日照植物(月季)

光周期现象在很大程度上与原产地所处的纬度有关,是植物在进化过程中对光照长短的适应性表现。在引种过程中,特别是观花植物,必须考虑其对日照长短的反应,一般从同一纬度的不同地区、同一季节光照时间相似的地区引种,成功的概率较高。

生产中常利用植物的光周期现象,人为地控制光照时间的长短,来达到催花或延迟开花的目的。

日照长短除对植物开花有影响外,对植物的营养生长和休眠也起重要的作用。一般而言,延长日照时数会促进植物的生长或缩短生长期,缩短日照时数则会促进植物进入休眠或延长生长期。我国对杜仲苗采取不间断的光照处理,使其生长速度增加了 1 倍。对从南方引种的植物,为了提高其越冬能力,可用缩短光照时间的办法,促使其提早休眠,以增强抗逆性。

第二节 温度与园林植物

Q:温度对园林植物的生长发育有何影响?园林植物在长期的进化过程中,对温度的适应表现出的生长发育特点是什么?

温度和光一样,是影响植物生存和进行各种生理生化活动的重要因素,温度的变化对植物的生长发育影响很大,是影响植物地理分布的限制因子。

植物的生长发育要求有一定的温度范围,在这个范围内,不同温度对植物的作用是不同的。通常所说的温度三基点,是指某一个生长发育过程中的最低温度、最适温度和最高温度。在最适温度范围内,植物各种生理活动旺盛,生长发育最好。随着温度的升高或降低,植物的生命活动减弱,生长发育减慢,超过植物所能忍受的最低或最高温度点,植物的生命活动将遭到破坏,植物生长不良,甚至死亡。所以说温度与植物的生命活动密切相关,是重要的生态因子之一。

一、温度的变化

(一)气温的变化规律

1. 气温的空间变化

气温的空间变化主要表现在与纬度(表2–2)、地形、海拔以及海陆分布的关系。随着纬度的升高,太阳高度角变小,太阳辐射量减少,年均温度逐渐降低。纬度每升高1°,年均温度下降0.5~0.9℃。海拔每升高100 m相当于纬度向北推移1°,年平均温度降低0.5~0.6℃。另外,温度还受到地形、坡向等其他因素的影响,一般情况下,南坡日照强,温度比北坡高。海陆分布影响气团流动,同时影响温度的分布。我国的东南沿海为季风性气候,从东南向西北,大陆性气候逐渐增强。夏季温暖湿润的热带海洋气团将热量从东南带向西北;冬季寒冷而干燥的大陆性寒流从西北向东南推移,造成同方向的温度递减。

表2–2 不同纬度的温度变化*

地点	北纬	年平均温度/℃	最热月平均温度/℃	最冷月平均温度/℃	年较差/℃	≥20℃月数	≥15℃月数	≥10℃月数	≤0℃月数
漠河	53°33′	−5.4	18.1	−30.8	48.9	0	3	3	7
黑河	50°15′	−0.4	19.8	−25.8	45.6	0	3	5	5
齐齐哈尔	47°20′	3.0	22.7	−20.1	42.8	3	3	5	5
哈尔滨	45°45′	3.6	22.9	−19.8	42.7	2	3	5	5
长春	43°53′	4.8	22.9	−16.9	39.8	3	4	5	5
沈阳	41°46′	7.4	24.8	−12.8	37.6	3	5	5	5
北京	39°57′	11.8	26.1	−4.7	30.8	4	5	7	5
青岛	36°0′	12.0	25.3	−1.5	26.8	3	6	6	3
南京	32°04′	15.7	28.0	2.2	25.8	5	7	8	2

续表

地点	北纬	年平均温度/℃	最热月平均温度/℃	最冷月平均温度/℃	年较差/℃	≥20℃月数	≥15℃月数	≥10℃月数	≤0℃月数
温州	28°01′	18.5	29.0	7.7	21.3	6	8	10	0
福州	26°05′	19.8	28.5	10.9	17.8	6	8	12	0
广州	23°0′	21.9	28.3	13.7	14.6	7	10	12	0
海口	20°0′	24.1	28.6	17.5	11.1	9	12	12	0
西沙群岛	16°50′	26.5	29.0	23.0	6.0	12	12	12	0

* 引自陈世训,中国的气候[M],1957.

2. 气温的时间变化

气温的时间变化分为气温的年变化和日变化。气温的年变化规律主要表现为四季的变化,陆地上一年中最热月与最冷月分别是7月和1月,海洋上分别出现在8月和2月。一年中最热月平均气温与最冷月平均气温之差称为气温的年较差。气温的年较差随纬度升高而增大,随海拔的升高而减少。

气温的日变化规律为:一天中气温有一个最高值和最低值,最高值夏季出现在14—16时,冬季出现在13—14时,最低值出现在近日出时。一天中,最高与最低气温之差称为气温的日较差。气温的日较差随纬度和海拔的增加而减小。此外,晴天的气温日较差大于阴天。

(二)土温的变化规律

土壤温度随时间和空间而发生变化。

土温的年变化规律为:7月平均温度最高,1月平均温度最低。土温年较差随纬度的增加而增大,随土壤深度的增加而减小。

土温的日变化规律为:一天中13时左右最高,将近日出时最低。土温日较差随纬度增加而增大,随海拔的升高而减小,晴天大于阴天。此外,还随土壤深度而发生变化,深度增加,土温日较差减少,到一定深度后,土温变化消失,出现日温恒定层。

(三)植物体温的变化规律

植物体的热量直接或间接地来自于太阳辐射。植物属于变温生物,植物地上部分的温度接近于气温,根的温度接近于土温,并通过不断的能量转换,保持其体温与环境温度的平衡。当植物体温高于气温时,通过蒸腾作用和对光线的反射来降低体内温度;当植物体的温度低于气温时,就从环境中吸收热量而使体温升高。

二、温度与植物生长发育的关系

温度的变化直接影响植物的生命活动和生理代谢,从而影响植物的生长发育。

1. 温度与种子萌发

植物的种子只有在一定的温度条件下才能吸水膨胀、发芽生长。多数植物的种子在变温条件下发芽良好。一般树木种子在0~5℃时开始萌动,最适温度为25~30℃,最高温度是35~45℃。过高的温度不利于种子发芽。

2. 温度与光合作用

植物光合作用也存在着最低、最适和最高温度三基点。大多植物在10~35℃下进行光合作用，低温和高温都会抑制光合作用的进行，当气温达到35℃以上时，光合作用就开始下降，40~50℃时即完全停止。植物光合作用对外界温度的要求常因植物的种类、环境、栽培技术的不同而有很大差异。

3. 温度与呼吸作用

呼吸作用的最适和最高温度通常较光合作用高，在一定温度范围内，温度升高，呼吸速率增强。34~45℃时，植物有最大的呼吸速率；一般植物呼吸的最适温度为25~35℃。当温度超过30℃时，净光合产物因呼吸消耗而减少。因此，在炎热的夏季，对苗木进行喷灌或辅以适当遮阴，可降低叶面温度，减弱呼吸作用，有利于苗木生长。

植物呼吸作用的最低温度因植物种类而异。大多数热带植物呼吸作用的最低温度为0℃左右，但有些寒带植物冬季 –25℃下还能继续进行呼吸作用。通常呼吸作用的最低温度比生长最低温度要低得多，这时植物虽然不能生长，但生命活动仍能保持。因此，在种子贮藏过程中，可采用低温来降低呼吸强度保持种子的活力。

4. 温度与蒸腾作用

温度的变化直接影响叶面温度和叶片气孔的开闭，并使角质层蒸腾与气孔蒸腾的比例发生变化。温度越高，角质层蒸腾比例越大，同时气孔不能关闭，蒸腾加剧。如果蒸腾作用消耗的水分超过根部吸收的水分，就会破坏植物体内的水分平衡，叶片严重失水，叶片温度会进一步升高，叶片枯萎，植株最终枯死。

5. 温度与植物根系的吸收作用

土温的变化直接影响根系的生长发育和吸收作用。在适宜的土温范围内，随土温的升高，根系的生长加快，吸收作用也增强；超过一定的高温或低于某一温度时，根系的生长减慢甚至停滞，吸收速度也降低。

土温过高会促使树木根系提早成熟，木质化提早到达根尖，减小根系吸收的表面积。高温使根系细胞内的酶活性减弱，直接影响细胞膜的通透性，使已积累的离子外漏，离子的净吸收量减少，从而降低根系的吸收作用。土温过低，增加了水的黏性，减慢了水和溶质进入根细胞的速度，植物体内的原生质黏性也会增加，妨碍根系内物质的运输，同时低温降低根系的呼吸作用，影响根系的吸收功能，使根系生长减缓，影响根系吸收表面积的增加。

土温切忌变化过快。炎热的夏季土温很高，在中午前后达到最高，此时给植物浇冷水，会使土温骤降，根系温度也随之下降，根系吸水能力急剧降低，不能及时供应地上部分水分蒸腾的需要，引起植物暂时性萎蔫。因此，在炎热的夏季，灌溉应尽量避免在中午前后。

北方地区由于冬季过于严寒，土壤冻结层很深，根系无法吸收水分供蒸腾的消耗，常会引起生理干旱。在入冬后，将雪堆放在植物根部，能提高土温，使土壤冻结层变浅，深层的根系仍能活动，可缓解植物冬季蒸腾失水过多的现象。

6. 温度与植物生长发育及花色

植物的生长在一定的温度范围内进行，不同地带生长的植物，对温度要求不同。在其他条件适宜的情况下，生长在高山和极地的树木最适生长温度在10℃以内。大多数温带树种，在5℃以上开始生长，最适生长温度为25~30℃，而最高生长温度为35~40℃。亚热带树种，通常最适生长温度为30~35℃，最高生长温度为45℃。对于亚热带树种，一般在0~35℃温度范围内，温度升高，树木生长加快，生长季延长；温度下降，树木生长减慢，生长季缩短。其原因是，在一定温度范围内，温度上升，细胞膜透性增强，树木生长必要的二氧化碳、盐类的吸收增加，同时光合作用增强，蒸腾作用加快，酶的活动加速，促进了细胞的伸长和分裂，从而加快了树木的生长速度。

温度对植物发育的影响也是重要的。一般温度高，植物发育快，果实成熟早。但有些植物开花结实在某一阶段需要低温的刺激，否则就不能开花结实，因低温能引起一系列的生理生化变化，使生长转为发育。一般发育阶段的温度三基点较高，所以开花结果时，若遇到低温，则会遭到大的损害，在栽培植物时需要注意。温度还影响果实的品质，特别是在果实成熟期，需要足够高的温度，果实才能含糖量高，颜色好。

温度对花色有很大的影响，随着温度的升高，花色变浅。如落地生根属，有些品种在高温下所开的花几乎不着色或花色变浅。大丽花在温暖地区栽植时，夏季高温炎热，开花时色调暗淡无华，花形小，甚至不开花，秋季后才能开出鲜艳夺目的花朵；而在寒冷地区栽培的大丽花，夏季仍花大鲜丽。其他如菊花、翠菊在寒冷地区开花的色调比暖地鲜艳。

三、生长期积温

植物生长发育不但需要一定的温度范围，还必须从环境中摄取一定的温度总量才能完成其生命活动周期。植物完成生命活动所需要的温度总量称为积温。在其他条件适宜的情况下，植物生长发育的起始温度（下限温度，一般用日平均气温表示）称为生物学零度。植物生长季节高出生物学零度的日平均温度称为生长发育有效温度，其总和称为有效积温或生长期积温。有效积温总量为全年内（或某一发育阶段）具有有效温度的日数和有效温度值的乘积。

不同的植物在生长期中，对温度的要求不同，这与其原产地的温度有关。原生长于北方的落叶树种，如落叶松、樱桃、核桃楸等，萌芽、发根都要求较低的温度，生长季的暖温期也较短；原生长于热带、亚热带的常绿树种，如木棉、白兰花等，生长季长而炎热，生物学零度值也高。温带地区，一般将5~6℃作为生物学零度；亚热带地区常用10℃；热带地区常用18℃。

各种植物在生长期内，从萌芽、开花至果实成熟，都要求一定的积温。引种时要考虑引种区的积温条件，才能取得成功。如观果类的四季橘，引种到北方，通常不能在自然条件下开花结果，只有在温室内才能结果成熟；芭蕉在江南地区能生长并开花，但果实不能发育成熟，就是因为有效积温不够。

根据植物对温度的要求不同和耐寒力的差异，通常将植物分成以下3类。

耐寒植物：此类植物生长在温带，有较强的耐寒性，对热量不苛求，如毛白杨、油松、落叶松、红松、桦树、东北绣线菊、白皮松、桃、李、梅、杏、核桃楸、牡丹、芍药及丁香等。

喜热植物：此类植物多原产于热带及亚热带，生长期间要求高温，耐寒性差，如三角梅、榕树、羊蹄甲、椰子、龙血树、朱蕉、橡胶、桉树及凤凰木等。

中庸植物（喜温植物）：此类植物多原产于暖温带及亚热带，对热量要求和耐寒性介于耐寒植物与喜热植物之间，可在比较大的温度范围内生长，如云南山茶、毛竹、夹竹桃、竹柏、杜鹃花、栾树、池杉、蜡梅、梓树及垂柳等。

四、温度与植物分布

温度是影响植物分布的限制因子。一般认为极端低温和高温是限制植物分布的主要因素，并成为其水平分布的南北界线，即北方的低温界线和南方的高温界线。把热带和亚热带植物移到寒冷的北方栽培，常因气温太低而不能正常生长发育，甚至冻死；喜气温凉爽的北方植物移至南方，因冬季低温不够而生长不良，不能完成发育阶段，甚至死亡。另外，随着海拔高度的变化，温度也发生变化，所以会在不同海拔高度上出现不同植物种类，形成垂直性分布地带。

五、极端温度对植物的伤害

植物生长发育对温度的适应性有一定的范围，温度过高或过低，植物生长发育过程都会受抑或完全停止，对植物产生不良影响，甚至死亡。

1. 高温对植物的伤害

一般当气温达到 35~40℃时，植物停止生长；气温超过 45℃时，植物会受到严重伤害（图 2-6）。

首先，高温下呼吸作用强烈，光合作用停滞，营养物质的消耗大于积累，破坏了光合作用与呼吸作用的平衡，植物饥饿虚脱难以生长。

其次，高温下植物蒸腾作用加强，根系吸收的水分无法弥补蒸腾作用的消耗，从而破坏了植物体内的水分平衡。

最后，高温会使细胞内的蛋白质凝固变性失去活性，叶、花、树皮会因强烈辐射受到灼伤，另外土温的升高也会造成树木根颈的灼伤。

植物不同，对高温的忍耐力也不同，如叶片小、质厚、气孔较少的种类，对高温的耐性较高。米兰在夏季高温下生长旺盛，花香浓郁；仙客来、倒挂金钟和水仙等，因不能适应夏季高温而休眠；一些秋播草花在盛夏来临前即干枯死亡，以种子状态越夏。同一种植物在不同的发育阶段对高温的抗性也不同，通常休眠期抗性最强（如种子期），生殖发育初期（开花期）最弱。在栽培过程中，应适时采取降温措施，如喷水、淋水、遮阴等，帮助植物安全越夏。

2. 低温对植物的伤害

低温伤害指植物在能忍受的极限低温以下的温度所受到的伤害。其外因主要有降温的强度、持续的时间和发生的时期；内因主要决定于植物种类的抗寒能力。

低温造成对植物的伤害，主要发生在春、秋、冬季寒冷的时期。温度回升后的突然降温，或交错的降温（气温冷热变化频繁），对植株的危害更为严重（图 2-7）。

图 2-6　高温伤害叶片枯焦（紫玉簪）

图 2-7　合欢冬季干皮发生冻裂（低温伤害）

不同种类的植物抗寒能力差异很大。一般南方植物忍受低温能力差，有的在10~15℃气温下即受冻；北方的落叶树种则能在-40℃或更低的温度条件下安全越冬。不同品种抗寒能力也不同。另外，植物处于不同发育阶段其抗寒能力也不同，通常休眠阶段抗寒性最强，营养生长阶段次之，生殖生长阶段最弱。

采取一些有效措施可以提高植物的耐寒能力。提高植物耐寒性的各种过程的综合称为抗寒锻炼。植物在自然条件下，随着温度的逐渐降低，原生质逐步改变其代谢机能和组成，体内逐渐增加可溶性糖类、氨基酸等物质，减少水分，以适应环境。植物抗寒锻炼也常效仿自然降温的办法。

第三节　水分与园林植物

Q：水分与园林植物的关系如何？按园林植物对水分需求量的大小和要求不同，如何将其分类？

水是植物体的基本组成部分。植物体的一切生命活动都必须在水的参与下才能完成，如光合作用、蒸腾作用、养分吸收、运转和合成等。水分不足会加速植物的衰老。

水主要来自大气降水和地下水，通过水的状态（固态水、液态水、气态水）、持续时间（干旱、降水、水淹等持续的时间）、数量（降水的多少、空气相对湿度等）三方面的作用，直接或间接地影响着植物的生命活动。

一、植物对水分的需求和适应

（一）植物体的水分平衡

植物对水分的需要是指植物在维持正常生理活动中所吸收和消耗的水分。不同的植物对水分的需要差异很大，一棵橡树一天大约消耗570 kg水，而一株玉米只消耗2 kg水。植物所吸收的水分中，用于体内有机质合成的一般为0.5%~1%，绝大多数用于蒸腾作用。因此，植物的需水量常用蒸腾强度来表示。

植物蒸腾主要是气孔蒸腾，其次是角质层蒸腾。影响蒸腾的外界条件有光、温、风、大气湿度等。陆生植物吸水的动力主要靠根压和蒸腾拉力。根压是根系代谢的结果，根系中的溶液浓度大于土壤溶液浓度时，就会产生根压吸水，并能将水压送到地上部分。蒸腾拉力是根部吸水的主要动力。

植物体的水分平衡是指植物的水分收入（根部吸水）和支出（叶蒸腾）之间的平衡。当水分供应不足时，会引起气孔开张度减小，蒸腾减弱，使平衡得以暂时恢复和维持。植物体的水分经常处于动态平衡中，要维持水分平衡，必须增强根系吸水能力，在干旱时减少叶片的水分蒸腾。

蒸腾强度与树种、环境等因素有关。一般情况下，阔叶树的蒸腾强度大于针叶树；幼龄树大于老龄树；晴天大于阴天。

（二）植物对水分的适应

自然界在不同的水分条件下，适生着不同的植物。水中旺盛生长着各种水生植物，如芦苇、水浮莲、荷花等；干旱的山坡上，许多松树生长良好；水分充足的山谷、河旁，赤杨、枫杨等生长旺盛。这说明在长期的进化过程中,植物形成了对水分的适应。

植物对水分的要求和对水分的需要有一定的联系,但这是两个不同的概念。两者有时是一致的,但也可能不一致。如松树对水分的需要量较高,但可生长在水分较少的地方,对土壤湿度要求并不严格;赤杨对水分的需要量也很高,但只能生长在水分充足的地方,对土壤水分要求十分严格。云杉的耗水量较低,对土壤水分的要求却很严格。

根据植物对水分需求量的大小和要求,可将植物分为以下几类。

1. 旱生植物

旱生植物指在土壤水分少、空气干燥的条件下能正常生长发育的一类植物。具有极强的耐干旱能力,能耐较长时间干旱。这类植物具有以下特点:一是根系通常极发达;二是叶片针状或退化为膜质鞘状,一般叶面具有发达的角质层或蜡质,即使长时间干旱也不枯萎;三是渗透压较高,如相思树、侧柏、栎树、枣、沙棘、桂香柳、胡颓子及皂角等。有的植物具有肥厚的肉质茎、叶,能储存大量的水分,而且水分以束缚水的形式存在,如龙舌兰、仙人掌类。

在旱生植物中,每种植物都有固有的综合耐旱特征,即使生长在同一干旱环境中的植物,它们适应干旱的方式也是多种多样的。

2. 湿生植物

湿生植物要求空气与土壤潮湿,在土壤短期积水时可以生长,不能忍受较长时间的水分不足,属于抗旱能力最弱的陆生植物,可以分为阴性湿生植物和阳性湿生植物,如水杉、垂柳、池杉、落羽杉、枫杨、苦楝、秋海棠及鸢尾等。这些植物因环境中经常有充足的水分,没有任何避免蒸腾过度的保护性形态结构,相反却具有对水分过多的适应,如根系不发达,分生侧根和根毛少,叶大而薄,叶面光滑无毛,表皮和角质层不发达,渗透压低,栅栏组织不发达,气孔多而经常开放,因而叶片被摘下后极易萎蔫。有的植物为适应缺氧环境,茎组织疏松,有利于气体交换。

3. 中生植物

中生植物生长在干湿条件适中的陆地上,能抵抗短期内轻微干旱,如杨属、悬铃木、柿、槐、女贞、桂花、白玉兰及香樟等。大多数植物属于此类。

4. 水生植物

水生植物适宜生长在水中,如荷花、浮萍、睡莲等。

二、水分对植物生长发育的影响

植物用水来维持细胞的膨胀压,使细胞能很好地生长和分裂。水是植物光合作用的物质基础和必要条件。在正常情况下,植物处于吸收与蒸腾的动态平衡。水分过多或过少都会打破这种动态平衡,影响植物新陈代谢的进行。

(一) 水分不足对植物的影响

土壤水分不足会对植物的生长造成不利的影响。资料表明,当土壤含水量降至10%~15%时,许多植物的地上部分停止生长;当土壤含水量低于7%时,根系停止生长,同时由于土壤溶液浓度过高,根系发生外渗现象,引起烧根甚至死亡(图2-8)。

对许多植物来说,水分是影响花芽分化迟早和难易的主要因素。植物生长一段时间后,营养物质积累至一定程度,此时植物逐渐由营养生长转向生殖生长,开始花芽分化、开花结果。在花芽分化期间,如果水分缺乏,花芽分化困难,形成花芽少。开花期内水分不足,花朵难以完全绽开,而且缩短花期，无法体现品种所特有的特征，影响观赏效果。另外，水分不足，花色变浓，如白色和桃红色的蔷薇品种，在土壤干旱时，花朵变为乳黄色和浓桃红色。

（二）水分过多对植物的影响

土壤水分过多时，空气流通不畅，二氧化碳相对增多，还原条件加强，有机质分解不完全，会促使一些有毒物质积累，如硫化氢、甲烷等，阻碍酶的活动，影响根系吸收，使植物根系中毒。在水分过多的地方，植物垂直根系往往腐烂（图 2–9）。

图 2–8　干旱缺水致使树体严重落叶（红叶桃）

图 2–9　水淹涝害（紫叶锦带）

不同的植物对水分过多（淹水）的抵抗能力（耐淹力）有较大差异。一般情况下，常绿阔叶树种的耐淹力低于落叶阔叶树种，落叶阔叶树种中浅根性树种的耐淹力较强。

耐淹力较弱的树种：如刺槐、榆树、合欢、臭椿、构树、栾树、核桃、三角枫、梧桐、泡桐、侧柏、银杏、桂花、黄杨、冬青、香樟、女贞及雪松等。

耐淹力中等的树种：如乌桕、国槐、水杉、枫香、悬铃木、苦楝及小叶女贞等。

耐淹力较强的树种：如旱柳、垂柳、枫杨、白蜡、池杉及落羽杉等。

三、树木生长与需水量

在年周期中，树木各个物候期的需水量不一样。正确掌握不同物候期树木的需水要求，对于树木水分管理具有十分重要的意义。

以落叶树种为例，树木年生长周期中需水特点如下。

(1) 树木萌芽期水分不足常发生萌芽推迟或不整齐，并影响新梢生长。当冬春水分不足时，应于初春时期灌水。

(2) 新梢生长期对缺水敏感，为需水临界期。随温度升高，新梢进入旺盛生长期，需水量较多，如供水不足，会削弱新梢生长或造成早期停长。

(3) 花芽分化期如果水分缺乏，花芽分化困难，形成花芽少；水分过多，长期阴雨，花芽分化也难以进行。

(4) 开花期如果大气湿度不足，花朵难以完全绽开，而且缩短花期，影响观赏效果。土壤水分的多少，对花朵的色泽也有一定的影响，水分不足，花色变浓。因此，为保持品种固有特性，应及时进行水分调节。

(5) 果实发育期需一定的水分。但水分过多,会促使枝梢果实生长发生矛盾,引起后期落果、裂果和病害。

(6) 秋季根系生长高峰期需一定水分。秋旱影响根系生长,进而影响根系吸收和有机物质的制造积累,削弱越冬能力。

(7) 休眠期需水较少。但长期缺水,会使枝条干枯或受冻。在干旱少雨地区,应在封冻前灌水并充分利用冬季积雪。

第四节 土壤与园林植物

Q:土壤对园林植物生长发育有何影响?

土壤对植物生长的影响是由土壤的多种因素决定的,如土层厚度、母岩、质地、土壤结构、营养元素含量及酸碱度等。在一定条件下,某些因素会起到主导作用。

土壤种类不同,理化性质会有较大差异,因而对植物的影响也不一样。同种土壤由于所处的环境条件不同,其理化性质也不一致,如土壤养分决定于土层厚度、石砾的含量、土壤质地、腐殖质含量等多种因素,当上述因素发生改变时,土壤的养分含量和成分也将发生相应的变化。

一、土壤质地与厚度

土壤质地(表 2-3)和厚度关系到土壤肥力的高低、含氧量的多少。

表 2-3 国际制土壤质地分类标准 *

质地分类		各级土粒质量分数 /%		
类别	名称	黏粒(<0.002 mm)	粉沙粒(0.002~<0.02 mm)	沙粒(0.02~2 mm)
沙土类	沙土及沙质壤土	0~15	0~15	85~100
壤土类	沙质壤土	0~15	0~45	55~85
	壤土	0~15	30~45	40~55
	粉沙质壤土	0~15	45~100	0~55
黏壤土类	沙质黏壤土	15~25	0~30	55~85
	黏壤土	15~25	20~45	30~55
	粉沙质黏壤土	15~25	45~85	0~40
黏土类	沙质黏土	25~45	0~20	55~75
	壤质黏土	25~45	0~45	10~55
	粉沙质黏土	25~45	45~75	0~30
	黏土	45~65	0~35	0~55
	重黏土	65~100	0~35	0~35

* 引自王介元等,土壤肥料学[M],1997.

土壤质地主要有 3 种类型:沙土类土壤、黏土类土壤、壤土类土壤(又可细分为壤土类和黏壤土类)。沙土类土壤沙粒含量高,黏粒少,颗粒间空隙比较大,通气透水性好,但保水、保肥能力差,土壤易干旱。因此这类土壤常作培养土的配制成分和改良黏土的成分,适宜于扦插、播种基质和种植耐旱、耐瘠的园林植物,并应注意薄肥多施,后期施肥。黏土类土壤黏粒含量高,颗粒细小,孔隙小,透性不良,但保水保肥能力强,养分丰富,有机质含量高。园林植物生长管理上要注意湿时排水,干旱时勤浇水。除少数黏土性园林植物外,大部分不适应此类土壤。这类土壤常与其他基质配合使用。壤土类土壤质地比较均匀,沙粒、壤粒、黏粒含量适中,因此兼有沙土类与黏土类土壤的优点,是较为理想的质地类型,适合大多数园林植物生长。

土壤厚度是植物可以生长的土层厚度,是土壤的一个重要基本特征,不同的土壤厚度反映土壤的发育程度。

土壤厚度对树木根系分布深浅有很大影响。通常土层深厚,植物根系分布也深,能吸收更多的水分和养分,抗逆性增强。土壤质地也影响树木根系的分布深浅,沙地根深,黏土根浅。山麓冲积平原和沿海沙地,表土下一般都分布砾石层,漏水漏肥,植物生长不良。城市一般都分布在较平坦地区,土壤厚度较深,但由于长期的人为破坏、市政建设等原因,根区土壤状况多样,其理化性质与自然状态下的土壤相比,已有了较大的改变,土壤板结,盐碱化严重,有的甚至已不适合植物生长。

大多数的植物要求在土质疏松、深厚肥沃的壤质土壤上生长,而且要求壤质土肥力水平较高。

二、土壤温度

植物的根系活动与土壤温度有密切关系,种类不同对土温的要求也不同。一般原产于北方的植物对土温的要求较低,而南方的植物要求土温较高。另外土温也影响着各种盐类的溶解速度、微生物的活动以及各种有机物的分解转化。土温过高或过低都会对根系产生影响,造成低温休眠或高温休眠,甚至导致伤害。

土壤温度与太阳辐射、气温和土壤特性有关,太阳光强、气温高,土温也高。土温变化也受气候影响,进入秋季,随着气温降低,由土壤上层向下传导降温;春季,随着气温升高,由土壤上层向下传导升温。不同深度的土壤温度不一样,变化幅度也有较大的差异,一般地表下 30 cm 以内的土壤温度变化较快,90 cm 以下土层周年温度变化小,根系往往常年都能生长。

三、土壤的通气状况

植物根系的生长除与温度等因素有关外,还与土壤的通气状况和水分状况有密切关系。

土壤孔隙主要由水分和空气占领,水多气少,水少气多。土壤中含有多种空气成分,对于植物来说,氧气是最重要的成分。所谓通气状况好坏主要是指土壤空气中含氧的状况。植物根系和土壤微生物都要进行呼吸,耗氧并排出二氧化碳。土壤含氧量少,影响植物对水分和养分的吸收,并间接招致寄生菌对根系的破坏。另外,在考虑土壤含氧量的同时,还必须与二氧化碳含量结合起来分析。有关资料表明,如果土壤中二氧化碳含量不太高,即使根际周围空气的含氧量降到 3%,根系仍能正常活动;但如果根际周围二氧化碳含量升至 10% 或更高,则根的代谢功能立即受到破坏。

土壤通气不良的主要原因是土壤与大气间的气体交换受阻，土壤中的含氧量不断下降，二氧化碳浓度升高，影响植物根系的生长。因此，在实际栽培中，除了考虑土壤空气的含氧量外，更应注意土壤的毛管孔隙度和非毛管孔隙度（通气孔隙度）。通气孔隙度低时，气体交换恶化。植物根系一般在通气孔隙度 7% 以下时，生长不良，1% 以下时几乎不能生长。为使植物健壮生长，通常情况下要求土壤通气孔隙度在 10% 以上。

从以上的说明中可以清楚地看出，城市树木较活跃的根系为什么总是局限在路边和人行道之间践踏较少的土壤或附近的草地里了。

四、土壤水分

土壤水分是植物最主要的水分来源，一切营养物质只有溶解在适当的水中才能被植物吸收利用。土壤水有气态水、膜状水、毛细管水和重力水等几种存在形式。

最适宜树木根系生长的土壤含水量等于土壤最大田间持水量的 60%~80%。当土壤含水量降至某一限度时，即使温度和其他因子都适宜，根系生长也会受到破坏，植物体内水分平衡将被打破。在土壤干旱时，土壤溶液浓度升高，根系不能正常吸水反而发生外渗现象（这就是为什么强调施肥后要立即灌水），根的木质化加速，并且自疏现象加重。据研究，根在干旱状态下受害，远比地上部分出现萎蔫要早，即植物根系对干旱的抵抗能力要比叶片低得多。在严重缺水时，叶片可以夺取根部的水分，此时根系不仅停止生长和吸收，而且开始死亡。

需要指出的是，轻微的干旱对根系的生长发育有好处，可以改善土壤通气条件，抑制地上部分生长，使较多的养分优先用于根群生长，致使根群形成大量分支和深入下层的根系，从而有效利用土壤水分和矿物质，提高根系和植物的耐旱能力。在园林植物栽培中，常常采用“蹲苗”的方法促使植物发根，提高抗旱能力。

土壤中水分过多，会使土壤空气减少，引起通气状况恶化，造成缺氧，使得一些元素成为还原性物质或成为氧化性物质。根系在缺氧情况下，不能正常进行吸收活动和其他生理作用，甚至腐烂死亡。同时土壤水分过多时，会产生硫化氢、甲烷等有害气体，毒害根系。

五、土壤酸碱度

土壤的酸碱度影响微生物的活动，进而影响有机物质和矿质元素的分解利用。因此，土壤酸碱度对植物的生长影响往往是间接的。我国土壤 pH 变化可划分为七级（表 2–4）。土壤的 pH 对树种的分布影响极大，在一定气候范围内，pH 决定了某一树种在小范围内的分布，表 2–5 中给出了部分园林植物适宜的土壤 pH 范围。

表 2–4 我国土壤酸碱度的分级 *

土壤 pH	<4.5	4.5~<5.5	5.5~<6.5	6.5~<7.5	7.5~<8.5	8.5~<9.5	≥9.5
级别	强酸性	酸性	弱酸性	中性	弱碱性	碱性	强碱性

* 引自姚方等，园林生态学[M]，2010.

每种植物都要求在一定的土壤酸碱条件下生长，有的喜酸性土壤，有的适应碱性土壤。根据植物对土壤酸碱度要求的不同，可以分为以下几类(表 2–5)。

表 2-5　部分园林植物适宜的土壤 pH 范围 *

植物种类	适宜 pH	植物种类	适宜 pH	植物种类	适宜 pH
欧石楠	4.0~4.5	南酸枣	5.0~8.0	非洲紫苣苔	6.0~7.5
凤梨科植物	4.0~4.5	落羽杉	5.0~8.0	牵牛花	6.0~7.5
八仙花	4.0~4.5	水杉	5.0~8.0	三色堇	6.0~7.5
紫鸭跖草	4.0~5.0	黑松	5.0~8.0	瓜叶菊	6.0~7.5
兰科植物	4.5~5.0	香樟	5.0~8.0	金鱼草	6.0~7.5
蕨类植物	4.5~5.5	樱花	5.5~6.5	紫藤	6.0~7.5
锦紫苏	4.5~5.5	蓬莱蕉	5.5~6.5	火棘	6.0~8.0
杜鹃花	4.5~5.5	喜林芋	5.5~6.5	枸子木	6.0~8.0
山茶花	4.5~6.5	安祖花	5.5~6.5	泡桐	6.0~8.0
马尾松	4.5~6.5	仙客来	5.5~6.5	榆树	6.0~8.0
杉木	4.5~6.5(8)	吊钟海棠	5.5~6.5	杨树	6.0~8.0
丝柏类	5.0~6.0	菊花	5.5~6.5	大丽花	6.0~8.0
山月桂	5.0~6.0	蒲包花	5.5~6.5	花毛茛	6.0~8.0
广玉兰	5.0~6.0	倒挂金钟	5.5~6.5	唐菖蒲	6.0~8.0
铁线莲	5.0~6.0	美人蕉	5.5~6.5	芍药	6.0~8.0
藿香蓟	5.0~6.0	朱顶红	5.5~7.0	庭荠	6.0~8.0
仙人掌类	5.0~6.0	桂香竹	5.5~7.0	四季报春	6.5~7.0
百合	5.0~6.0	雏菊	5.5~7.0	洋水仙	6.5~7.0
冷杉	5.0~6.0	印度橡皮树	5.5~7.0	香豌豆	6.5~7.5
云杉属	5.0~6.5	紫罗兰	5.5~7.5	金盏花	6.5~7.5
松属	5.0~6.5	贴梗海棠	5.5~7.5	勿忘草	6.5~7.5
棕榈科	5.0~6.3	花柏类	6.0~7.0	紫菀	6.5~7.5
椰子类	5.0~6.5	一品红	6.0~7.0	西洋樱草	7.0~8.0
大岩桐	5.0~6.5	秋海棠	6.0~7.0	仙人掌类	7.0~8.0
海棠	5.0~6.5	灯心草	6.0~7.0	石竹	7.0~8.0
西府海棠	5.0~6.5	文竹	6.0~7.0	香槿	7.0~8.0
毛竹	5.0~7.0	郁金香	6.0~7.5	毛白杨	7.0~8.5
金钱松	5.0~7.0	风信子	6.0~7.5	白皮松	7.5~8.0
乌桕	5.0~8.0	水仙	6.0~7.5		

* 引自崔晓阳等，城市绿地土壤及其管理[M]，2001.

1. 喜酸性土壤植物

土壤 pH 为 4.0~6.5 时，植物生长良好，如马尾松、杜鹃、山茶(图 2-10)、油茶、茶、桤木、桃金娘、木荷、栀子、棕榈科、杨梅、马醉木、瑞香、香樟、兰科及倒挂金钟等。

2. 喜中性土壤植物

土壤 pH 为 6.8~7.2 时，植物生长良好，如杉木、雪松、悬铃木、椴树、桂花、广玉兰、桧柏、枇杷(图 2-11)、石楠、菊花及百日草等。

图 2-10 喜酸性土壤植物（山茶）

图 2-11 喜中性土壤植物（枇杷）

3. 喜碱性土壤植物

土壤 pH7.2 以上，植物仍能正常生长，如侧柏（图 2-12）、青檀、紫穗槐、胡杨、扶郎花、白蜡、柽柳、沙棘、山杏、沙枣、红树、小叶杨、桑树、枸杞、臭椿、黑松、皂角、合欢、枣、君迁子、无花果、海桐、锦带花、珍珠梅、黄刺玫、荆条、石竹类及香豌豆等。

4. 随遇植物

随遇植物对土壤 pH 的适应范围较大（5.5~8.0），如苦楝、乌桕、木麻黄、刺槐、栾树、石榴、白榆、杜仲、杨属、柳属（图 2-13）及连翘等。

图 2-12 喜碱性土壤植物（侧柏）

图 2-13 随遇植物（垂柳）

六、土壤肥力

土壤肥力是指土壤能及时满足植物对水、肥、气、热等要求的能力，它是土壤理化和生物特性的综合反应。植物的根系总是向肥多的地方生长，即趋肥性。在土壤肥沃或施肥的条件下，根系发达，细根多而密，生长活动时间长；相反，在瘠薄的土壤中，根系生长瘦弱，细根稀少，生长时间较短。因而，施用有机肥可以促进植物吸收根的生长。

绝大多数植物喜欢生长在湿润、肥力较高的土壤上，这类植物称为肥土植物，如白蜡树属、槭树属、水青冈属、冷杉属、红豆杉属及银杏等。某些植物在一定程度上能在较为瘠薄的土壤上生长，具有较强的耐瘠薄能力，这类植物称为瘠土植物或耐瘠薄植物，如马尾松、油松、木麻黄、构树、合欢、相思树及黄连木等。实际上，所谓耐瘠薄植物，仅是耐瘠薄的能力较强而已，如果在肥厚的土壤中，会生长得更好。

第五节　其他环境因子与园林植物

Q：城市环境、地势、风对园林植物的影响是怎样的？

一、城市环境

城市人口密集，工业设施及建筑物集中，道路密布，使得城市生态环境大大不同于自然环境。

（一）热岛效应

城市内人口和工业设施集中，能产生大量热量；建筑物表面、道路路面白天在阳光下大量吸收太阳能，到晚上又大量散热；同时，由于工业发达，所产生的二氧化碳和尘埃在城市上空聚集形成阻隔层，阻碍热量的散发，使城市气温大幅度上升，产生明显的热岛效应。据调查，城市年平均气温要比郊区高 0.5~1.5℃。

由于城市气温要高于自然环境，因而城市中春天来得较早，秋季结束较迟，无霜期延长，极端温度趋向缓和。但是这些有利于植物生长的因素往往会因温度过高、湿度降低而丧失。炎热的夏季，由于城市热岛效应，严重影响树木生长。另外，由于昼夜温差变小，夜间呼吸作用旺盛，大量消耗养分，影响养分积累。冬季树木缺乏低温锻炼时间，又因高层建筑的“穿堂风”，容易引起树木枝干局部受冻，因此给树种选择带来一定的困难。

（二）土壤条件

城市土壤受深挖、回填、混合、压实等人为活动的影响，其物理、化学和生物学特性，与自然条件下的土壤相比存在较大差异。由于市政建设的缘故，土壤中往往含有大量的建筑垃圾，石灰含量较高，缺乏腐殖质，较为贫瘠。因此，城市土壤多为中性到弱碱性，限制了土壤微生物的活动。目前常见的樟树“黄化病”主要就是由这个原因引起的。

由于践踏、压实等各种人为活动，城市土壤板结，通透性不良，减少了大气和土壤之间的气体交换，土壤中含氧量不足，影响植物根系的生命活动。

由于工业和生活污染，大量的有害废水和残羹剩汤排入土壤，使城市土壤内含成分变得十分复杂，含盐量增高，对植物造成毒害。土壤被长期污染，结构遭到破坏，土壤微生物活动受抑制或被杀灭，土壤肥力逐渐降低，使一些适应性、抗逆性差的树种生长受损，甚至死亡。

（三）空气污染

在我国大部分城市中，向大气中排放的污染物达 1 000 余种，目前已引起注意的有 400 多种，通常危害较大的有 20 多种，其中粉尘、二氧化硫、氟、氯化氢、一氧化碳、二氧化氮、汞、铅、砷等污染物威胁较大。这些污染物或吸附在植物表面，或通过水溶液、气体交换等形式进入植物体内，对植物造成伤害，影响植物生长发育，严重时可使其死亡。

大气污染既有持续性，又有阵发性；既有单一污染，又有混合污染。不同污染物质与污染特点对植物的危害也不同。

有毒气体主要破坏叶器官,影响以光合作用为主的一系列生理活动。如果植物常年处在有害气体污染环境中,即使危害较轻,最终也会由于贮藏物质减少而逐渐衰败。

充分了解不同地区的污染特点和变化,选择相应抗性植物,可以发挥植物的净化作用,减缓空气污染(表 2-6)。

表 2-6 园林树木对主要污染气体抗性分级表

有毒气体	抗性	主要树种
二氧化硫	强	大叶黄杨、海桐、蚊母、棕榈、青冈栎、夹竹桃、小叶黄杨、石栎、构树、无花果、大叶冬青、山茶、厚皮香、枸骨、胡颓子、木麻黄、女贞、小叶女贞及广玉兰
	较强	珊瑚树、梧桐、臭椿、朴树、桑树、槐树、玉兰、木槿、鹅掌楸、紫穗槐、刺槐、紫藤、麻栎、合欢、樟树、紫薇、石楠、罗汉松、侧柏、楝树、白蜡、榆树、桂花、龙柏、皂角及栀子
氯气	强	大叶黄杨、青冈栎、小叶黄杨、构树、无花果、大叶冬青、山茶、厚皮香、枸骨、胡颓子、侧柏、女贞、小叶女贞、广玉兰、龙柏、薄壳山核桃、枇杷及地锦
	较强	珊瑚树、梧桐、臭椿、泡桐、桑树、麻栎、紫薇、玉兰、罗汉松、合欢、榆树、皂角、栀子及刺槐
氟化氢	强	大叶黄杨、海桐、蚊母、棕榈、构树、夹竹桃、广玉兰、青冈栎、无花果、小叶黄杨、山茶、油茶
	较强	珊瑚树、女贞、小叶女贞、紫薇、臭椿、皂角、朴树、桑树、龙柏、樟树、榆树、楸树、玉兰、刺槐、梧桐、泡桐、垂柳、罗汉松及白蜡
氯化氢	较强	小叶黄杨、无花果、大叶黄杨及构树
二氧化氮	较强	构树、桑树、无花果、泡桐及石榴

二、地势

地势本身并不直接影响植物的生长发育,而是通过诸如海拔高度、坡度大小、坡向等对气候条件的影响,间接地作用于植物的生长发育过程。

(一) 海拔高度

海拔高度影响气温、湿度和光照度。一般海拔每升高 100 m,气温将降低 0.4~0.6℃。在一定范围内,降水量也随着海拔的升高而增加。另外,海拔高度增加,日照增强,紫外线含量增加。这种现象在山地地区更为明显,会影响植物的生长和分布。山地土壤随海拔的升高,温度降低,湿度增加,有机质分解渐缓,淋溶和灰化作用加强,因此 pH 降低。

由于受多种因子影响,生长在高山上的植物,植株高度变矮,节间变短,物候期推迟,生长期结束早,花色艳丽,果实品质好。

(二) 坡向与坡度

坡向和坡度能造成大气候条件下的热量和水分的再分配,形成各种不同的小气候环境。

通常南坡光照强,日照时间长,气温和土温高。在水分条件较差的情况下,仅能生长一些耐旱的灌木和草本植物;但当雨量充沛时,植物就非常繁盛。北坡日照时间短,接受的辐射少,气温和土温较低,可以生长乔木,植被丰富,甚至一些阳性树种也有生长。

坡度的缓急、地势的陡峭起伏等，不仅会形成各种小气候，而且对水土流失与积聚都有影响，可直接或间接地影响植物的分布和生长发育。

三、风

风是气候因子之一。风对植物的影响作用是多方面的。轻微的风可以帮助植物传播花粉，加强蒸腾作用，提高根系的吸水能力，促进气体交换，改善光照和光合作用，消除辐射霜冻，减少病原菌等。

但大风对植物起伤害作用。冬季易引起植物生理干旱；花果期大风，会造成大量落花落果。生长在大风处的树木变矮、弯干、偏冠，强风能折断枝条和树干。

风可以改变植物所处环境的温度、湿度状况和空气中的二氧化碳浓度等，间接影响植物的生长发育。

本章小结

园林植物与环境是一个相互紧密联系的有机统一体，掌握各个生态因子与园林植物之间的关系及其相互影响是科学栽培园林植物的基础。植物生存条件的各个因子并不是孤立的，它们之间既相互联系，又相互影响、相互补充。因此，从与植物整个生长发育的关系来看，需要引起注意的是各个因子的综合影响作用。另外，各个生态因子对植物的影响不是同等的，在实际工作中，我们要善于找出主导生态因子，并进行调节，以达到栽培目的。

思考与练习

1. 名词解释：生理辐射、光的补偿点、光的饱和点、植物光周期现象、生物学零度、有效温度、有效积温。
2. 如何利用不同环境的光照度和植物对光的不同需要而合理选择、配置、栽培园林树木，提高光利用率？
3. 种子萌发、呼吸作用、光合作用的三基点温度各是什么？
4. 简述树木在年周期生长中的需水特点与栽培中注意事项。
5. 根据植物对土壤酸碱度的要求不同，分为几种类型？每种类型各举 5~10 例树种。
6. 城市环境的特点有哪些？

下篇

技能实训

技能一　园林绿化树种规划

能力要求

- 能够进行园林绿化树种调查
- 会根据各种环境条件进行树种规划与配置

相关知识

Q：园林绿化树种怎样选择？一个城镇的绿化树种规划与栽植密度设计应遵循什么样的原则？

园林绿化树种规划是为城镇用树提出适合当地的自然条件、充分发挥园林绿化多种功能的树种名单。园林树种规划是城市园林绿地规划的重要组成部分，是选择应用园林树种的主要依据。树种规划是在树种调查的基础上进行的，明确树种的种类，总结出各种树木在当地的适合生长环境、生长状况和适应能力等，为科学规划树种提供最基本的依据。

每一个城镇都应结合当地的具体条件，筛选出一批在当地能较好发挥园林绿化功能的树种，供绿化参考应用。只有这样，才能减少绿化树种应用的盲目性和不必要的经济损失，同时可使每一个城镇在长期的树种应用过程中逐渐形成自身的特色。

一、园林树种的适地适树

（一）基本概念

所谓适地适树，就是使栽植树种的生态学特性（树）与栽植地的立地条件（地）相适应，实现“树”和“地”的有机统一，达到当前技术、经济条件下的较高水平。在园林绿化工程中，只有按照适地适树的原则，将植物栽植在最适宜生长的地方，才能充分发挥所选树种的最大经济、生态效益，降低养护成本。因而，适地适树是园林绿化树木栽培的基本原则，也是其他一切工作的基础。

在园林树木栽培中，“树”与“地”的统一是相对的，两者之间不可能绝对融洽，也不可能实现永久的平衡。适地适树的“地”是指栽植树木所处的环境条件，它不仅受到自然力的制约，也受到人为活动的影响。因此，即使在初期两者之间实现了暂时的适应，但经过一段时间，或受到人为活动的干扰，很有可能变得不适应。因而适地适树是一项长期的工作。

对于从事园林植物栽培的工作者来说，掌握适地适树原则，主要应做到两点。

首先是协调“树”与“地”的矛盾，尽力做到两者之间的统一。

其次，当“树”与“地”之间出现较大矛盾时，能够采取适当而有效的措施，调整两者之间的关系，把矛盾化解到最低限度。

衡量适地适树有两种标准：第一种是生物学标准，即在栽植后能够成活，并能生长发育、开花结果，对栽植地段不良环境因子有较强的抗性，具有相当的稳定性；第二种是功能标准，生态效益、观赏效益、经济效益等栽培目的均能得到较好的发挥。应该说，第二种功能以第一种功能作为基础，如果第一种功能不能实现，树种不活、长不好，其他所有功能都是空谈；但如果只强调第一种功能，忽视其应用的价值功能，也就失去了园林绿化的意义。

（二）适地适树的途径

适地适树的途径主要有两种。

1. 选择

选择是为特定立地条件选择与其相适应的树种或为特定树种选择能满足其要求的栽植地，前者称为选树适地，这是在园林绿化工作中最常用也最常见的做法；后者称为选地适树，在特定情况下才使用，如种植珍贵树种时，就必须选择适宜的栽植地。

(1) 选树适地。首先必须充分了解“地”和“树”的特性，即全面分析栽植地的生境条件，尤其是极端限制因子；同时了解候选树种的生物学、生理学、生态学特性。例如，研究树种的天然分布范围，在野外或树木园观察树种在不同生境的生长表现，有条件的还可进行生理学及生理生态学的研究，以判断树种对特定环境的适应性及抗逆性。在给定了绿化规划区的基础上选择最适于该地段的园林树木，注意乡土树种与外来树种的结合，构筑持续稳定的树木群落。

(2) 选地适树。在充分了解树种生态学特性及生境条件的基础上，充分利用栽植地存在的生态梯度，选择适宜所选树种生长的特定小生境，即树种的生态位与立地环境相符。如对于忌水的树种，可选栽在地势相对较高、地下水位较低的地段；对于南树北移，低温是主要限制因子，可选择背风向阳的南坡或小气候条件好的地方栽植。

2. 改造

当栽植地的立地条件与所选树种的生态学特性不相适应时，应采取适当的措施加以改造。一般有 2 种方式。

(1) 改地适树。即采取适当的措施，改善栽植地段立地条件中某些不适合所选树种生态学特性的因素，使之适应栽植树种的基本要求，达到“地”与“树”的相对统一。如整地、换土、灌溉、排水、施肥、遮阴与覆盖等，都是改善立地条件使之适合于树木生长的有力措施。

(2) 改树适地。即通过选种、引种、育种等方法改变树种的某些特性，以适应特定立地环境的生长。如通过抗性育种增强树种的耐寒性、耐旱性或抗污染性等，以适应在寒冷、干旱和污染环境中生长。还可选用适应性广、抗性强的砧木进行嫁接，以扩大适栽范围。

二、园林树种的选择与规划原则

（一）树种的选择原则

(1) 要考虑树种的生态学特性。主要强调的是树种的适地选择。

(2) 要使栽培树种最大限度地满足生态与观赏效应的需要。主要强调的是树种的功能选择。

(3) 具有较高的经济价值，适于综合利用的树种，能获得适当比例的木材、果品、药材、油料及香料等产品。

(4) 苗木的来源广泛，栽培技术简单可行，成本相对低廉。

(5) 树种病虫害容易控制，无安全和污染环境方面的隐患。

（二）树种的规划原则

1. 树种规划要基本符合森林植被区的自然分布规律

规划选用的树种最好为当地植被区内所具有的树种或在当地植被区域适生的树种。如引种在当地尚无引种记录的树种，应充分比较原产地与当地的生态条件后再作出试种建议。对配植的树群或大面积风景林的树种，更应参照当地或相似气候类型地区自然木本群落中的树种与结构。

2. 乡土树种为主，外来树种为辅

在园林绿化种植设计中，首选树种应该是地方乡土树种。乡土树种是长期历史选择、地理选择的结果，是最适合当地气候、土壤等生态环境的树种，在园林绿化树种中有不可替代的作用。过去由于种种原因，盲目应用外来树种，乡土树种有被人们忽略的倾向。实际上要营造地方特色，很大程度上要靠乡土树种来实现。

需要说明的是，强调应用乡土树种，并不是排斥外来树种的使用。在规划设计中，应该选择一些在当地能良好生长并且具有某些优点、特色的外来树种，以丰富绿化景观。如悬铃木在黄河流域及以南的许多城市已作为骨干绿化树种应用，红叶石楠、金叶女贞、红花檵木也已广泛应用于南京及附近地区的城镇绿化。

3. 常绿树种与落叶树种相配合

我国北方气温较低，冬季绿色少，进行树种规划时应特别注意常绿树种与落叶树种的搭配（图技 1–1），在考虑骨干树种时，可以选用一些常绿树种；而在南方地区，应注意选择适生的落叶树种，适当加大其比例，逐渐改变常绿植物街景，以丰富季相色彩。

图技 1–1　常绿树搭配

4. 速生树种与长寿树种相结合

速生树种生长快、容易成荫，能满足近期绿化需要，但易衰老、寿命短、缺乏长期的生态稳定性，不符合园林绿化长期、稳定、美观的需要，如无性繁殖的杨属、柳属树木及桦木、桉树等。长寿树种寿命较长，但生长缓慢，难以在短期内实现绿化效果。两者相结合，可以取长补短，能使见效快与效果稳定达到有机的统一。

5. 注意地区特色的体现

在现代园林城市中，要体现每个城市的鲜明特点，园林植物配置是其中的一个很重要的方面。一般说来，地方特色的体现，通常有两种方式，一种是以当地著名、为人们所喜爱的树种来表示；另一种是以某些树种的运用手法和方式来表示。在树种规划中，应根据调查结果确定几种在当地生长良好而又为广大市民所喜爱的树种作为表达当地特色的树种。例如有“刺槐半岛”之称的青岛，可将刺槐作为特色树种；在北京，白皮松可作为特色树种；南京可将悬铃木作为特色树种。

6. 尽力营造立体绿化景观

在园林树种种植中，应充分注意营造复层林结构（图技 1–2）。最上层应用高大的阳性乔木，其下为稍耐阴的亚乔木，中下层种植耐阴的灌木和地被植物，以发挥最佳的生态效益，丰富园林绿化景观，使城镇绿化提高到一个更高的水平。

图技 1–2　复层绿化

遵循上述原则，在树种调查的基础上，确定当地城市绿化的 1~4 种基调树种，基调树种指各类园林绿地均要使用的、数量最大的、能形成全城统一基调的树种；由 20~30 种树组成骨干树种，骨干树种指在对城市形象影响最大的道路、广场、公园的中心点、边界地应用的孤植树、庭荫树及观花树木；一般树种名单由 100 种或更多的树种组成。通过基调树种和骨干树种的大量应用以及基调树种、骨干树种、一般树种 3 类树种之间的有机配置，形成本地区的绿化特色。

不论基调树种、骨干树种或一般树种，都应按其重要性排成一定的次序。在制定具体的树种规划时，要体现出树种之间比例关系，要根据树种的需求，制定育苗规划，并制定不同地点与不同类型园林绿地的树种规划。

三、确定设计栽植密度的原则

（一）符合栽培目的

园林树木的功能是多种多样的，应该根据栽培目的合理安排栽植密度。

如以观赏为主，则要注意配置的艺术要求。欲突出个体美感，以观花、观果为主要目的，一般栽植密度不宜过大，应依据满足树冠的最大发育程度（即成年的平均冠幅）确定其密度，使树冠能得到充分的光照条件而体现“丰、香、色”的艺术效果。

以防风为主的防护林带，其密度要以林带结构的防风效益为依据。一般认为，在较大区域内的防风效果，以疏透型结构为最好。组成林带的树木枝下高度要低，树冠应该均匀而稍稀，因此栽植密度不宜太大。

水土保持和水源涵养林要求能遮盖地面，并能形成厚的枯枝落叶层，因此栽植密度大些为好。

（二）符合树种特性

具体树种的配置密度，应以它们的生物学特性为基础。由于各树种的生物学特性不同，它们的生长速度及其对光照等自然条件的需求不同，各方面条件的要求也有很大差异，因此栽植密度也不一样。一般来说，耐阴树种对光照条件的要求不高，生长较慢，密度可大一些；阳性树种不耐庇荫，密度过大影响生长发育。树冠庞大树种不宜过密，否则会影响生长；而树冠较小的树种则可以适当密植。

（三）符合生境条件

生态条件的好坏是树木生长快慢的基本因素。好的生态条件能给树木生长提供充足的水肥，树木生长较快；相反，在较差的生态条件下树木生长较慢。因此，同一树种在较好的生态条件下配置密度应该小一些，而在较差的生态条件下，配置密度应该大一些。

（四）符合经营要求

为了尽早发挥树木的群体效益或为了储备苗木，可按设计要求适当密植，待其他地区需要苗木或因密度太大将要抑制生长时及时移植或间伐。

四、树种混交

树种组成是指树木群集栽培中构成群体的树种成分及其所占比例。由同一树种组成的群体称为单纯树群或纯林；由两个或两个以上的树种组成的群体称为混交树群或混交林。园林树木模拟自然群落栽培多为混交树群或混交林（图技 1–3）。

图技 1–3 多种树种组成的混交林

（一）树种混交的特点

在树木配置组成中，多树种混交与单树种栽植相比具有许多优点，主要表现在以下几个方面。

1. 充分利用空间

把不同生物学特性的树种适当地进行混交，能够充分利用空间。如把喜光与耐阴、深根性与浅根性、吸收根密集型与吸收根分散型、速生与慢生、前期生长型与全期生长型、喜氮、喜磷、喜钾、吸收利用时间性等不同的树种搭配在一起，可以占有较大的地上、地下空间，形成复层结构，有利于树种分别在不同时期和不同层次范围内利用光照、水分和各种营养物质。

2. 更好地改善环境

混交林的冠层厚，结构复杂。首先可以形成优于相同条件下纯林的小气候，如林内光照度减弱，散射光比例增加，分布比较合理，温度变幅较小，湿度大而且稳定等；其次是混交林常积累数量多、成分复杂的枯枝落叶等凋落物，这些凋落物分解后，能起到改良土壤结构和理化性质、调节水分、提高土壤肥力的作用；最后是具有较高的防护与净化效益。

3. 进一步增强树群的抗逆性

混交林抗御病虫害及不良气象因子危害的能力明显比纯林强。混交林生境多样化，适合多种生物生活，食物链复杂，容易保持生态平衡。同时由于小气候的变化，一些害虫和菌类失去大量繁殖的生态条件，某些寄生性昆虫、菌类等天敌增多，又招来各种益鸟，因而混交林中的病虫害比纯林要轻得多。此外，混交林抗御风、雪及极端温度危害的能力也比纯林强。

4. 提高树木的群体观赏效果

混交林的树种组成与结构复杂，只要配置适当就能产生较好的艺术效果，产生较高的美学价值和旅游价值，给人以极大的身心享受。例如乔木与灌木树种混交、常绿与落叶树种混交以及叶色与花色或物候进程不同的树种混交，一方面可丰富景观的层次感，另一方面也可因生物成分的增加，表现出勃勃生机的景象。

（二）混交树种的选择与搭配

1. 确定主要树种

主要树种在树木与树木、树木与环境以及景观价值方面居于主导地位，同时也控制着群体的内部环境。因此，主要树种应首先选择乡土树种，使树种的生态学特性与栽植地点的立地条件处于最适的状态。

2. 选择混交树种

选择混交树种，原则上要尽量使其与主要树种在生长特性和生态等方面协调一致，以便兴利避害，合理混交。同时要求混交树种能够适应栽植地点的生态条件，以保证栽植的预期目的予以实现。选择混交树种一般应根据以下具体原则。

(1) 混交树种具有良好的造景、配景、辅佐、护土和改土作用或其他效能，给主要树种创造以某种有利作用为主的生长环境，提高群体的稳定性，充分发挥其综合效益。

(2) 混交树种与主要树种的生态学特性有较大的差异性，对环境资源利用能优势互补。较理想的混交树种应生长较缓慢，较耐阴，根型以及对养分、水分的要求与主要树种有一定的差别。

(3) 主要树种、混交树种相互之间无共同的病虫害。

技 能 实 训

Q：园林树木栽植地环境调查、树种调查内容是什么？如何做？园林树种如何进行配置？常见园林绿化树种怎么选择？

一、园林树种的调查

要做到适地适树，就必须充分了解“地”与“树”的特性，深入分析树种与栽培地各种生态因子的关系，找出差异，选择最适宜树种。园林树种调查是树种规划的基础，进行当地现有的园林树种调查主要包括树木栽植地环境与树种生长状况的调查。

（一）园林树木栽植地环境调查

园林树木栽植地环境调查工作如下。

1. 查阅资料、踏查现场

通过查阅资料与实地调查，了解栽植地区的气候特点与地貌特征。树种分布主要受温度和水分的影响。在树木的地带性分布中，有中心分布区和边缘分布区之分，通常在中心分布区都有与其最相适应的气候条件。

2. 调查栽植地的土壤理化性质、小气候和环境污染状况

土壤与树木生长关系极其密切，应从土层厚度、质地、酸碱性、地下水位、地下有无不透水层等方面着手进行调查。小气候主要是光照、风、温度变化(特别是极端温度)。环境污染包括大气、水体、土壤污染的种类和程度。

3. 栽植地与相邻地地面状况

主要是地面覆盖的种类及其比例，如裸地、草坪、林荫地、水泥、渣石及沥青铺装等所占面积

及其对土壤理化性质的影响。

4. 生物因子调查

重点是病虫害侵染危害的可能性和可控制程度。

（二）树种调查

1. 调查前的组织培训

调查研究组由专业技术人员组成。全组人员在调查前应进行培训，学习树种调查方法和具体要求，分析所在调查地区的园林类型及生境条件，并各选一个标准点作调查记载的示范，对一些疑难问题进行讨论，统一认识。然后可根据人员数量分成小组分片包干实行调查。小组内可分工进行记录、测量工作，一般3~5人为一组，1人记录，其他人测量数据。

2. 调查项目

调查测定的具体项目，可根据全国调查的规格，使用预先印制好的园林树种调查卡，在野外只填入测量数字及作记号即可完成记录。调查卡的项目及格式见表技1–1。在测量记录前，应先由经验丰富者对该标准点普遍观察一遍（即踏查），然后根据树种不同，选出具有代表性的标准树若干株，其后对标准树进行调查记录。必要时可对标准树做上编号作为长期观测对象，但一般普查时则无须编号。

表技1–1 园林树种调查卡

年 月 日

编号：	树种中文名：	学名：	科名：
栽植地点：		来源：乡土、引种	树龄或估计年龄： 年
冠形：卵、圆、塔、伞、椭圆、倒卵		干形：通直、稍曲、弯曲	生长势：强、中、弱
树高： m	冠幅：东西 m	南北 m	胸围或灌木基围： m
其他重要性状：			
栽植方式：林植、丛植、孤植、列植			
繁殖方式：实生、扦插、嫁接、萌蘖			
园林用途：行道树、庭荫树、防护树、观花树、观果树、观叶树、篱垣、垂直绿化、地被			
生态条件：	光照：强、中、弱		坡向或楼向：东、西、南、北
	地形：坡地、平地、山脚、山腰		海拔： m
	坡度： 度		土层厚度： m 土壤pH：
	土壤类型：		土壤质地：沙土、壤土、黏土
	土壤水分：水湿、湿润、干旱、极干旱		土壤肥力：好、中、差
	病虫害危害程度：严重、较重、较轻、无		病虫种类：
	主要空气污染物：		风：风口、有屏障
	伴生树种：		其他：
标本号：	照片号：		调查人：

3. 园林树木的调查总结

调查结束后，将资料集中，进行总结和分析，完成调查报告。内容主要包括：

(1) 前言。说明调查的目的、意义、组织情况及参加工作人员、调查的方法步骤等。

(2) 自然环境情况。包括调查区的自然地理位置、地形地貌、海拔、气象、水文、土壤、污染情况及植被情况等。

(3) 城市性质及社会经济概况。所调查规划区域的城市经济、社会等基本情况(只需作简要说明)。

(4) 本地园林绿化现状。可根据城乡建设环境保护所规定的绿地类别进行调查,包括风景区及公园等绿地。

(5) 树种调查统计表(可查阅相关资料)。通过对调查资料的整理,完成树种调查统计表。统计表可按常绿针叶乔木、落叶针叶乔木、常绿阔叶乔木、落叶阔叶乔木、常绿灌木、落叶灌木及藤本等几大类分别填写。在园林树种调查统计表的基础上,可以总结出所调查的城市区域的树种名录,并列出生长最佳树种表,抗污染树种表,特色树种表,边缘分布树种表,引种栽培树种表,名木、古树、大树表等,为以后的树种规划设计提供最原始的材料。

(6) 经验教训。本地区在园林绿化实践中成功与失败的经验教训、存在问题以及解决办法。

(7) 意见及要求。当地居民及国内外专家们的意见及要求。

(8) 参考文献。所参考的图书、文献资料等。

(9) 附件。有关的图片、蜡叶标本名单等。

二、园林树种的配置

(一) 平面配置

按种植点在一定平面上的分布格局,可分为规则式、不规则式和混合式配置 3 种。

1. 规则式配置

在配置上,做到株行距固定,排列整齐一致,严谨规整(图技 1–4)。

(1) 中心式配置。多在某一绿地空间的中心做突出性栽植,如在广场、花坛等地的中心位置

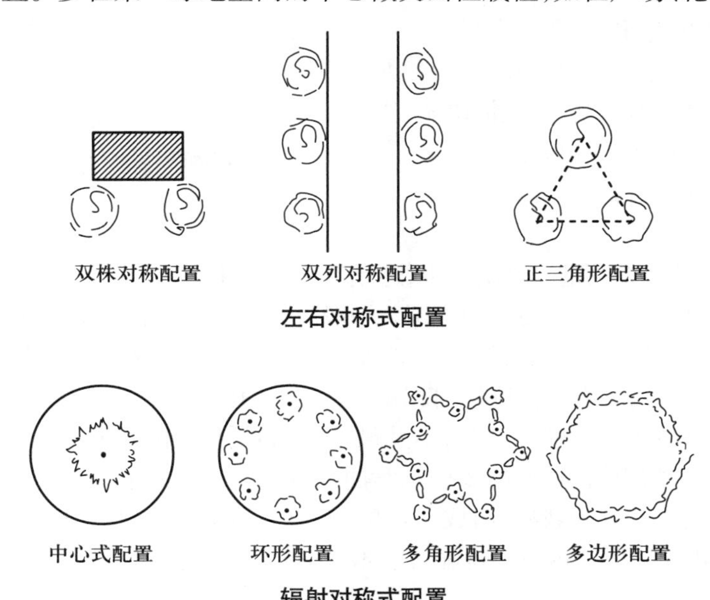

图技 1–4 园林树木规则式配置方式

(引自郭学望,包满珠 . 园林树木栽植养护)

种植单株或具整体感的株丛。

(2) 对称式配置。一般是在某一空间的出入口、建筑物前或纪念物两侧对称栽植，小游园路的两侧对植。一对或多对，两边呼应，大小一致，整齐美观。

(3) 行状配置。树木保持一定株行距成行状排列，有单行、双行或多行等方式，也称为列植。一般用于行道树、树篱、林带、隔障等。这种方式便于机械化管理，能节约成本。

(4) 三角形配置。有正三角形或等腰三角形等配置方式。正三角形方式有利于树冠与根系的平衡发展，可充分利用空间。

(5) 正方形配置。株行距相等的成片种植。树冠和根系发育比较均衡，空间利用较好，仅次于正三角形配置，便于机械作业。

(6) 长方形配置。株行距不等，是正方形配置的变形。

(7) 圆形配置。按一定的株行距将植株种植成圆环形。这种方式又可分成圆形、半圆形、全环形、半环形、弧形及双环、多环、双弧及多弧等多种变化方式。

(8) 多边形配置。按一定株行距沿多边形种植。它可以是单行的，也可以是多行的；可以是连续的，也可以是不连续的多边形。

(9) 多角形配置。包括单星、复星、多角星、非连续多角形等。

2. 自然式配置

自然式配置亦称不规则式配置，不要求株距或行距一定，不按中轴对称排列，不论组成树木的株数或种类多少，均要求搭配自然，如，不等边三角形配置、镶嵌式配置(图技 1–5)。

3. 混合式配置

在某一植物造景中同时采用规则式和不规则式相结合的配置方式，称为混合式配置。在实践中，一般以某一种方式为主，而以另一种方式为辅结合使用。要求因地制宜，融洽协调，注意过渡转化自然，强调整体的相关性。

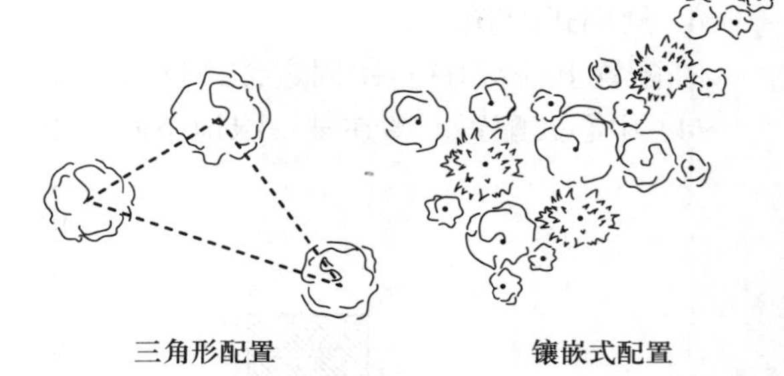

图技 1–5 自然式配置方法

(二) 按景观的效果配置

1. 单株配置

单株配置的孤植树，无论是以遮阴为主，还是以观赏为主，都是为了突出树木的个体功能，但必须注意其与环境的对比和烘托关系的协调。一般应选择视野比较开阔的地点，如草坪、花坛中心、道路交叉或转折点、岗坡及宽阔的湖、池岸边等处种植。孤植树在自然式园林中可作为焦点树、诱导树，种植在园路或河道的转折处、假山蹬道口及园林局部的入口部分，诱导游人进入另一景区。孤植树作为园林构图中的一部分，不是孤立的，必须与周围环境互为配景。如，山水园中的孤植树，与透漏生奇的山石调和，树姿应选盘曲苍古的。除了一般单株配置形成孤植树以外，有时也可以是两株到三株紧密栽植，组成一个单元，但必须是同一树种，株距不超过 1.5 m，远观和单株栽植的效果相同。孤植树下不得配置灌木(图技 1–6)。

2. 丛状配置

丛状配置所形成的树丛，通常由 2~10 株同种或异种乔木组成，树丛的功能可以遮阴为主，兼顾观赏，也可以观赏为主。树丛的组合，一方面要体现其群体美，另一方面又要表现组成树丛的

(a)

(b)

图技 1–6 单株配置

单株树木的个体美。以遮阴为主的树丛，一般由单一乔木树种组成。以观赏为主的树丛则可将不同种类的乔木与灌木(应选一些稍耐阴的种类)混交，还可与宿根花卉搭配，在形态和色调上形成对比，构成群体美。

对组成树丛的乔木树种选择与孤植树基本相似。树丛整体的抗性一般优于孤植树。树丛内光照、温度和湿度等气象因子的变化幅度稍小。树丛可以分为单纯树丛及混交树丛两类。庇荫的树丛最好采用单纯树丛形式，一般不用灌木或少用灌木配植，通常以树冠开展的高大乔木为宜。而作为构图艺术上主景、诱导、配景用的树丛，则多采用乔灌木混交树丛。

树丛作为主景时，宜用针阔叶混植的树丛，观赏效果特别好，可配置在大草坪中央、水边、河旁、岛上或土丘山冈上，作为主景的焦点。在中国古典山水园林中，树丛与岩石组成常设置在粉墙的前方、走廊及房屋的角隅，组成一定画题的树石小景。作为诱导用的树丛多布置在进口、路叉和弯曲道路的部分，把风景游览道路固定成曲线，诱导游人按设计安排的路线欣赏丰富多彩的园林景色。另外也可以用作小路分歧的标志或遮蔽小路的前景，达到峰回路转又一景的效果。树丛设计必须以当地的自然条件和总的设计意图为依据，用的树种少但要选得准，充分掌握植株个体的生物学特性及个体之间的相互影响，使植株在生长空间、光照、通风、温度、湿度和根系生长发育方面都得到适合的条件(图技 1–7)。

3. 群状配置

群状配置所形成的树群，株数一般从十几株到七八十株不等，构成景观林。景观林实际上是由许多树木组合而成的群落，其规模远比孤植树和树丛大。景观林与树丛的差别，一方面是组成株数的不同，即组成的树木株数比树丛多；另一方面，群状配置主要表现出群体美，不能把每一株树的个体美全部表现出来，林冠部分只表现出树冠的部分美，林缘的树木只表现其外缘部分的个体美。其组成可以是单一树种，也可以是多树种混交；可以是单层林，也可以是复层林。

景观林树群规模较大，群体抗性和所产生的生态效益要比树丛大得多。虽然所选的树种不像树丛那么严格，但在树种配置时应注意景观林整体轮廓以及色相和季相效果，注意种内与种间的生态关系，使得在较长的时期内保持相对的稳定性。

丛植或群植在园林中应用最多，属于模拟自然的人工植被群落。种间搭配上首先遵从适地

(a)

(b)

图技 1–7 丛状配置

适树原则，充分考虑树木的生态习性、种间关系。此外，还要考虑景观效果。以叶色为主进行组合，一般采用针阔叶树搭配、常绿与落叶树搭配、乔木与灌木和草搭配，形成具有丰富的林冠线和三季有花，四季有绿，春、夏、秋、冬季相变化的人工群落。园林树木栽植不同于一般造林，大多采取乔木、灌木、地被树木相结合的群落生态种植模式来表现景观效果。因此，多树种群状配植时，对树种耐阴性和喜阳性应充分考虑，如群落上层可选用当地森林群落上层喜光的大乔木，如针叶树、常绿阔叶树、秋色叶树等，亚层选稍耐阴的小乔木，中层选花灌木，下层选耐阴的灌木与草本。如群状配置的面积较大，在具体规划时，可以按照园林休憩游览的要求，留有一定大小的林间空地，并配以一些辅助设施（图技 1–8）。

(a)

(b)

图技 1–8 群状配置

4. 篱垣式配置

篱垣式配置所形成的篱是由灌木或小乔木密集栽植而形成的篱式或墙式结构，又称为绿篱或绿墙。绿篱的主要功能是组合空间，阻挡视线，阻止通行，隔音防尘，美化装饰等。不管以什么功能为主，都应体现绿篱的整体美、线条美、姿色美。一般由单行、双行或多行树木构成，虽然行距较小且不太严格，但整体轮廓鲜明而整齐。绿篱宽度或厚度较小，长度不定且可曲可直，变型较多(图技 1–9)。

(a) (b)

图技 1–9 篱垣式配置

(1) 根据高度可分为绿墙(160 cm 以上)、高绿篱(120~160 cm)、中绿篱(50~120 cm)和矮绿篱(50 cm 以下)。

(2) 根据功能要求与观赏要求可分为常绿绿篱、花篱、观果篱、刺篱、落叶篱、蔓篱与编篱等。

绿篱一般由单一树种组成,常绿、落叶或观花、观果树种均可,但必须具有耐修剪、易萌芽更新和脚枝不易枯死等特性。绿篱的种植密度根据使用目的、不同树种、苗木规格和种植地带的宽度而定。矮绿篱和一般绿篱,株距为 30~50 cm,行距为 40~60 cm,双行式绿篱成“之”字形排列。绿墙的株距可采用 1~1.5 m,行距 1.5~2 m。

5. 带状配置

带状配置所形成的林带,实际上就是带状树群,垂直投影的长度远远大于宽度。林带种植点的平面配置可以是规则的,也可以是自然的。但目前在规则式园林中多采用正方形、长方形或等腰三角形等进行配置。带状配置树种的选择以乔木树种为主,也可用乔木、亚乔木或灌木等多树种混交配置。对树种特性的要求与群状配置相似。城郊林带的配置应注意园林艺术布局,兼顾观赏、游憩的作用(图技 1–10)。

(a) (b)

图技 1–10 带状配置

6. 林分式配置

凡成片、成块大量栽植乔灌木，构成的林地或森林景观称为林植或树林。林分式配植多用于大面积公园安静区、风景游览区或休、疗养区卫生防护林带。注意林冠线与林相的变化、林木疏密的变化、林下植物的选择与搭配、种群与种群及种群与环境之间的关系，并应按照园林休憩游览的要求，留出一定大小的林间空地。每个群落的树种组成或单一或多样，层次结构或单层或多层，年龄结构或同龄或异龄，形式多样，林相丰富(图技 1–11)。林植可分密林和疏林两种，密林的郁闭度达 70%~100%，疏林的郁闭度在 40%~70%，密林和疏林都有纯林和混交林。密林纯林应选用最富于观赏价值且生长健壮的地方树种。密林混交林具有多层结构，如林带结构，大面积混交密林多采用片状或带状混交。小面积混交密林多采用小片状或点状混交，常绿树与落叶树混交。密林栽植密度成林保持株行距 2~3 m。

图技 1–11 林分式配置

7. 疏散配置

疏散配置指以单株或树丛等在一定面积上进行疏密有致、景观自然的配置方式。这种配置可形成疏林广场或稀疏草地。若面积较大，树木在相应面积上稀稀落落，断断续续，疏散起伏，既能表现树木个体的特性，又能表现其整体韵律。疏林多与草地结合，成为“疏林草地”，夏天可庇荫，冬天有阳光，草坪空地供游憩、活动，林内景色变化多姿。疏林的树种应有较高的观赏价值，生长健壮，树冠疏朗开展，四季有景可观。疏林广场或草地是人们进行观赏、游憩及空气浴和日光浴的理想场所(图技 1–12)。

(a)

(b)

图技 1–12 疏散配置

三、常见园林绿化树种选择

常见的园林绿化树种选择见表技 1–2。

表技 1–2　常见园林绿化树种选择

用途	树种要求特点	应用方式	树种举例
孤植树	主要表现树木的体形美，可独立成景，供观赏用。一般选择具有高大雄伟、主干通直、树冠开阔宽大、树姿优美等特点的树木，具有鲜明的地方特色，且寿命较长，无污染。可以是常绿树，也可以是落叶树。通常选用兼具美丽的花、果、树皮或叶色的种类	一般采用单独种植的方式，偶用 2~3 株成一个整体树冠。定植的地点以大草坪最佳，或植于广场中心、道路交叉口，或坡路转角处。在孤植树的周围应有开阔的空间，最佳的位置是以草坪为基底、以天空为背景的地段	雪松、松类、柏类、云杉、银杏、玉兰、凤凰木、槐、旱柳、樟、栎、棕榈、槭类、核桃及合欢等
庭荫树	观赏效果为主，辅以遮阴功能。应根据不同的景区特点侧重应用不同的种类，充分发挥各种庭荫树的观赏特性。许多具有观花、观果、观叶的乔木都可作为庭荫树，应注意选择不易患病虫害的树种，不宜选用易污染衣物的种类，庭院中最好勿用过多的常绿庭荫树	常用于庭院中。在园林中多植于路旁、池边、廊、亭前后或与山石建筑相配，或在局部小景区三五成组地散植各处，形成有自然之趣的布置；亦可在规整的有轴线布局的地区进行规则式配置	毛白杨、国槐、白蜡、白皮松、梧桐、合欢、垂柳、榉树、梓树及各种观花观果乔木等，种类极为繁多
行道树	行道树选择时应考虑：一是具有较强的抗性，如耐瘠薄、耐高温、耐修剪，能适应不利的环境条件；二是在园林绿化功能上能充分发挥应有的作用，躯干通直，体型高大，枝叶繁茂，起到遮阴的效果；三是对有害气体有一定的抗御和净化能力，清洁卫生；四是具有一定的经济价值	道路旁栽植	喜树、馒头柳、水杉、悬铃木、杂交马褂木、枫香、薄壳山核桃、银杏、七叶树、南京椴、广玉兰、雪松、香樟、榉树及榔榆等
花灌木	具有美丽的花朵或花序，其花形、花色或芳香有观赏价值的乔木、灌木及藤本植物。有些可作独赏树兼庭荫树，有些可作行道树，有些可作花篱或地被植物用。本类在园林中不但能独立成景，还可与各种地形及设施相配合而产生烘托、对比、陪衬等作用	植于路旁、坡面、道路转角、座椅周旁、岩石旁，或与建筑相配作基础种植，或配置于湖边、岛边形成水中倒影。可以孤植、对植、丛植、列植，或修剪为棚架用树种。可依其特色布置在各种专类花园，亦可依花色的不同配置成具有各种色调的景区，亦可依开花季节的异同配置成各季花园	杜鹃、木槿、含笑、棣棠、海棠、紫薇、蜡梅、月季、樱花、碧桃、南天竺、桂花、金丝桃、梅、桃及杏等
藤木类	包括各种缠绕性、吸附性、攀缘性、勾搭性等茎枝细长难以自行直立的木本植物。在园林中有多方面的用途。在具体应用时，应根据绿化的要求，具体考虑植物的习性进行选择	可用于建筑及设施的垂直绿化，攀附灯杆、廊柱，亦可使之攀缘于施行过防腐措施的高大枯树上形成独赏树的效果，又可悬垂于屋顶、阳台，还可覆盖地面作地被植物用	木香、紫藤、葡萄、凌霄、木通、地锦、西番莲及素馨等

续表

用途	树种要求特点	应用方式	树种举例
绿篱	在园林中主要起分隔空间、范围场地、遮蔽视线、衬托景物、美化环境以及防护作用等	花篱、果篱、彩叶篱、枝篱及刺篱等,高篱、中篱、低篱,整形式及自然式	石楠、黄杨、女贞、木槿、海桐、珊瑚树、檵木等
地被植物	覆盖地面,除草本植物外,木本植物中矮小丛木、匍伏性或半蔓性的灌木以及藤木均可用作园林地被植物	—	花叶络石、常春藤、蔓长春花及各种藤本植物

实际操作

Q:园林树种的调查工作怎样进行?树木栽植环境如何调查?如何用园林植物配置花境?

一、园林树种调查

对所在地区城市的园林树种进行调查。根据调查的内容和方法在规定的时间内完成调查并写出一份调查总结报告,对城市所在地区的树种应用配置提出改进意见。要求:

1. 调查树种100种以上,并切实掌握这些树种的生态习性和生物学特性。
2. 写出所调查树种在本地区的适用范围。
3. 写出调查报告。

二、栽植环境调查

对某一园林工程施工现场,利用查阅资料、走访、踏查现场、现场勘测等手段,应用所学过的气象、土壤、园林树木、病虫害防治等专业知识,全面了解施工现场以及所在地区的气候特点与地貌特征,小气候、土壤理化性质和环境污染状况,栽植地的地面状况,生物因子,并分析绿地类型及其对树种的功能要求。要求:

1. 完成调查报告。
2. 完成该施工现场的树种参考规划以及种植设计方案,画出种植示意图。

三、园林植物配置设计

(一)目的要求

掌握以木本植物为主的花境设计中植物配置的基本规律及设计要求。

(二)材料工具

2# 图板、2# 绘图纸若干、2# 丁字尺、45° 三角板、60° 三角板、铅笔、0.3 针管笔、0.6 针管笔、0.9 针管笔、彩色铅笔及马克笔。

（三）方法步骤

1. 图纸内容要求

对花境平面图、花境立面效果图及对园林树种的设计和安排进行简要说明。

2. 操作步骤

(1) 分析设计范围内的现状，根据现状确定设计理念。

(2) 根据设计理念和树种选择与规划的原则进行设计。

（四）考核方式

本项目以个人为单位进行成绩评定。每人交一份设计报告。

（五）成绩评定

考核主要内容与分值	考核标准	成绩
1. 花境设计的美学要求(20分) 2. 植物选择、配置、种植设计要求(40分) 3. 设计报告质量(30分) 4. 实训态度(10分)	对所规定的地点设计一系列花境，植物设计完全符合园林树种的特性，做到适地适树，同时符合园林规划设计的各方面要求，表现的各种类型的线条符合园林制图规范，平面效果佳，回答问题正确；实训态度认真；按时完成设计任务	优秀(90~100分)
	对所规定的地点设计一系列花境，植物设计基本符合园林树种的特性，基本做到适地适树，同时符合园林规划设计的各方面要求，表现的各种类型的线条基本符合园林制图规范，平面效果佳，回答问题基本正确；实训态度认真；按时完成设计任务	良好(75~89分)
	对所规定的地点设计一系列花境，植物设计基本符合园林树种的特性，基本做到适地适树，基本符合园林规划设计的各方面要求，同时表现的各种类型的线条基本符合园林制图的规范，平面效果一般，回答问题不太准确；实训态度比较认真；按时完成设计任务	及格(60~74分)
	对所规定的地点设计一系列花境，植物设计不符合园林树种的特性，没有做到适地适树，同时也不符合园林规划设计的各方面要求，表现的各种类型的线条不符合园林制图规范，平面效果差，回答问题不正确；实训态度不认真；不能按时完成设计任务	不及格(60分以下)

技能小结

本技能主要介绍了园林树种适地适树的原则、园林树种的选择与规划原则、栽植密度的原则、树种混交、园林树种的调查方法、绿化配置及常见园林绿化树种选择，重点是园林树种调查、植物生长环境调查、园林植物配置设计技能。

思考与练习

1. 解释：基调树种、骨干树种、一般树种、庭荫树、独赏树及行道树。

2. 园林树种调查报告主要包括哪几部分？
3. 园林树种选择与规划原则是什么？
4. 什么是适地适树？适地适树的主要途径有哪些？
5. 确定设计栽植密度的原则是什么？
6. 如何确立混交树种？
7. 园林树种的配置有哪些方式？
8. 适合于本地区的庭荫树、独赏树、行道树的树种有哪些？各举 5~10 种树种进行说明。

技能二　园林树木栽植

能力要求

- 了解园林树木种植的相关基本理论
- 掌握定点放样技术
- 会裸根苗、土球苗的起苗与栽植
- 会园林树木栽植后的养护管理

相关知识

Q：树木栽植为什么能成活？对于大多数树种最佳的栽植时期是什么时候？季节不同栽植的树种也不同吗？

一、树木栽植的概念

园林树木栽植工程是绿化工程的重要组成部分，是指按照正式的园林设计以及一定的计划，完成某一地区的全部或局部的植树绿化任务。我们只有熟悉它的特点，研究并利用其规律性，才能做好园林树木种植工作。

树木栽植从广义上讲，应包括起苗、搬运、栽植和栽后管理 4 个基本环节。将树苗从一个地方连根（裸根或带土球并包装）起出的操作过程称为起苗；将起出的苗木用一定的交通工具（人力或机具等）运到指定的地点称为运苗；将运来的苗木按照园林规划设计的造景要求栽植在固定地点，使苗木的根系与土壤密接的操作过程称为栽植。

在园林绿化工程中，我们经常遇到“假植”这个名词。所谓假植，是指在苗木或树木挖起或搬运后不能及时栽植时，为了保护根系生命活动，而采取的短期或临时将根系埋于湿土中的措施。

二、树木栽植的成活原理及保证措施

（一）树木栽植成活原理

树木栽植成活原理是采取一切措施保证栽植树木地上与地下部分的水分平衡。在任何环境条件下，一棵正常生长的树木，其地上与地下部分都处于一种生长的平衡状态（图技 2–1）。地上部分的枝叶与地下部分的根系都保持一定的比例（冠 / 根比），枝叶的蒸腾量才可得到根系吸水的及时补充，才不会出现水分亏缺。

树体被挖出以后，树木根系全部（如裸根苗）或部分（如带土球苗）脱离了原有的土壤生态环境，根系（特别是吸收根）遭到严重破坏，根总量减少，根系全部或部分失去了水分的供应，而地

上部分气孔调节十分有限,还会不断进行蒸腾作用,失去水分,体内的水分平衡遭到破坏。在树木栽植以后,即使土壤能够供应充足的水分,但是在新的环境下,根系与土壤的密切关系遭到破坏,也会减少根系吸收水分的表面积。此外,根系在移植的过程中受到损伤后,虽然在适宜的条件下具有一定的再生能力,但要发出较多的新根还需经历一定的时间。因此,若不采取措施,迅速建立根系与土壤的密切关系,以及枝叶与根系的新平衡,树木极易发生水分缺失,甚至导致死亡。因此,一切有利于根系迅速恢复再生功能,尽早使根系与土壤建立紧密联系,以及协调根系与枝叶之间平衡的技术措施,都有利于提高栽植成活率。

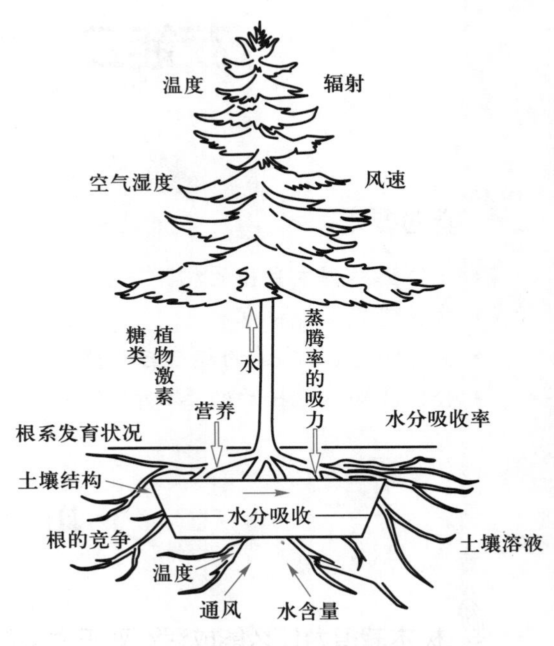

图技 2-1 树木吸水及其影响因素

树木栽植成活的关键在于新栽植的树木与环境迅速建立密切联系,及时恢复树体内以水分代谢为主的生理平衡。这种新平衡关系建立的快慢与栽植树种的习性、移植时处于的年龄时期、物候状况以及影响生根和植物蒸腾为主的外界因子都有密切的关系,同时也不可忽视人为的栽植技术、后期的管理措施和责任心。

一般而言,发根能力和根系再生能力强的树种容易栽植成活,幼、青年期的树木以及休眠期的树木容易栽植成活,充分的土壤水分和适宜的气候条件下栽植成活率高。另外,严格、科学的栽植技术和高度的责任心可以弥补种植过程中的很多不利因素,从而大大提高栽植成活率。

乔灌木树种移栽,不论是裸根栽植,还是带土球栽植,操作者不但要懂得挖掘植株和操作器具的合理程序与使用,而且要充分熟悉生长发育规律。这些知识对于移栽成功与否具有极其重要的作用。

(二) 保证树木栽植成功的措施

1. 符合规划设计要求

在树木栽植过程中,根据设计要求,遵循园林树木的生理特性,按图施工,一切符合图纸的规范要求。要求施工人员一定要了解设计人员的设计理念、设计要求,熟悉设计图纸。

2. 符合树木的生物学特性

各种树木都有其自身独特的个性,对环境条件的要求和适应能力表现出很大的不同。杨、柳等再生能力强的树种,栽植容易成活,一般可以用裸根苗进行栽植,苗木的包装、运输可以简单些,栽植技术较为粗放;而一些常绿树种及发根、再生能力弱的树种,栽植时必须带土球,栽植技术必须严格按照要求操作。所以对不同生物学特性的树木,施工人员要了解栽植树木的共性和特性,并采取相应的技术措施,才能保证树木栽植成活和工程的高质量。

3. 符合栽植的季节,工序紧凑

不同的树种、不同的地区,适栽时期是不一样的。在适栽季节内,合理安排不同树种的种植顺序对于移植的成活率也是一个关键因素。一般早发芽早栽植，晚发芽晚栽植；落叶树春季宜早，常绿树可稍晚一些。树木在栽植的过程中应做到起、运、栽一条龙，即事先做好一切准备工作，创造好一切必要的条件，在最适宜的时期内，随起、随运、随栽，再加上及时有效的后期养护管理工作，可以大大提高移植的成活率。

三、树木的栽植季节

（一）确定栽植的季节

适宜的树木栽植季节就是物候状况和环境条件有利于树木成活而所花费的人力、物力却较少的时期。

树木栽植的季节决定于移栽树木的种类、生长状况和外界环境条件。根据树木栽植成活的原理，最适合的树木栽植季节和时间，首先应具备有利于树木保湿、防止树木过分失水和树木愈合生根的气象条件，特别是温度与水分条件；其次是树木具有较强的发根能力，其生理活动的特点与外界环境条件配合，有利于维持树体水分代谢的相对平衡。因此，确定栽植时期的基本原则是尽可能减少移栽对树木正常生长的影响，确保树木移植成活。

根据这一原则，外界环境条件最有利于水分供应和树木本身生命活动弱、消耗养分少、水分蒸腾量小的时期是移植的最佳时期。在一年中，符合上述条件的时期大多在早春萌芽前和秋季落叶时，即树木的休眠期和根系主要生长期。这两个时期树木地上部分处于休眠或半休眠而根系仍在生长，树体消耗养分和水分少，生理代谢活动滞缓，体内贮藏营养丰富，受伤根系伤口易于愈合并再生新根，移植成活率高。

具体何时栽植应根据不同树种及其生长特点、不同地区条件、当年的气候变化来决定，在实际工作中，应根据具体情况灵活掌握。现在园林树木的栽植已突破了时间的限制，“反季节”“全天候”栽植不再少见，关键在于如何遵循树木栽植的原理，采取妥善、恰当的保护措施，以消除不利因素的影响，提高栽植成活率。

（二）不同季节栽植的特点

1. 春季栽植

春季是我国大部地区的主要植树季节。我国的植树节定为“3 月 12 日”，即缘于此。树木根系的生理复苏，在早春率先开始，春植符合树木先长根、后发枝叶的物候顺序，有利水分代谢的平衡。春季栽植适合大部分地区和几乎所有树种，对成活最为有利。冬季严寒地区或不甚耐寒的边缘树种，更以春植为宜，并可免去越冬防寒之劳。秋季干旱且风大的地区，常绿树种也宜春植，但在时间上可稍推迟。具肉质根的树种，如山茱萸、木兰属、鹅掌楸等，根系易遭低温冻伤，也以春植为好。这一时期应根据树种的特性，按物候顺序，做到先发芽的先栽，后发芽的后栽。树种萌芽习性以杨柳等最早，桃、梅等次之，槐、栎、枣等最迟。

落叶树种春植宜早，土壤解冻即可开始。土壤解冻时期与气候因素和立地条件有关。华北地区园林树木的春季栽植，多在 3 月上中旬至 4 月中下旬。华东地区落叶树种的春季栽植，以 2 月中旬至 3 月下旬为佳。春天栽植应立足一个“早”字。只要树木没有冻害，便于施工，就应及早开始，其中最好的时期是在新芽开始萌动前 15~20 天。

虽然早春是我国多数地方栽植的适宜时期，但持续时间较短，一般为 2~4 周。若栽植任务较大而劳动力又不足，很难在短时期内完成的，应春植与秋植相配合，春季以常绿树种为主，秋季以落叶树种为主,可缓解劳动力的紧张状况和移植的成本压力。

2. 夏季(雨季)栽植

夏季栽植树木,在养护措施跟不上的情况下,成活率较低。因为这时,树木生长势最旺,土壤和树叶的蒸发作用很强,容易缺水,导致新栽树木在数周内因严重失水而死亡。但在春季干旱的地区如华北、西北及西南等,冬春雨水很少,夏季又适逢雨季,以及长江流域的"梅雨"季节,应掌握有利时机进行栽植,可大大提高成活率。受印度洋干湿季风影响,有明显旱、雨季之分的西南地区,以雨季栽植为好。雨季如果处在高温月份,由于阴晴相间,短期高温、强光也易使新植树木水分代谢失调,故要掌握当地雨季的降雨规律和当年降雨情况,抓住连雨天的有利时期进行。

夏季栽植应注意以下几点:

(1) 适当加大土球,保留较多根系。

(2) 要抓住适宜栽植时机,应在树木第一次生长结束,第二次新梢未发的间隔期内,根据天气情况,在有较多降雨天气时立即进行,应抢栽,不能强栽等雨。

(3) 栽植后要特别注意树冠喷水和树体的遮阳。

3. 秋季栽植

秋季移植,在气候比较温暖的地区,从落叶盛期以后至土壤冻结之前都可进行。此期,树体落叶后,对水分的需求量减少,秋季气温还未显著下降,土壤水分状况比较稳定,树木地下部分还在生长,树体内储存大量的营养物质有利于伤口的愈合,如果地温比较高,还可以发出新根。有利于树体地上部分的生长恢复。

华北地区秋植,适于耐寒、耐旱的树种,目前多用大规格苗木进行栽植,以增强树体越冬能力。华东地区秋植,可延至11月上旬至12月中旬。早春开花的树种,应在11—12月种植。常绿阔叶树和竹类植物,应提早至9—10月进行。针叶树虽春、秋都可以栽植,但以秋季为好。有伤流树种要避开伤流期移植。

4. 冬季栽植

在有些冬季比较温暖、土壤基本不结冻的地区,可以冬栽,如华南、华中和华东等长江流域地区。在北方或高海拔地区,土壤封冻,天气寒冷,一般不宜冬季栽植。但是,在冬季严寒的华北北部、东北大部,土壤冻结较深,可采用带冻土球的方法栽植大树。一般说来,冬季栽植主要适合于落叶树种。

掌握了各个树木栽植季节的优缺点,就能根据各地条件,因地、因树制宜,合理安排栽植季节,恰当地安排施工时间和施工进度。

需要指出的是,在确保根系基本完整、栽后管理措施得力有效的情况下,树木栽植可以不受季节的限制。目前,各地正在大力发展的容器苗用于园林绿化,因根系没有受到伤害,如果后期管理工作到位,一年四季都可栽植。

技能实训

Q：植树工程包括的内容是什么？工程工序是如何安排的？

一、栽植前的准备工作

（一）了解设计意图与工程概况

施工人员首先应了解园林树木种植的设计意图，向设计人员了解设计思想、所要达到的预想目的或意境、施工完成后近期所达到的目标，同时还要通过设计单位和工程主管部门了解工程概况。

1. 栽植树木与其他有关的工程

在栽植树木前要了解与其相配套的有关工程如铺草坪、建造花坛以及土方、道路、给排水、假山石、园林设施等的范围和工程量的大小，尽量避免交叉施工。

2. 栽植树木的施工期限

了解施工的开始和竣工日期，栽植工程尽可能在保证不同特性的树木在施工现场最适栽植期内进行栽植。

3. 工程投资以及设计概算

此项内容包括了解主管部门批准的工程投资额和设计预算的定额依据，以备编制施工预算与计划。

4. 施工现场地上与地下的情况

充分了解和掌握施工现场的地上构筑物的处理要求，地下管线和电缆分布与走向情况，这是确定栽植点定点放样的依据。

5. 栽植树木的种苗来源和运输条件

根据设计要求，苗木出圃地点、时间、质量和规格要求以及运输条件要逐一落实。

6. 机械与车辆、劳动力保障

了解施工所需的机械与车辆的来源，确保施工期间有足够的劳动力。

（二）现场调查

1. 各种参照物(如房屋、原有树木、市政或农田设施等)的去留及必须保护的参照物(如古树、名木等)，需要搬迁和拆迁的处理手续与办法。

2. 施工现场内外交通设施、水源状况、电源情况等，如能否使用机械车辆，若不能使用则应尽快另选路径进场施工。

3. 施工地段的土壤性状调查，以确定土壤条件状况，确定是否需要换土，并估算客土的总量及其来源等。

4. 施工期间施工人员的生活设施(如食堂、厕所、宿舍等)安排。

（三）制定施工方案

施工方案是根据工程规划设计所制定的，又称为施工组织设计或组织施工计划。不同的绿化施工项目，其施工方案的内容不可能完全一样。但是，在任何情况下，在制定施工方案时，都必须做到在计划内容上尽量考虑得全面细致，在施工措施上要有预见性和针对性，文字要简明扼要，抓住重点。

1. 施工方案的主要内容

(1) 工程概况。内容包括工程名称，施工地点，设计意图，工程的意义、原则要求以及指导思想，工程的特点以及有利和不利条件，工程的内容、范围、工程项目、任务量及投资预算等。

(2) 施工的组织机构。参加施工的单位、部门及负责人；需要设立的职能部门及其职责范围和负责人；明确施工队伍，确定任务范围，任命组织领导人员，并明确有关的制度和要求；确定劳动力的来源和人数。

(3) 施工进度。分单项进度与总进度，确定起止日期。

(4) 劳动力计划。根据工程任务量及劳动定额，计算出每道工序所需用的劳动力和总劳动力，并确定劳动力的来源、使用时间以及具体的劳动组织形式。

(5) 材料和工具供应计划。根据工程进度的需要，提出苗木、工具、材料的供应计划，包括用量、规格、型号、使用期限等。

(6) 机械运输计划。根据工程需要，提出所需的机械、车辆，并说明所需机械、车辆的型号、日用台班数及具体使用日期。

(7) 施工预算。以设计预算为主要依据，根据实际工程情况、质量要求和届时的市场价格，编制合理的施工预算方案。

(8) 技术和质量管理措施

① 制定操作细则：施工中除遵守统一的技术操作规程外，应提出本项工程的一些特殊要求及规定。

② 确定质量标准及具体的成活率指标；进行技术培训，提出技术培训的方法；制定质量检查和验收的办法。

(9) 绘制施工现场平面图。对于比较大型的复杂工程，为了了解施工现场的全貌，便于对施工的指挥，在编制施工方案时，应绘制施工现场平面图。平面图上主要标明施工现场的交通路线、放样的基点、存放各种材料的位置、苗木假植地点、水源、临时工棚和厕所等。

(10) 安全生产制度。建立健全保障安全生产的组织，制定安全操作规程，制定安全生产的检查和管理办法。

2. 编制施工方案的方法

施工方案由施工单位的领导部门负责制定，也可以委托生产业务部门负责制定。由负责制定的部门，召集有关单位，对施工现场进行详细的调查了解，称为“现场勘测”。根据工程任务和现场情况，研究出一个基本方案，然后由经验丰富的专人执笔编写初稿。编制完成后，应广泛征求群众意见，反复修改、定稿，报批后执行。

3. 栽植工程的主要技术项目的确定

为确保工程质量，在制定施工方案的时候，应对栽植工程的主要项目确定具体的技术措施和质量要求。

(1) 定点和放样。确定具体的定点、放样方法（包括平面和高程），保证栽植位置准确无误，符合设计要求。

(2) 挖穴。根据苗木规格，确定树穴的具体规格（宽度 × 深度）。为了便于在施工中掌握，可根据苗木大小分成几个等级，分别确定树穴规格，进行编号，以便施工操作。

(3) 换土。根据现场勘测时调查的土质情况，确定是否需要换土。如需换土，应计算出客土量，确定客土的来源及换土的方法，还需确定渣土的处理去向。如果现场土质较好，只是混杂物较多，可以去渣添土，尽量减少客土量，保留一部分碎破瓦片有利于土壤通气。

(4) 起苗。确定具体树种的起苗、包装方法，哪些树种带土球、土球规格及包装要求；哪些树种可裸根掘苗及应保留根系的规格等。

(5) 运苗。确定运苗方法，如所用车辆和机械、行车路线、遮盖材料、方法及押运人。长途运苗要提出具体要求。

(6) 假植。确定假植地点、方法、时间、养护管理措施等。

(7) 种植。确定不同树种和不同地段的种植顺序、是否施肥。如需施肥，应确定肥料种类、施肥方法和施肥量。掌握苗木根部消毒的要求和方法。

(8) 修剪。确定各种苗木的修剪方法（乔木应先修剪后种植，绿篱应先种植后修剪）、修剪高度、形式及要求等。

(9) 树木支撑。确定是否需要立支柱，以及立支柱的形式、材料和方法等。

(10) 灌水。确定灌水的方式、方法、时间、灌水次数和灌水量，封堰或中耕的要求。

(11) 清理。清理现场应做到文明施工，工完场净。

(12) 其他有关技术措施。如灌水后发生倾斜要扶正，遮阴、喷雾、病虫害防治等的方法和要求。

4. 计划表格的编制和填写

在编制施工方案时，凡能用图表或表格说明的问题，就不用文字叙述。目前还没有一套统一的计划表格式样，各地可依据具体工程要求进行设计。表格应尽量做到内容全面，项目详细。

（四）施工现场的清理

1. 清理障碍物

凡绿化施工工程地界之内，有碍施工的市政设施、农田设施、房屋、树木、坟墓、杂物及违章建筑等，都应进行拆除和迁移。清理障碍物是一项涉及面很广的工作，有时仅靠园林部门是难以完成的，必须依靠领导部门的支持。其中，对现有树木的处理要持慎重态度，凡能结合绿化设计可以保留的应尽量保留，无法保留的应该迁移。

2. 地形地势的整理

地形整理是指从土地的平面上，将绿化地区与其他用地界线区划开来，根据绿化设计方案的要求整理出一定的地形起伏。可与清理障碍物结合起来进行。地形整理应做好土方调度，先挖后填垫，以节省投资。

地势整理主要是绿地的排水问题，具体的绿化地块里，一般都不需要埋设排水管道，绿地的排水主要靠地面坡度，从地面自行径流排放到道路旁的下水道或排水明沟。要根据本地区排水的大趋向，将绿化地块适当填高，再整理成一定坡度，使其与本地区排水趋向一致。

需要注意对新填土壤要分层夯实，并适当增加填土量，否则一经下雨，会自行下沉。

3. 土壤的整理

地形地势整理完毕后，必须在种植范围内对土壤进行整理。如在建筑遗址、工程废弃物、矿渣炉灰等地方修建绿地，需要清除渣土，换上好土。

二、苗木的选择技术

（一）苗木质量

苗木质量的好坏直接影响栽植的成活率、养护成本及绿化效果。高质量的苗木应具备以下特点。

(1) 根系发达而完整，主根短直，在近根颈一定范围内要有较多的侧根和须根，有适当的根冠比，大根无劈裂。

(2) 苗木生长健壮，枝干强壮，抗性强。

(3) 苗木主干粗壮通直(藤本除外)，有一定的适合高度，枝条不徒长。

(4) 主侧枝分布均匀，树冠匀称、丰满。其中常绿针叶树下部枝叶不枯落成裸干状。干性强而无潜伏芽的某些针叶树，顶端优势明显，侧芽发育饱满。

(5) 树体无病虫害和机械损伤。

（二）苗(树)龄与规格

树木的年龄对栽植成活有很大的影响。幼龄树根系和枝干少，由蒸腾作用消耗的水分少，移植时损伤的根系少，所以移植容易成活；成龄树根系与枝干分布广，生命活动旺盛，由蒸腾作用消耗的水分多，移植时损伤的根系多，移植成活率会降低；衰老时期的大树，生命活动减弱，移植成活率会更低。

1. 行道树

树干高度合适，速生树种如杨、柳等胸径应在4~6 cm，慢生树种如国槐、银杏、三角枫等胸径应在5~8 cm(大规格的苗木除外)。行道树分枝点高度一致，具有3~5个分布均匀、角度适宜的主枝。枝叶茂密，树冠完整。

2. 花灌木

有主干或主枝3~6个，高度在1 m左右，分布均匀，根颈部有分枝，冠型丰满。

3. 孤植树

主干要通直，个体姿态优美，有特点。庭荫树干高2 m以上；常绿树树冠要完整，枝叶茂密，有新枝生长；针叶树基部及下部枝条不干枯，圆满端庄。

4. 绿篱

植株高50~200 cm，个体一致，下部不秃裸，球型树冠，苗木枝叶茂密。

5. 藤本

藤本有2~3个多年生的主蔓，无枯枝现象。

（三）苗木来源

1. 优先选择乡土树种及本地产苗木

这不仅可以避免长途运输对苗木的损害和降低运输费用，而且可以避免病虫害的传播。对从外地购进的苗木，也必须从相似气候区内订购，要把好起(挖)苗、包装的质量关，按照规定进行苗木检疫，防止将严重病虫害带入当地；在运输中，一定要注意洒水保湿，少移动，防止机械损伤，尽量缩短运输时间。

2. 注意苗木的栽培沿革

苗圃培养的实生苗一般有较发达的根系和较强的抗性，无性繁殖苗可以保持母本的优良特性，提前开花结果，但对“嫁接苗”要注意区别其真伪。经多次移植的树木，根系发达，容易成活。在栽植中要尽量避免使用留床苗，尤其是多年生留床苗，不过在原苗床上经过截根培育的苗木除外。

3. 优先使用容器培育的苗木

容器苗木（图技 2–2）是在销售或露地定植之前的一定时期，将树木栽植在控根容器内培育而成的。容器栽培的苗木，运输方便，可带容器运输到现场后脱盆，也可先脱盆后运输。在栽植过程中，根系一般不会受到损伤，栽植后只要进行适当的水分管理，能较快地恢复生理平衡，获得很好的移栽效果。另外容器苗的栽植不会受到季节的影响，即使在夏秋高温干旱之际都可进行。

图技 2–2　控根容器大苗（桂花）

三、定点放样技术

定点放样就是根据园林树种绿化种植设计图，按比例将栽植树木的种植点落实到地面。

施工单位拿到设计部门的设计资料后，应组织人员仔细研究，列出设计图上的所有信息。在听取设计部门和主管单位对此项工程的具体要求后，现场踏查，掌握施工现场和附近水准点，以及测量平面位置的导线点，以便作为定点放样的依据。如不具备上述条件，则应确定一些永久性构筑物，作为定点放样的依据。

（一）行道树的定点放样方法

行道树的定点放样方法要求位置准确，尤其是行位必须准确无误。

1. 确定行位的方法

行道树严格按照设计横断面的位置放样。如有固定路边石的道路，以路边石内侧为准；没有路边石的道路，以道路路面的平均中心线为准。用钢尺测准行位，按设计图规定的株距，大约每 10 株钉一个行位控制桩。如果道路通直，行位桩可钉得稀一些。每一个道路拐弯处都必须测距钉桩。注意行位桩不要钉在种植坑范围内，以免施工时被挖掉。

道路笔直的路段，可以首尾两头用钢尺量距，中间部位用经纬仪控制设置行位桩。

2. 确定点位的方法

行道树点位以行位控制桩为依据，用皮尺或测绳按照设计确定株距，定出每一棵树的株位。株位中心可用铁锹挖一小坑，内撒白灰，作为定位标记。

行道树位置与市政、交通、居民等有密切的关系，定点位置除以设计图为依据外，还应注意以下问题：

（1）遇道路急转弯时，弯内侧应留出 50 m 的空当不栽树，以免妨碍视线。

（2）交叉路口各边 30 m 内不栽树。

（3）公路与铁路交叉口 50 m 内不栽树。

（4）高压输电线两侧 15 m 内不栽树。

(5) 公路桥头两侧 8 m 内不栽树。

(6) 遇有出入口、交通标志牌、涵洞、车站、电线杆、消火栓及下水口等都应留出适当距离，并尽量注意左右对称。

需要注意的是，在行道树定点放样结束后，必须请设计人员以及有关单位派人验收后，方可转入下一步的施工。

(二) 成片自由式种植绿地定点放样方法

1. 设计图上标出单株种植位置的定点放样

(1) 平板仪定位。依据基点将单株位置以及片林范围按照设计图依次定出，并钉木桩标明，注明种植的树种株数。

(2) 网格法。适用范围大而地形平坦的大块绿地。按比例在设计图上和现场分别找出距离相等的方格（以 20 m 见方为好）。定点时先在设计图上量好树木与对应方格的纵横坐标距离，再按比例定出现场相应方格的位置，然后钉木桩或撒白灰标明。

(3) 交会法。适用范围较小、单株或几株配置，并且现场内有建筑物或其他标记与设计图相符的绿地。如以建筑物的两个固定位置或道路弯道口为依据，根据设计图上某树木与该两点的距离相交会，按比例放样落实到地面，定出植树穴位置。位置确定后必须作出明显标记，并注明树种和挖穴规格。

2. 设计图上只标明范围无具体单株种植位置的树丛片林的定点放样

首先确定栽植范围，目测交会打出外框，然后根据数量要求随机布点，根据树木体量确定适宜的株行距，自然式不能等距放样，按 3 株、5 株、7 株树木的配置要求定点，并做到邻近的 3 株树木不在一条直线上。树丛定位时，应注意以下几点。

(1) 树种、数量、规格应符合设计图。

(2) 树丛内的树木应注意层次，应中间高边缘低或从一侧由高渐低，形成一个流畅的倾斜树冠线。

(3) 现场配置时应注意自然，切忌呆板，千万不能将树丛内的树木平均分布，距离相等，相邻的树木应避免成几何图形或成一条直线。

(三) 规则式绿地定点放样方法

面积较大有固定的株行距，如片林等，确定边界线后按株行距放样，做到三点一直线，使横竖都笔直。

四、起苗技术

科学的起苗技术、认真负责的组织操作是保证苗木质量的关键。起掘苗木的质量同土壤含水量、工具的锋利程度和包装材料的选用等有密切的关系，所以在事前应做好充分的准备工作。

(一) 起苗前的准备

(1) 按栽植计划选择并标记选中的苗（树）木，注意选择的数量应留有余地，以弥补可能出现的损耗。

(2) 分枝较低、枝条长而柔软的苗（树）木或丛径较大的灌木，应先用草绳将较粗的枝条向树干绑缚，再用草绳打几道横箍，分层捆住树冠的枝叶，然后用草绳自下而上将各横箍连接起来，使枝叶收拢，以便操作与运输（图技 2-3），并减少树枝的损伤与折裂。

(3) 分枝较高、树干裸露、皮薄而光滑的树木，对光照与温度的反应敏感，若栽植后方向改变易发生日灼和冻害。挖掘时应在主干较高处的南面用油漆标出记号，以便按原来的方向栽植。

(4) 工具、材料的准备。

（二）土球规格（或根幅范围）

应根据树木种类、苗木规格和移栽季节，确定苗木起挖保留根系或土球规格的大小。具体规格应在保证苗木成活的前提下灵活掌握。

苗木根系分为 3 种：一是具有深根性的直生根系，如桧柏、白皮松、侧柏、美国山核桃、乌柏等，起苗时，应加大土球高度，土球形状应为圆锥形；二是斜生根系，如栾树、柳树、栎类等，一般土球高度为土球直径的 2/3 倍，或呈径、高几乎相等的圆球形；三是根系浅而分布广的平生根系，如合欢、雪松、杉等，应为宽而平的扁土球。

起掘苗木的规格一般参照苗木的胸径或高度来确定。攀缘类苗木可参照灌木的起掘规格，也可以根据苗木的根际直径和苗木的年龄来确定。

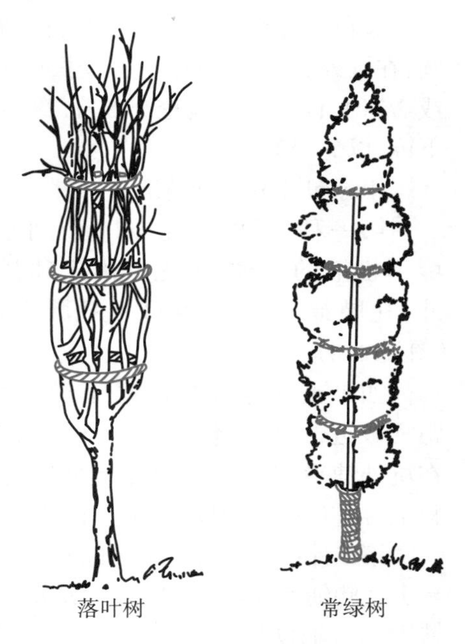

图技 2-3　树木的绑扎

（三）起苗方法

1. 裸根苗起掘

运用裸根苗栽植能保证成活的树种，一般情况下可裸根起苗。

(1) 裸根小苗起掘。起小苗时，沿苗行方向距苗行 10~20 cm 处挖沟，在沟壁下侧挖出斜槽，根据根系要求的深度切断苗根，再于第二行与第一行之间插入铁锹，切断侧根，然后把苗木推在沟中即可起苗。取苗时注意把根系全部切断后再拣苗，不可硬拔，以免损伤侧根和须根。

(2) 裸根大苗起掘。裸根苗木起掘时应具有一定的幅度与深度。通常乔木树种可按胸径 9~12 倍作为直径，灌木（落叶花灌木，如玫瑰、紫叶桃等）树种可按灌木丛高度的 1/3 作为直径来确定根幅。根深应按其垂直分布密集深度而定，对于大多数乔木树种来说，根据根系类型确定挖掘的深度，一般深度为 60~90 cm。

以树干为圆心，以胸径的 4~6 倍为半径划圈，从圈外绕树下挖，垂直下挖至一定深度后再往里掏底，在深挖过程中遇到根系可以切断。圆圈内的土壤可边挖边轻拍动，但不能用铁锹等工具向圈内根系砍掘。适度摇动树干寻找深层粗根的方位，将其在达到要求的深度后切断。需要注意的是如遇难以切断的粗根，应把四周土壤掏空后，用手锯锯断，千万不要强按树干和硬切粗根，造成根系劈裂。根系全部切断后，放倒苗木，适度拍打外围土壤。根系内部的护心土尽可能保存，不要去除。

2. 带土球苗起掘

一般常绿树和胸径超过 8 cm 的落叶树、裸根移植不易成活的落叶树及珍贵树小苗应带土球移栽。分枝点高的常绿树土球直径为胸径的 7~10 倍（落叶树的土球可参照此标准），分枝点低的常绿树苗木土球直径为苗高的1/3~1/2。

起苗时先铲除树干周围的表层土壤，以露出表层根系为准。然后按规定半径绕树干基部划圆，在圆外3~5 cm处垂直开挖操作沟，操作沟宽40~60 cm，与土球等深。当挖到土球的深度一半或2/3时，向内收缩掏挖3~5 cm深，修削土球至规定大小，挖掘时靠近土球一侧用锹背对着土球下锹，以免挖散土球。

土球包扎分3种情况。

第一种：简单包扎，对直径小于30 cm、土壤不松散的土球，可先挖出土球，将其抱出坑外，扎腰绳3~5道（也可不扎腰绳），再扎竖绳（图技2–4）。

图技2–4 简单包扎的土球

如果土壤是黏质土壤，土球比较紧实，运输距离较近，可以不包扎，如用塑料布等软质材料在坑外铺平，然后将土球挖起修好后放在包装材料上，再将其向上翻起绕干基扎牢。

第二种：对直径30~50 cm的土球，用草绳从下至上扎腰绳5~10道（图技2–5），边扎边勒紧或用铁锹拍打辅助拉紧，扎完腰绳后，再继续向球斜下掏挖达要求深度，断主根起底推倒，然后扎土球竖绳，每道竖绳都要拉紧，并通过球底部中央，竖绳扎好后抬出坑（图技2–6）。

图技2–5 大土球打腰绳5~10道

图技2–6 起底后的土球包扎
（推倒后扎竖绳，草绳从底部交叉绕过）

第三种：对于直径大于50 cm的土球，当挖掘至所需深度的2/3时，向内收缩3~5 cm深，然后修削土球至规定大小。在挖掘过程中，边挖边修削土球，并切除露在土球外的根系，粗根用修枝剪或手锯切断，伤口要平滑，切面大时要消毒防腐。用草绳自下而上捆扎腰绳5~10道，边扎边勒紧或用铁锹拍打辅助拉紧，再用铁锹斜向内掏挖收缩土球至土球中间仅留一个30 cm左右粗的土柱，接下来扎竖绳，扎竖绳的方法有“井字式包”“五角式包”“橘络式包”，捆扎的形式有单股单轴、单股双轴（图技 2–7）和双股双轴。捆扎时每道竖绳都要拉紧，竖绳道与道之间距离为 5~10 cm，竖绳打好后，再挖掉土柱并断主根起底，将土球抬出或吊出坑（图技 2–8）。

图技 2–7　单股双轴“橘络式包”

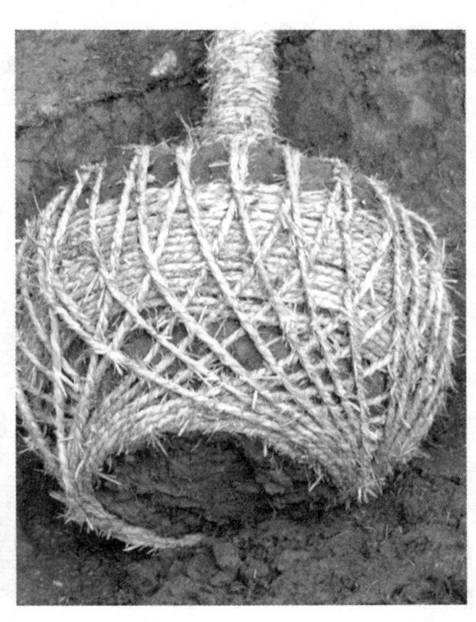

图技 2–8　留土柱的土球包扎

“井字式包”：先将草绳一端结在腰绳或主干上，然后按照图技 2–9（a）所示的顺序包扎。先由 1 拉到 2，绕过土球底部拉到 3，再拉到 4，又绕过土球的底部拉到 5，再经 6 绕过土球下面拉至 7，经 8 与 1 挨紧平行拉扎。如此顺序地扎下去，包扎满 6~7 道井字形为止，最后成图技 2–9（b）的式样。

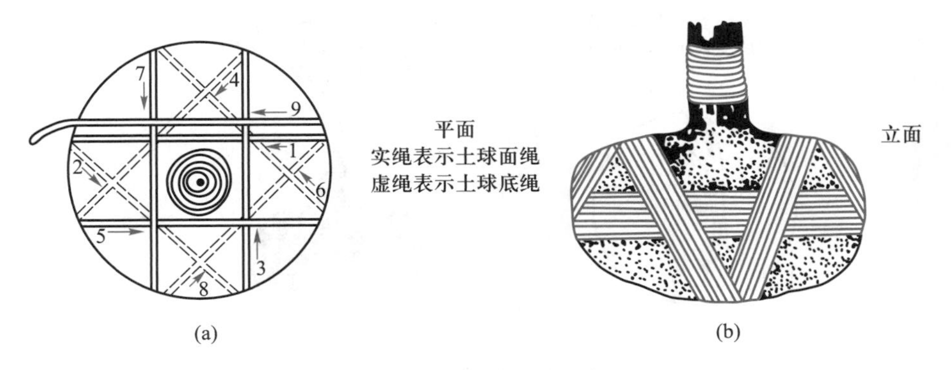

图技 2–9　井字式包扎示意图

（a）包扎的顺序图　（b）包扎好的土球

“五角式包”：先将草绳一端结在腰绳或主干上，然后按照图技 2–10（a）所示的顺序包扎。先由 1 拉到 2，绕过土球底部，由 3 拉至土球面到 4，再绕过土球底，由 5 拉到 6，绕过土球底，由 7 过土球而到 8，绕过土球底，由 9 过土球面到 10，绕过土球底回到 1。如此包扎拉紧，顺序紧挨平扎 6~7 道五角星形，最后包扎成图技 2–10（b）的式样。

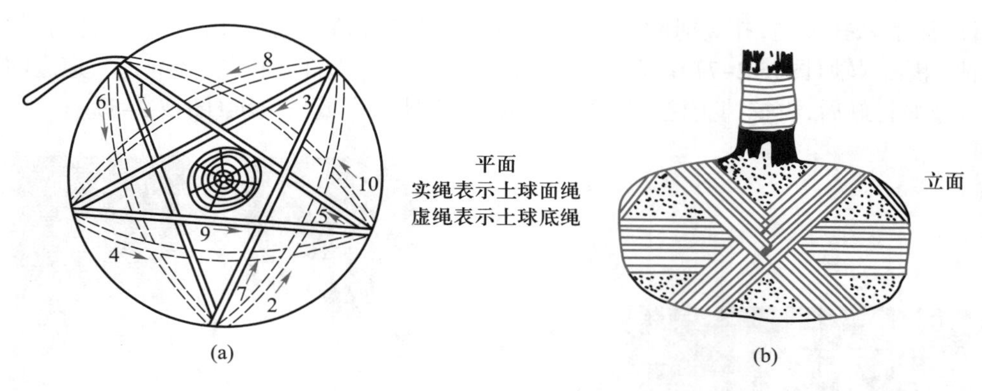

图技 2–10 五角式包扎示意图

（a）包扎的顺序图 （b）包扎好的土球

"橘络式包"：先将草绳一端结在主干上，稍倾斜经过土球底部边沿绕过对面，向上到球面经过树干折回，顺着同一方向间隔绕满土球。如此继续包扎拉紧，直至整个土球被草绳包裹为止。如图技 2–11 所示。包扎通常只要扎上 1 层就可以。有时对名贵的或规格特大的树木进行包扎，可以用同样方法包两层，甚至 3 层。中间层还可选用强度较大的麻绳，以防止吊车起吊时绳子松断，土球破碎。

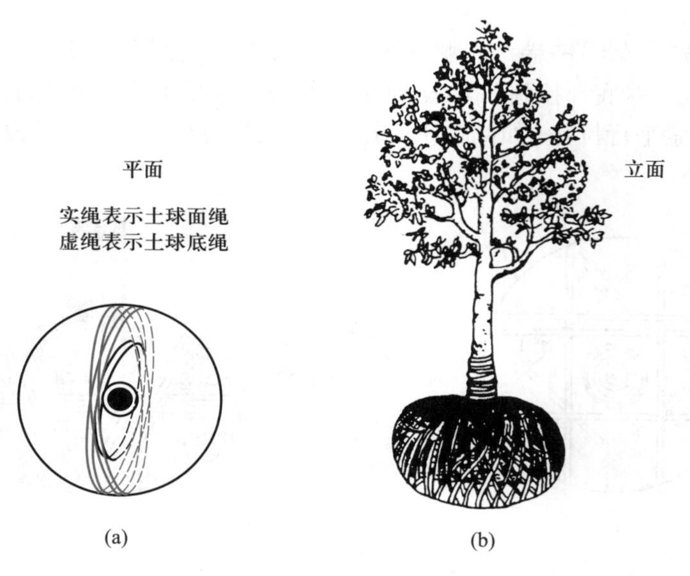

图技 2–11 橘络式包扎示意图

（a）包扎的顺序图 （b）包扎好的土球

（四）栽植前修剪

干性强又必须保留主干优势的树种，采用削枝保干的修剪法。领导枝适当长留，控制竞争枝；主枝剪短 1/3~1/2；侧枝剪短 1/2~2/3 或疏除。

干性弱的树种，以保持数个优势主枝为主，适当保留二级枝，重截或疏去小侧枝。萌芽力强的可重截，萌芽力弱的宜轻截。

灌木类修剪可较重，尤其是丛木类，做到中高外低，内疏外密。带土球苗可轻剪。常绿树可疏枝、剪半叶或疏去部分叶片，对其中具潜伏芽的，也可适当短截。行道树应注意相邻树的分枝点要相近。

（五）苗木运输技术

(1) 装运之前应对苗木的种类、数量与规格进行核对，仔细检查苗木质量，淘汰不合要求的苗木，补足所需的数量，并要附上标签，注明树种、年龄、产地等。

(2) 短途运苗，中途最好不要停留，直接运到施工现场。

(3) 长途运苗，要覆盖遮阴材料，注意洒水保湿，中途休息时运苗车应停在阴凉处。运到栽植地后应及时卸车，卸苗时不能从中间和下部抽取，更不能整车推下。经长途运输的裸根苗木，当根系较干时应浸水 1~2 天后再栽植。小土球苗应抱球轻放，不应提树干。较大土球苗，可用长而厚的木板斜搭于车厢，将土球移到板上，顺势慢慢滑动卸下，不能滚卸，以免散球。

（六）假植

苗木运到现场后，未能及时栽植的，应视距栽植时间长短采取假植措施。

裸根苗可按树种或品种分别集中假植，并做好标记，可在附近选择合适的地点挖浅沟 2~3 m 长，0.3~0.5 m 深，将苗木排在沟内，苗木树梢应背向主风方向斜放，紧靠根系再挖一条横沟，用挖出的土埋住前一行的根系，依次一排排假植好，直至假植结束。在此期间，土壤过干应适量浇水，但也不可过湿，以免影响日后的操作。

带土球的苗木在 1~2 天内能够栽完的就不必假植，放在阴凉处或使用覆盖物进行覆盖即可；如 1~2 天内栽不完，应集中放好，并四周培土，用绳拢好树冠。存放时间较长时，应注意观察土球之间的间隙，如果间隙较大应加细土培好。常绿树在假植期间应在叶面喷水保湿。

五、栽植技术

栽植技术包括挖栽植穴、土壤改良、排水处理、栽植及栽后管理等。

（一）栽植穴的准备

1. 栽植穴的规格与要求

严格按照定点放样的标记，依据一定的规格、形状及质量要求，破土完成挖穴的任务。栽植穴应有足够的大小，以容纳植株的全部根系，避免栽植深度过浅导致根系不舒展。其具体规格应根据根系的分布特点、土层厚度、肥力状况等条件而定。穴的直径与深度一般要比苗木的根或土球的幅度与深度大 20~40 cm。特别是在贫瘠的土壤中，栽植穴则应更大更深些（具体规格可参考表技 2–1）。在绿篱等栽植距离很近的情况下可挖成栽植沟（表技 2–2）。穴与沟的周壁上下大体垂直，而不应成为“锅底”形或“U”形（图技 2–12）。在挖穴或沟时，肥沃的表层土壤与贫瘠的底层土壤应分开放置，拣净所有的石块、瓦砾和妨碍生长的杂物。如发现与地下管线相冲突，应先停止操作，及时找有关部门协商解决。挖好后按规格、质量要求验收，不合格者应该返工。

表技 2–1 乔、灌木栽植穴的规格

乔木胸径 / cm	—	—	3~5	5~7	7~10	—
灌木高度 / m	—	1.2~1.5	1.5~1.8	1.8~2.0	2.0~2.5	—
常绿树高度 / m	1.0~1.2	1.2~1.5	1.5~2.0	2.0~2.5	2.5~3.0	3.0~3.5
穴径 × 穴深 / cm	50 × 30	60 × 40	70 × 50	80 × 60	100 × 70	120 × 80

表技 2–2 绿篱栽植沟规格

绿篱苗高度 / m	栽植沟规格（宽 × 深）	
	单行式 / cm	双行式 / cm
1.0~1.2	50 × 30	80 × 40
1.2~1.5	60 × 40	100 × 40
1.5~2.0	100 × 40	120 × 50

2. 土壤排水与改良

在一般情况下，土壤改良可采用黏土掺沙、沙土掺入黏土，并加入适量的腐殖质，以改善土壤结构，增加其通透性。也可以加深加大栽植穴，填入部分沙砾或在附近挖一与栽植穴底部相通而低（深）于栽植穴的渗水暗井，并在栽植穴的通道内填入树枝、落叶及石砾等混合物，加强根区的地下径流排水。在积水极端严重的情况下，可用粗约 8 cm 的农用瓦管铺设成地下排水系统。如土层过浅或土质太差则应扩大穴的规格，加入优良土壤或全部换土（客土）。

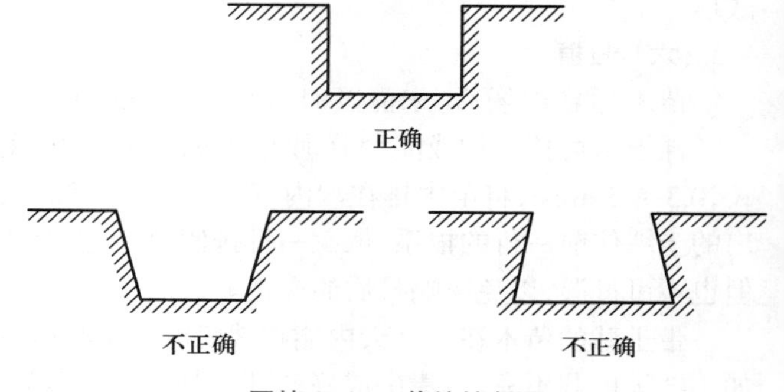

图技 2–12 栽植坑断面

（二）栽植

1. 裸根苗栽植

通常 3 人为一组，一人负责扶树和掌握深浅度，两人负责回填土。先检查树穴的大小与根幅是否相符，不相符的进行调整。然后填些表土于穴底，堆成小丘状，放苗入穴，使根颈处与土面相平或略低。向穴内回填疏松表土，填土达穴的 1/2 时，轻提苗，使根呈自然向下舒展状，然后踏实（黏土不可重踩），继续填满穴后，再踏实一次，最后填上一层土与地相平，然后在穴外缘修灌水堰。对密度较大的丛植地，可按片修堰。裸根苗栽植前如果根系失水过多，应先将根系放入水中浸泡 10~20 h，使根系充分吸水；如果土壤太黏，不要踩得太紧，否则通气不良；回填土要用疏松表土，切忌用含有碎石的垃圾土，切忌用大的土石块挤压根系，以免伤根或留下空隙。

2. 带土球苗栽植

将带土球苗小心地放入事先挖掘准备好的栽植穴内，栽植的方向和深度与裸根苗同。栽植前在保证土球完整的条件下，应将包扎物拆除。拆除包装后注意不应推动树干或转动土球，否则会导致土球粉碎而损伤根系。如果土球破裂，在土填至坑深一半时浇水使土壤进一步沉实，排除空气，待水渗完后继续踩实。

对于裸根或带土球移栽时球体破坏脱落的树木，可用坐浆或打浆栽植的方法来提高成活率。其具体做法是：在挖好的坑内填入1/2左右的栽培细土，加水和生根剂搅拌至没有大疙瘩并可以挤压流动为止。然后将树木垂直放入坑的中央，使其"坐"在"浆"上，再按常规操作回土踩实，完成栽植。这种栽植，由于树木的重量使根体的所有孔隙都充满了"泥浆"，消除了气袋，根系与土壤密接，有利于成活。但要特别注意不要搅拌过度，造成土壤板结，影响根系呼吸。

（三）栽植后的养护

1. 设立支柱

较大规格的树木，栽植后第一年需要设立支柱。支柱材料应实用、美观。立支柱前一般先用草绳或其他材料绑扎于树干上固定支柱的部位，以防支柱磨伤树皮，然后再立支柱，支柱有单柱式、门字式、四柱式、三角式等，也可采用连干式固定架（图技2–13至图技2–18）。

图技2–13　四柱式支柱

图技2–14　四柱式支柱

图技2–15　四柱式支柱

图技2–16　门字式支柱

2. 浇水

树木栽后要及时浇水。具体做法：沿树坑外缘修土堰。堰埂高15~20 cm，用脚将埂踩实，以防浇水时跑水、漏水。栽植后24 h之内浇第一次水，水量不宜过大，渗入坑土30 cm上下即可，主要作用是通过灌水使土壤缝隙填实，保证树根与土壤密接；灌水后检查，树体歪斜要扶正、修复

图技 2–17 三角式支柱

图技 2–18 连干式固定架

漏堰。栽后 3 天浇第二次水，水量以压土填缝为主要目的，浇水后扶直树体、修整土堰。栽后 7 至 10 天浇第三次水，水量要大，要充分浇透，即水分渗透到全坑土壤和坑周围的土壤内。

3. 修剪

修剪主要是对损伤的枝条和栽植前修剪不够理想的部位进行修剪。

4. 树干包裹

对于新栽的树木，尤其是树皮薄、嫩、光滑的种类，应进行包干，以防日灼、干燥，同时也可以在冬天防止啮齿类动物的啃食。尤其是从荫蔽树林中移出的树木，因其树皮在光照强的情况下极易遭受日灼危害，对树干进行保护性包裹，效果十分显著。包扎物可用草绳等，从地面开始，紧密缠绕树干至第一分枝处。

在多雨季节，由于树皮与包裹材料之间保持过湿状态，容易诱发真菌性溃疡病。因此，在包裹之前，在树干上涂抹杀菌剂，则有助于减少病菌感染。

5. 树盘覆盖

用稻草、腐叶土或充分腐熟的肥料覆盖树盘(图技 2–19)，城市街道树池也可用沙覆盖，可提高树木移栽的成活率。因为适当的覆盖可以减少地表蒸发，防止土壤温湿度变幅过大。覆盖物的厚度至少使全部覆盖区都见不到土壤。覆盖物一般应保留越冬，到来年春天揭除或埋入土中。

图技 2–19 树盘覆盖

6. 清理栽植现场

单株树木在 3 次水后应将土堰埋平，使近根基部位高一些，保证在雨季的水分能较快排除。如果是大畦灌水，应将畦埂整理整齐，畦内深中耕。

实 际 操 作

Q：如何做好定点放样工作？怎样起掘、栽植裸根苗？怎样起掘、栽植带土球苗？行道树如何栽植？

一、定点放样

行道树定点放样

（一）目的要求

会用学过的方法，按照设计图进行定点放样。

（二）材料工具

皮尺、钢尺、白灰、经纬仪及木桩若干等。

（三）方法步骤

1. 行道树放样

选定一条笔直道路（长度最好在 1 000 m 左右），有完好路边石。距路边石内侧距离以及株距根据设计图定。

要求：行位、点位准确。

2. 树丛放样

选定一定面积的空旷地块，绘出设计图，划定树丛范围，根据具体条件应用交会法或网格法，确定每株树木的位置。

要求：

(1) 树种、数量、规格应符合设计图。

(2) 树丛内的树木应形成一个流畅的倾斜树冠线。

(3) 现场配置时应注意自然，整齐美观。

（四）考核方式

本项目以 5~6 人为小组进行实训，考核形式为过程与结果综合考核。成绩以小组为单位评定。

（五）成绩评定

考核主要内容与分值	考 核 标 准	成绩
1. 定点放样前准备（20 分） 2. 定点放样操作（40 分） 3. 定点放样点位、行位准确（20 分） 4. 实训态度（20 分）	定点放样前准备齐备，定点放样操作正确，点位、行位准确；回答问题正确，实训态度认真	优秀 （90~100 分）
	定点放样前准备齐备，定点放样操作基本正确，点位、行位较准确，回答问题基本正确，实训态度较认真	良好 （75~89 分）
	定点放样前准备齐备，定点放样操作正确，点位、行位大致准确，回答问题不太正确，实训态度一般	及格 （60~74 分）
	定点放样前准备齐备，定点放样操作不正确，点位、行位不准确，回答问题不正确，实训态度不认真	不及格 （60 分以下）

二、起挖裸根小苗

(一) 目的要求

使学生掌握 1~2 年生落叶树种在休眠期内的起苗操作要求。

(二) 材料工具

铁锹、塑料筐、修枝剪、稻草或塑料袋等。

(三) 方法步骤

1. 准备工作

做好起苗的现场准备,锹、塑料筐、修枝剪等放在苗床的旁边。

2. 起苗

先在顶行离根部 20 cm 处向下垂直挖起苗沟,深 20~30 cm,1 年生苗略浅,2 年生苗略深,然后向苗行斜切,切断苗木主根,再从第 1 行到第 2 行之间垂直下切,向外推,取出苗木,在锹柄上敲击一下去掉泥土,放入苗筐内,以后按此法继续操作。

3. 苗木分级与修剪

当苗筐装满后,抬至阴凉处,按高度和粗度进行分级,并用修枝剪剪去根系过长的部分和受机械损伤的部分。

4. 打浆与包装

就近移植可不打浆,及时运往栽植地栽植,如运往外地出售需进行打浆和包装工作。在苗圃地旁,用水调好泥浆水,要求不稀不浓,以根系不互相粘在一起为标准。将苗木根系放入泥浆水中,均匀地蘸上泥浆保湿。根据苗木大小,大苗 10 株 1 捆,小苗可 50 株左右一捆,用稻草捆好或用塑料袋包装好。

5. 装运

将打包好的苗木装入运输工具,做到堆放整齐,下面一层和上面一层的根梢位置要错开。

(四) 考核方式

本项目以 5~6 人为小组进行实训,考核形式为过程与结果综合考核,成绩以小组为单位评定。

(五) 成绩评定

考核主要内容与分值	考核标准	成绩
1. 起苗前准备(10 分) 2. 起苗操作(50 分) 3. 苗木根系质量(20 分) 4. 苗木装运堆放(10 分) 5. 实训态度(10 分)	起苗前准备齐备;起苗操作正确;苗木根系须根多,粗根不劈裂,断根切口平滑;大小苗分级放置;根系修剪长度与质量达到要求;打浆与蘸浆合适,包装苗木数量一致;装运堆放合理;回答问题正确;实训态度认真	优秀 (90~100 分)
	起苗前准备齐备;起苗操作基本正确;苗木根系须根较多,粗根大多数不劈裂,断根切口较平滑;大小苗分级放置;根系修剪长度与质量达到要求;打浆与蘸浆合适,包装苗木数量大致一致;装运堆放合理;回答问题基本正确;实训态度比较认真	良好 (75~89 分)
	起苗前准备齐备;起苗操作基本正确;苗木根系须根较少,粗根多数不劈裂,断根切口平滑度较差;大小苗分级放置;根系修剪长度与质量基本达到要求;打浆与蘸浆操作基本正确,效果较差,包装苗木数量不一致;装运堆放合理;回答问题不太准确;实训态度一般	及格 (60~74 分)

续表

考核主要内容与分值	考核标准	成绩
1. 起苗前准备(10 分) 2. 起苗操作(50 分) 3. 苗木根系质量(20 分) 4. 苗木装运堆放(10 分) 5. 实训态度(10 分)	起苗前准备齐备;起苗操作不正确;苗木根系须根少,粗根大多数有劈裂现象,断根切口不平滑;大小苗分级放置;根系修剪长度与质量没有达到要求;打浆与蘸浆操作基本正确,效果较差,包装苗木数量不一致;装运堆放不合理;回答问题不正确;实训态度不认真	不及格 (60 分以下)

三、挖掘带土球大苗

(一) 目的要求

掌握大苗的起苗要求和操作技术。

(二) 材料工具

铁锹、手锯、修枝剪、草绳等,落叶或常绿苗木大苗。

(三) 方法步骤

1. 树冠修剪与拢冠

根据树种特性进行修剪。落叶树种,可保持树冠外形,适当重剪;常绿阔叶树种可保持树形,适当疏枝和摘去部分叶片,然后进行拢冠,用草绳将树冠拢起,捆扎好,便于装运。

2. 确定土球直径

土球直径约为苗木胸径的 7~10 倍。以树干为圆心画圆。

3. 起宝盖土

将圆内的表土起掉放在苗床空地内,深度以显露水平根为止。

4. 起苗

在圆外围挖 40~60 cm 的操作沟,深度为土球直径的 2/3。

开始在土球直径以外 3~5 cm 处,锹背对土球下挖操作沟;遇粗根用手锯或修枝剪剪断,而不能用锹硬铲,防止土球破碎;挖至土球深度 2/3 时,开始向内切根掏底,使土球呈苹果状,大球底部留土柱暂不切断主根。

5. 土球包扎

土球挖好后,首先扎腰绳,2 人扎绳,1 人扶住树干,2 人传递草绳,腰绳道数根据土球大小确定,土球直径小于 50 cm 时 5~8 道,随直径增加道数也相应增加。缠绕时,从下向上应一道紧靠一道拉紧,并用砖块或木块敲击使草绳嵌入土球内。然后扎竖绳,以树干为中心顺时针呈斜 30° 角绕土球和树干缠绕,单股单轴即可,土球包扎完毕后挖空土柱切断主根(图技 2-20)。

图技 2-20　土球包扎

6. 装运

装车时,1 人扶住树干,2~4 人用木棍放至根颈处抬上车,使树梢朝向车尾。上车后只能平移,不要滚动土球，防止震散土球。装车时使苗木土球互相紧靠，各层之间错位排列。装后再次拢冠，使树冠不要超过车厢板。

7. 安全生产

操作程序符合要求，注意安全。

（四）考核方式

本项目以 5~6 人为小组进行实训，考核形式为过程与结果综合考核，成绩以小组为单位评定。

（五）成绩评定

考核主要内容与分值	考核标准	成绩
1. 起苗前准备(10 分) 2. 起苗与包装(60 分) 3. 树冠修剪与拢冠(10 分) 4. 装运(10 分) 5. 实训态度(10 分)	起苗工具准备齐备；土球直径确定正确；起表土合格，操作沟宽度合适，起苗操作正确，粗根不劈裂，断根切口平滑；包装腰绳、竖绳紧实，不脱扣，土球完整；树冠修剪与拢冠合理；装运符合要求；回答问题正确，实训态度认真	优秀 (90~100 分)
	起苗工具准备齐备；土球直径较合理；起表土合格，操作沟宽度合适，起苗操作基本正确，粗根不劈裂，断根切口平滑度较差；包装腰绳、竖绳紧实，不脱扣；树冠修剪与拢冠基本合理；装运符合要求；回答问题基本正确，实训态度比较认真	良好 (75~89 分)
	起苗工具准备齐备；土球直径较合理；起表土合格，操作沟宽度较差，起苗操作深度略浅，土球出现碎裂，粗根不劈裂，断根切口平滑度较差；包装腰绳、竖绳基本紧实；树冠修剪与拢冠基本合理；装运符合要求；能在老师指导下完成任务，回答问题不太准确，实训态度一般	及格 (60~74 分)
	起苗工具准备齐备；土球直径较合理；起表土合格，操作沟宽度较差，起苗操作深度略浅，土球出现碎裂，粗根不劈裂，断根切口平滑度较差；包装腰绳、竖绳略紧实，有脱扣现象；树冠修剪与拢冠基本合理；装运符合要求；回答问题不正确，实训态度不认真	不及格 (60 分以下)

四、裸根苗的栽植

（一）目的要求

使学生掌握裸根苗的栽植操作步骤和技术。

（二）材料工具

皮尺、尼龙绳、木桩、铁锹、盛苗器、竹竿、铁丝、运输工具及浇水器具等。

（三）方法步骤

1. 挖栽植穴

根据苗木大小确定栽植穴的大小，挖穴时表土、底土分开，分别放置，保持穴壁垂直，并在穴底中心处堆置一馒头形土台。

2. 散苗

根据设计要求将裸根苗散到各栽植穴。

3. 修剪

适当调整根幅大小，修剪破伤根，使根系断面平滑。适当调整树冠，修整破损枝干。

4. 栽植

将苗木放在栽植沟或穴中扶正，使根系比地面低 3~5 cm。回填土至苗木根颈处，用手向上提一提苗，抖一抖，使细土深入土缝中与根系结合，提苗后踩实土壤。回第二次土，略高于地面踩实。第三次用松土覆盖地表。即“三埋、二踩、一提苗”的操作技术要求。在树穴边缘的外围修出浇水水埂。

小苗裸根移植

5. 设立支架

苗木较大时需设立支架，在树干上包裹包扎材料，在水埂的外围架设支架，固定在树干上。

6. 浇水

栽好后第一次要浇足定根水，以后，视天气情况而定。

7. 安全生产

操作程序符合要求，注意安全。

（四）考核方式

本项目以 5~6 人为小组进行实训，考核形式为过程与结果综合考核，成绩以小组为单位评定。

（五）成绩评定

考核主要内容与分值	考核标准	成绩
1. 栽植前准备（10 分） 2. 挖栽植穴（20 分） 3. 栽苗操作（40 分） 4. 栽后浇水（20 分） 5. 实训态度（10 分）	栽植前准备充分；挖栽植穴规格符合要求；散苗符合要求，栽植操作正确做到“三埋、二踩、一提苗”，栽好后浇足水；回答问题正确，实训态度认真	优秀（90~100 分）
	栽植前准备充分；挖栽植穴规格基本符合要求；散苗符合要求，栽植操作基本正确，栽好后浇足水；回答问题基本正确，实训态度较认真	良好（75~89 分）
	栽植前准备充分；挖栽植穴规格不太符合要求；散苗符合要求，栽植操作基本正确，栽后水基本浇足；回答问题不太准确，实训态度一般	及格（60~74 分）
	栽植前准备较充分；挖栽植穴规格不合要求；散苗符合要求，栽植操作不正确，苗木根系没有舒展，埋土不严，栽后水未能浇足；回答问题不正确，实训态度不认真	不及格（60 分以下）

五、带土球苗的栽植

大苗带土球移植

（一）目的要求

使学生掌握带土球苗栽植的操作步骤和技术。

（二）材料工具

皮尺、尼龙绳、木棍、铁锹、运输工具、修枝剪、竹竿、铁丝及浇水器具等。

（三）方法步骤

1. 挖穴

穴径比土球直径大 40 cm 左右，深度大 20 cm 左右，做到壁面垂直，表土和心土分开堆放。

2. 散苗

根据设计要求的树种和规格，将苗木散到各栽植穴。散苗时注意轻拿轻放，保护好土球。

3. 修剪

修剪同裸根苗的栽植。

4. 栽植

根据土球的大小高度，先将表土堆在穴中成馒头形，将苗木放上去，根颈略高于地面。解除包裹材料。将苗木扶正，再进行回土栽植。当回土达土球深度 1/2 时，用木棍在土球外围夯实，注意不要敲到土球上，以后分层回土夯实，直至与地面相平。在栽植穴外缘用土围成一圈高度 20 cm 的围堰，用铁锹拍实踩紧防止漏水。

5. 设立支架

同栽植裸根苗。

6. 浇水

栽好后，要连浇 3 次水。第一次浇小水，以浸透回填土为宜，水渗后扶正树木和修围堰；在栽后的第三天浇第二次水，浇水同第一次；栽后 10 天浇第三次水，水要浇透，以后，视土壤情况而定。

7. 安全生产

操作程序符合要求，注意操作安全。

（四）考核方式

本项目以 5~6 人为小组进行实训，考核形式为过程与结果综合考核，成绩以小组为单位评定。

（五）成绩评定

考核主要内容与分值	考核标准	成绩
1. 栽植前准备（10 分） 2. 挖栽植穴（20 分） 3. 栽植操作（40 分） 4. 围堰、浇水（20 分） 5. 实训态度（10 分）	栽植前准备充分；根据设计定点放样正确；挖穴规格符合要求，表土、心土分开放置，散苗符合设计要求，整形与修剪合理，栽植操作正确，土球不散，填土操作正确（先填表土、后填心土）；围堰不漏水，浇水次数与量达到要求；回答问题正确，实训态度认真	优秀（90~100 分）
	栽植前准备较充分；根据设计定点放样正确；挖穴规格基本符合要求，表土、心土基本分开放置，散苗符合要求，栽植操作基本正确；围堰合格，栽好后浇足水；回答问题基本正确，实训态度较认真	良好（75~89 分）
	栽植前准备充分；根据设计定点放样基本正确；挖穴规格略小，表土、心土分开放置，散苗符合要求，栽植操作基本正确；围堰基本合格，栽后水基本浇足，能在老师的指导下完成任务；回答问题不太准确，实训态度一般	及格（60~74 分）
	栽植前准备不充分；基本根据设计定点放样；挖穴规格、散苗基本符合要求，表土、心土没有分开放置，栽植操作不正确；围堰不合格，漏水，浇水次数与量没有达到要求，在老师的指导下基本完成任务；回答问题不正确，实训态度不认真	不及格（60 分以下）

六、行道树栽植

（一）目的要求

使学生掌握行道树栽植的操作步骤和技术。

（二）材料工具

皮尺、木棍、铁锹、草绳、修枝剪、运输工具、竹竿、铁丝、麻袋等衬垫物及浇水器具等。

（三）方法步骤

1. 定点放样

定点放样可以路中心线或路边石为标准放样，株距 6~8 m。

2. 挖穴

根据土球大小确定栽植穴的规格。一般应比土球加宽加深 40~60 cm。一般挖圆形穴，要求壁面垂直，心土和表土分开堆放。

3. 散苗

苗木运至路边，下车时应轻拿轻放，不要滚动土球。抬苗时应在根颈处衬垫草垫、麻袋等衬垫物，防止磨伤树皮，将苗木抬至栽植穴旁放好。摆放时注意苗木高矮粗细的排列，使相邻近的苗木规格相近。

4. 整形修剪

修整树冠，落叶树种可保留树冠外形适当强剪，常绿阔叶树保持树冠观赏树形，适当抽稀树冠和摘叶处理。修剪根系，使根系的伤口断面平滑。

5. 吊线

行道树栽植先两头后中间，先栽三株树，成一直线，然后在这一条线上进行栽植，保证行道树在一条直线上，整齐美观。

6. 栽植

在穴底回填表土，堆成馒头形，使苗木放上去根颈与地面齐平或略高于地面，苗木放好后扶正，用修枝剪解除包装材料，然后分层回土夯实，一直填土至与土球相平，上面用松土堆成馒头形。

7. 围堰

在栽植穴外缘围一圈土堰，用铁锹拍实踩紧，防止漏水。

8. 缠干

用草绳从根颈部开始缠绕树干至 1.5 m 高度。

9. 设立支架

用 3 根或 4 根竹竿做成三角式或四柱式支架支撑树木，支撑点用草绳缠绕防止磨伤树皮，用铁丝扎牢，防止风吹摇晃。

10. 浇水

第一次水要浇透，浇湿缠干草绳，常绿树要对叶面喷水。

11. 安全生产

操作程序符合要求，注意安全操作。

（四）考核方式

本项目以5~6人为小组进行实训，考核形式为过程与结果综合考核，成绩以小组为单位评定。

（五）成绩评定

考核主要 内容与分值	考核标准	成绩
1. 栽植前准备(5分) 2. 定点放样(5分) 3. 栽植穴挖掘质量(20分) 4. 整形修剪(5分) 5. 栽植整齐度(5分) 6. 栽植操作(30分) 7. 立支柱、围堰浇水(20分) 8. 实训态度(10分)	栽植前准备充分；定点放样规范、准确，符合设计要求；挖穴规格符合要求；散苗符合要求，整形与修剪合理，行道树栽植在一条直线上，栽植操作正确，栽好后立支柱、围堰合格，浇水量达到要求，缠干合适；回答问题正确，实训态度认真	优秀 (90~100分)
	栽植前准备充分；定点放样规范、准确，符合设计要求；挖穴规格基本符合要求；散苗符合基本要求，整形与修剪基本合理，行道树栽植基本在一条直线上，栽植操作基本正确，栽好后立支柱、围堰合格，浇水量达到要求，缠干合适；回答问题基本正确，实训态度较认真	良好 (75~89分)
	栽植前准备较充分；定点放样基本规范；挖穴规格基本符合要求；散苗符合基本要求；整形与修剪基本合理，行道树栽植基本在一条直线上，栽植操作基本正确，栽好后立支柱、围堰基本合格，浇水量达到基本要求，缠干合适，在老师指导下能完成工作任务；回答问题不太准确，实训态度一般	及格 (60~74分)
	栽植前准备较充分；定点放样基本规范；挖穴规格、散苗基本符合要求；整形与修剪不太合理，行道树栽植不直，栽植操作基本正确，栽好后立支柱、围堰基本合格，浇水量基本达到要求，缠干不合适，在老师指导下基本能完成任务；回答问题不正确，实训态度不认真	不及格 (60分以下)

技能小结

本技能主要介绍了树木栽植的成活原理及其措施，根据施工的原则和树木生长特性的要求，选择合理的栽植时期；着重介绍园林树木栽植工程施工技术，其中定点放样技术，苗木起挖与栽植技术是重点。

思考与练习

1. 简述树木成活原理。
2. 如何提高栽植树木的成活率？
3. 容器苗与露地培育的苗木相比有何特点？
4. 行道树如何定点放样？
5. 成片自由式种植绿地定点放样方法是什么？
6. 简述裸根苗挖掘与栽植技术。
7. 简述带土球苗挖掘与栽植技术。

技能三 大树移植

能力要求

- 会进行大树移植的操作
- 掌握提高大树移植成活率的措施

相关知识

Q:什么是大树移植？为什么要进行大树移植？

一、大树移植的概念及作用

（一）大树移植的概念

大树移植是指对树干胸径为10~20 cm甚至20 cm以上、树高5~12 m、树龄一般10~20年或更长的大型树木的移栽。大树移植技术复杂，要求较高，在山区和农村绿化中极少使用，但在城市园林绿化中却经常采用。许多重点工程要求有特定的优美树姿相配合，大树移植是首选的方法。

（二）大树移植的作用

1. 提高绿化质量

无论是以植物造景，还是以植物配景，都必须选择理想的树型来体现艺术的景观内容。而幼年树难以实现艺术效果，只有选择成型的大树才能创造理想的艺术作品，所以大树移植在造园、造景中不可缺少。

2. 快速展现园林艺术效果

为了提高城市绿化、美化的造景效果，经常采用大树移植。它能在最短时间内改善城市的园林布置和城市环境景观，较快地发挥园林树木的功能效益，及时满足重点工程、大型市政建设绿化、美化等的要求，对于城市园林来说具有特殊作用。

3. 持久保留绿化成果

在繁华的街道、广场、车站等地方，人为的损坏使城市的绿化与保存绿化成果的矛盾日益突出，因而只有栽植大规格的苗木，提高树木本身对外界的抵抗能力，才能在达到绿化效果的同时，保存绿化成果。

二、大树移植的特点

大树移植与一般的树木栽植相比，其技术要求比较复杂，移栽的质量要求较高，需要消耗大量的人力、物力和财力。移植大树具有庞大的树体和重量，往往需要借助一定的机械力量才能完成。同时大树的根系趋向或已达到最大根幅,主根基部的吸收根多数死亡。吸收根主要分布在树冠垂直投影附近的土壤中,而移植时所带土球范围内的吸收根很少,从而导致移植大树在移植后会严重失去水分,发生生理代谢不平衡。为使其尽早发挥城市绿化、美化的效果和保持原有的优美姿态,在所带土球范围内,用预先促发大量新根的办法为代谢平衡打下基础,并配合其他移栽措施,才能确保成活。

技能实训

Q:大树移植前要做什么准备?怎样起掘和移栽大树?要使大树成活率高应该采取什么技术措施?

一、大树移植前的准备与处理

(一)做好规划

进行大树移栽,事先必须做好细致的规划,包括所栽植的树种规格、数量及造景要求,以及使用机械、转移路线等。为了使移植树种所带土球中具有尽可能多的吸收根群,尤其是须根,应提前有计划地对移栽树木进行断根处理,提高移栽成活率。实践证明,许多大树移栽后死亡,主要原因是没有做好树种移栽的规划,对准备移栽的大树未采取促根的措施。

根据园林绿化和美化的要求,对可供移栽的大树进行实地调查。调查的内容包括树木种类、年龄、树干高度、胸径、树冠高度、冠幅、树形及所有权等,并进行测量记录,注明最佳观赏面的方位,必要时可进行拍照。调查记录苗木产地与土壤条件,交通路线和行车有无障碍物等情况,判断是否适合挖掘、包装、吊运,分析存在的问题并提出解决措施。

对于所选中的树木应进行登记编号,为园林栽植设计提供基本资料。

(二)断根处理

断根处理也称为回根、盘根或截根。定植多年或野生大树,特别是胸径在 25 cm 以上的大树,移植前先进行断根,利用根系的再生能力,促使树木形成紧凑的根系和发出大量的须根。从林内选中的树木,应对其周围的环境进行适当的清理,疏开过密的植株,并对移栽的树木进行适当的修剪,增强其适应全光和低湿的能力,改善透光与通气条件,增强树势,提高抗逆性。

断根处理通常在实施移栽前 2~3 年的春季或秋季进行。在具体操作时,应根据树种习性、年龄大小和生长状况,确定开沟断根的水平位置。落叶树种的断根沟的直径约为树木胸径的 5 倍,常绿树须根较落叶树集中,断根半径可小些。例如,若某落叶树的胸径为 20 cm,则挖沟的直径约为 100 cm。沟可围成方形或圆形,将其周长分成 4 或 6 等份,第一年相间挖 2 或 3 等份,沟宽以便于操作为度,一般为 30~40 cm。沟深视根的深度而定,一般为 50~100 cm。沟内露出的根系应用利剪(锯)切断,与沟的内壁相平,伤口要平整光滑,大伤口还应涂抹防腐剂,有条件的地方可用酒精喷灯灼烧进行炭化防腐。将挖出的土壤打碎并清除石块、杂物,拌入腐叶土、有机肥或化肥后分层回填踩实,待接近原土面时,浇一次透水,水渗完后覆盖一层稍高于地面的松土。第二年以同样的方法处理剩余的 2 或 3 等份,第三年移栽（图技 3–1）。用这种方法开沟断根，可使断根处产生大量吸收根，有利于移栽成活。截根分两年完成，主要是避免对树木根系的集中损伤，不但可以刺激根区内发出大量新根，而且可维持树木的正常生长。在特殊情况下，为了应急，在一年中的早春和初秋分两次完成断根处理的工作，也可取得较好的效果。

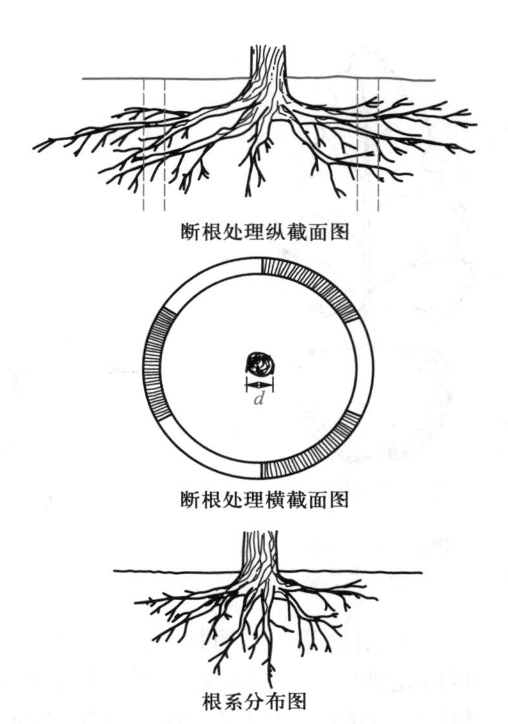

图技 3–1　大树断根处理示意图

二、大树挖掘

（一）带土球软包装法

胸径 10~15 cm 的大树移植，土球多采用草绳、麻袋、蒲包、塑料布等软材料包装。适用于油松、雪松、香樟、龙柏、广玉兰等常绿树和银杏、榉树、白玉兰、国槐等落叶乔木。

1. 起掘

土球应比原断根范围向外扩大 10~20 cm（新根分布区）；也可按树木胸径的 8~10 倍来确定（具体可参考表技 3–1）。

表技 3–1　大树移植土球规格参考表

树木胸径 / cm	土球规格		
	土球直径 / 树木胸径	土球高度 / cm	留底直径
10~12	8~10	60~70	土球直径的 1/3
13~15	7~10	70~80	

起掘时先按照规范要求保留土球的直径，以树干为圆心画一圆圈。铲除树木表土，以不伤根为准，再于圆圈外沿开沟。为了便于操作，沟宽通常多为 60~80 cm，沟深多为 60~100 cm，一般以根系密集区以下土球直径 2/3 为宜。挖掘时，凡根系直径在 3 cm 以上的大根，应用锯切断；小根用利铲截断或剪除。切口要平滑，大伤口应涂防腐剂。在挖掘过程中，应随挖随修整土球，将土球表面修平。当沟挖至所要求的深度时，再向土球底部中心掏挖，使土球呈苹果形（图技 3–2）。留底部中心土柱（图技 3–3），便于包扎。土球的土柱越小越好，一般只留土球直径的 1/4，不应大于 1/3。这样在树体倒下时，土球不易崩碎，且易切断剩余的垂直根。

在整个挖掘、切削过程中，要防止土球破裂。球中夹有石块等杂物时，暂时不取出，栽植时再作处理，这样可保持土球的整体性。

2. 包装

（1）扎腰绳。开始时，先将草绳一端固定，然后一圈一圈地由下向上横扎。包扎时要用力拉紧草绳，边拉边用木槌慢慢敲打草绳，使其嵌入土球并卡紧不致松脱，每圈草绳应紧紧相连、不留空隙，至最后一圈时，将绳头压在该圈的下面，收紧后切除多余部分。腰绳包扎的宽度依土球大小而定，一般从土球上部 1/3 处开始，围扎土球全高的 1/3。

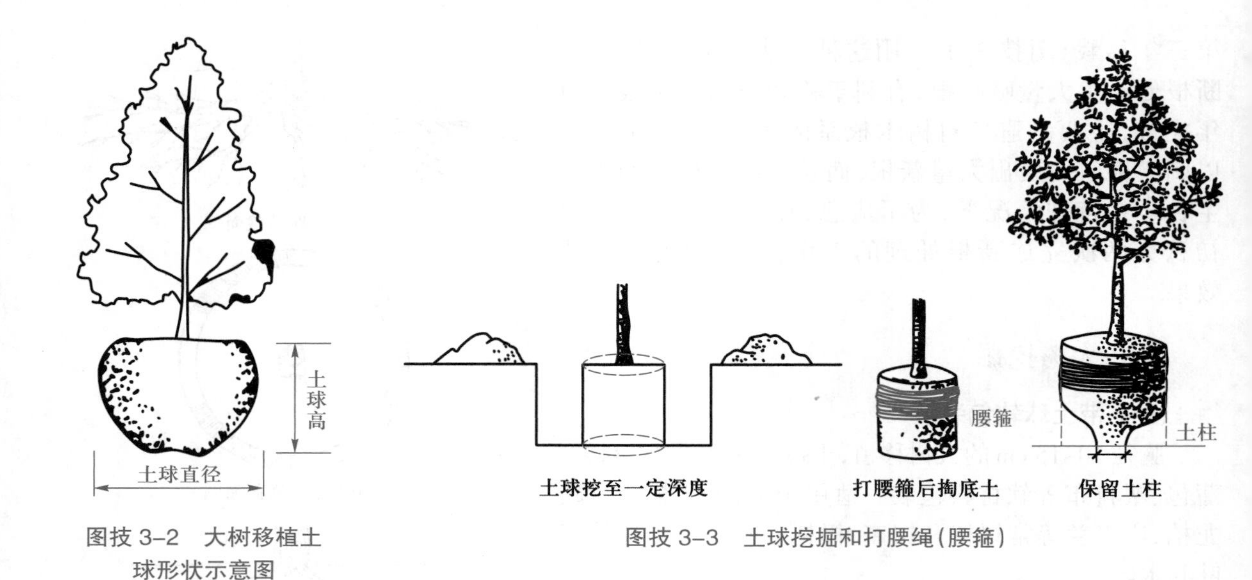

图技 3–2 大树移植土球形状示意图

图技 3–3 土球挖掘和打腰绳(腰箍)

(2) 扎竖绳。腰绳扎好以后,向土球底部中心掏土,直至留下土球直径的 1/4~1/3 土柱为止,然后扎竖绳。竖绳打好后再切断主根。竖绳的形式分“井字式包”(又叫做古钱包)、“五角式包”和“橘络式包”(又叫做网络包)3 种。运输距离较近,土壤又较黏重时,则常采用“井字式包”或“五角式包”的形式;比较贵重的树木,运输距离较远,或为沙性土球,则常用“橘络式包”的形式。

(二)带土块板箱包装法

一般适用于胸径 15~30 cm 或更大的树木,以及土壤沙性较强不易带土球的大树移栽。在树木挖掘时,应根据实际要求和树木的种类、株行距和干径的大小来确定树木根部土台的大小。一般按照树木胸径的 7~10 倍确定土台范围(表技 3–2)。

表技 3–2 带土块板箱移植树木胸径与板箱规格参考表

树木胸径 / cm	15~17	18~24	25~27	28~30
板箱规格(上边长 × 高)/ m	1.5 × 0.6	1.8 × 0.7	2.0 × 0.7	2.2 × 0.8

1. 土台的挖掘

以树木的干基为中心,按土台规格划出正方形边线,铲除正方形内的表土,沿边框外缘挖一宽 60~80 cm 的沟。沟深与规定的土台高度相等。用三根粗木杆在沟外缘将树干支牢,挖掘时随时用箱板进行校正,保证土台上部尺寸与箱板完全吻合。土台下部可比上部小 5 cm 左右。需要注意的是,土台 4 个侧面的间隙应略微突出,以便装箱时紧抱土台,切不可使土台四壁中间向内凹陷。挖掘时,如遇较大的侧根,应予以切断,其切口要留在土台内。

2. 装箱

(1) 上箱板。将土台 4 个角修成弧形,用蒲包包好,再将箱板围在四面,箱板的上缘低于土台 1 cm(预计土台将要下沉数),用木棒等临时顶牢,检查、校正,使箱板上下左右放得合适。

(2) 上钢丝绳。在距箱板上、下边缘各 15~20 cm 处的位置上钢丝绳。在钢丝绳接口处安装紧线器，并用木墩等硬物材料将钢丝绳支起，以便紧线。紧线时，两道钢丝绳必须同时进行。当钢丝绳收紧到一定程度时，用锤子等物试敲打钢丝绳，若发出“当、当”之声，说明已经收紧。

(3) 钉铁皮。钢丝绳收紧后，先在两块箱板交接处，即围箱的四角钉铁皮（图技 3-4）。铁皮间距 10~15 cm，每个角的最上和最下一道铁皮距上、下箱板边各 5 cm 左右。铁皮通过箱板两端的横板条时，至少应在横板上钉两枚钉子。钉尖向箱角倾斜，以增强拉力。箱角与板条之间的铁片，必须绷紧，钉直。围箱四角铁皮钉好之后，用小锤轻敲铁皮，如发出老弦声，证明已经钉紧，此时即可旋松紧线器，取下钢丝绳。

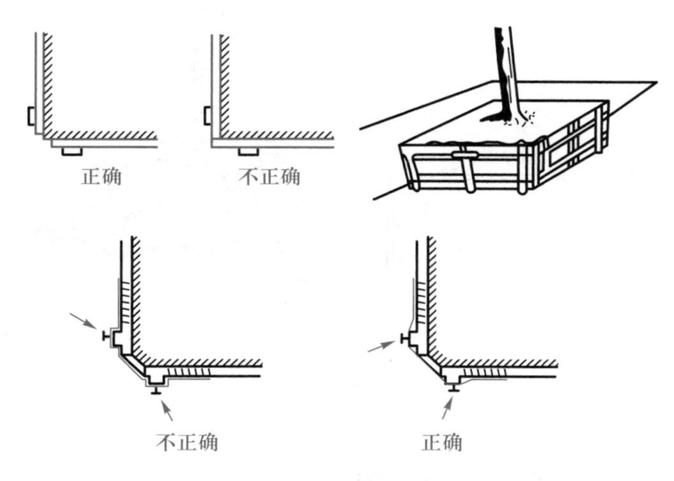

图技 3-4　钉铁皮的方法

3. 掏底

(1) 备好底板。先按土台底部的实际长度，确定底板尺寸和所需块数。然后在底板两端各钉一块铁皮，并空出一半，以便对好后钉在围箱侧板上。

(2) 掏底。掏底时，先沿围板向下深挖 35 cm，然后用小镐和小平铲掏挖土台下部的土。掏底土可在两侧同时进行，并使底面稍向下凸，以利收紧底板。

(3) 上底板。上底板时，将底板一端突出的铁皮钉在相应侧板的纵向板条上。再在底板下放木墩顶紧，底板的另一端用千斤顶顶起，使之与土台紧贴，再将底板另一端突出的铁皮钉在相应侧板的纵向横条上。同样用木墩顶好，撤下千斤顶，上好一块后继续往土台内掏挖直至上完底板为止。需要注意的是，在最后掏土台中央底土之前，先用四根 10 cm × 10 cm 的方木将木箱四方侧板向内顶住。其支撑方法是，先在坑边中央挖一小槽，槽内插入一块小木板，将方木的一头顶在小木板上，另一头顶在侧板中央横板条上部，卡紧后用钉子钉牢，这样四面钉牢就可防止土台歪斜（倒）。然后掏出中间底土，掏挖底土时，如遇树根可用手锯锯断，并使锯口留在土台下面，决不可让其凸出，以免妨碍收紧底板。掏挖底土要注意安全，决不能将头伸入土台下面。风力较大时（如超过 4 级）应停止掏底作业。

上底板时，如土壤质地松散，应选用较窄木板，一块接一块地封严，以免底土脱落。如脱落少量底土，应在脱落处填充草席、蒲包等物，然后再上底板。如土壤质地较硬，则可在底板之间留

10~15 cm 宽的间隙。

(4) 上盖板。将土台表面稍加修整,使靠近树干中心的部分稍高于四周。如表面土壤亏缺,应填充较湿润的土壤,用锹拍紧。修整好的土台表面应高出围板 1 cm,再在土台上面铺一层蒲包,即可钉上木板(图技 3–5)。

图技 3–5 上盖板

三、大树的吊运

(一) 滚动装卸

如果移植树木所带土球为近圆形,直径 50 cm 以上,可在土球包扎后,在坑口一侧开一与坑等宽的斜坡,将树木按垂直于斜坡的方向倒下,控制住树干,将土球滚出土坑,并在地面与车厢底板间搭上结实的跳板,滚动土球将树木装入车厢。如果土球过重(直径大于 80 cm),可将结实的带状绳网一头系在车上,另一头兜住土球,向车上拉,这样上拉下推就比较容易地将树木装上车。卸车方法同装车,但方向相反。注意在滚动时不要将土球弄碎,最好用滑动装卸车。

(二) 滑动装卸

在坡面(跳板)平滑的情况下,可按上拉下推的方法滑动装卸。若为木箱移栽,可在箱底横放滚木,上拉下推滚滑前移装车或缓慢下滑卸车。

(三) 吊运装卸

1. 土球吊运

土球吊运的方法有 3 种:一是将土球用钢索捆好,并在钢索与土球之间垫上草包、木板等物吊运,以免伤害根系或弄碎土球;二是用尼龙绳网或帆布、橡胶带,兜好吊运;三是用一中心开孔的圆铁盘兜在土球下方,再用一根上、下两端开孔铁杆在树干附近与树干平行穿透土球,使铁杆下端开孔部位从铁盘孔中穿出,用插销将两者连接起来,上部铁杆露出 40~80 cm,再将吊索拴在铁杆上端的孔中。吊运与卸车的动力可用吊车(图技 3–6)、滑铲、人字架、摇车等。

2. 板箱吊运

板箱包装可用钢丝围在木箱下部 1/3 处,另一粗绳系在树干(树干外面应垫物保护)的适当位置,使吊起的树木呈倾斜状。树冠较大的应在分枝处系一根牵引绳,以便装车时牵引树冠的方向。土球和木箱重心应放在车后轮轴的位置上，冠向车尾。冠过大的还应在车厢尾部设交叉支棍，木箱应同车身一起捆紧，树干与卡车尾钩系紧（图技 3-7）。运输时应由熟悉路线等情况的专人押运。

图技 3-6 橡胶带套脖吊车吊运土球

四、大树的栽植

（一）挖栽植穴

大树栽植前必须检查树穴的规格、质量及待栽树木是否符合设计要求。栽植穴底的直径一般应大于大树的土台 50~60 cm，土质不好的穴应比土球规格增大一倍。如果需换土或施肥，应预先做好准备，肥料应与土壤拌匀。方箱移植时，先在穴中央堆一高 15~20 cm、宽 70~80 cm 的长方形土台，以便于放置木箱。带土球移植时，先在穴底堆出馒头形土台。

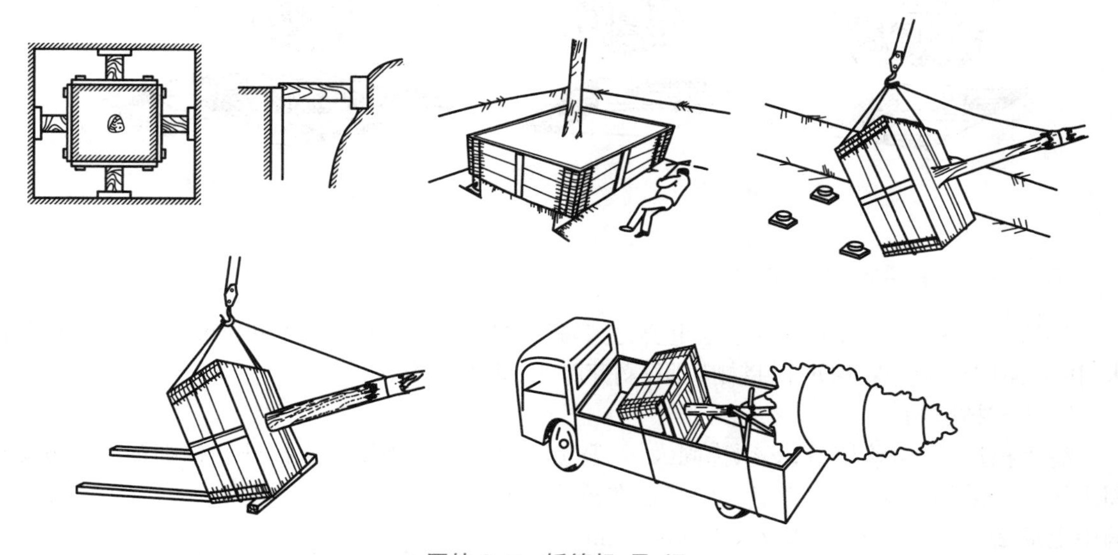

图技 3-7 板箱起、吊、运

（二）吊树入穴与栽植

1. 板箱式大树栽植

将树干裹上麻包或草袋，然后用两根等长的钢丝绳兜住木箱底部，将钢丝绳的两头扣在吊钩上，将树直立吊入穴中（图技 3-8）。若土体不易松散，放下前可拆去中部两块底板，入穴时应保持原来的方向或把姿态最好的一侧朝向主要观赏面。近落地时，一个人负责瞄准对直，4 个人坐在坑穴边用脚蹬木箱的上口放正和校正栽植位置，使木箱正好落在坑的长方形土台上。

拆开两边底板，抽出钢丝，并用长竿支牢树冠，将拌入肥料的土壤填至 1/3 时再拆除四面壁板，以免散坨。捣实后再填土，每填 20~30 cm 土，捣实一次，直至填满为止。按土球大小和穴的大小做内外双圈灌水堰。

2. 软包装土球大树栽植

吊装入穴前，应将树冠丰满、完好的一面朝向主要观赏的方向。吊装入穴时，应使树干立直，慢慢放入穴内土堆上（图技 3–9）。将草绳、蒲包片等包装材料尽量取出，然后分层填土踏实。栽植的深度，根据当地的水分条件来定，一般在少雨的干旱地区，提倡深栽些，比原土痕深 5~10 cm 即可；在多雨、地下水位高的地区要浅栽，使原土痕露出地表 10 cm，再在其上培 10 cm 以上的厚土盖严土球；在半干旱半湿润地区，大树栽植不要超过土球的高度，与原土痕相平或略深 3~5 cm。

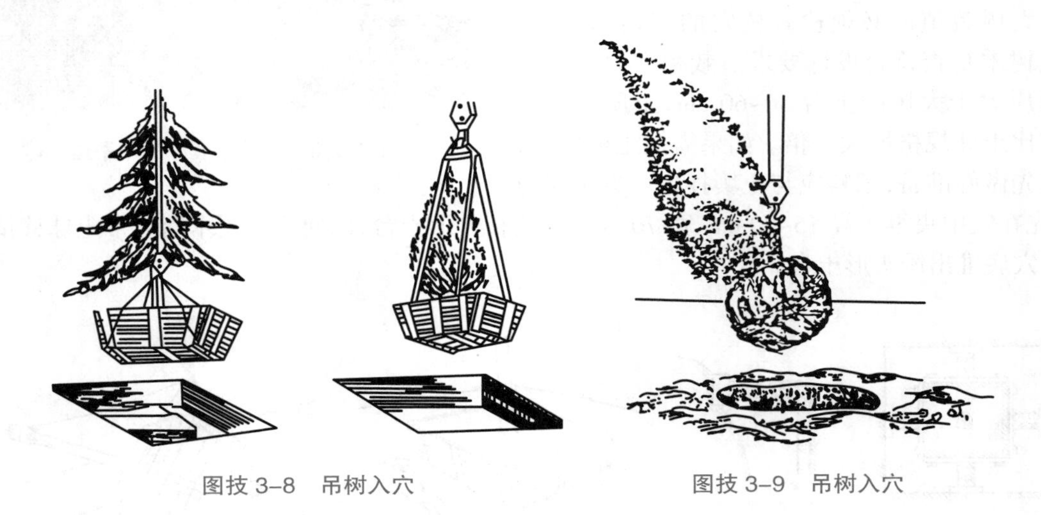

图技 3–8 吊树入穴　　图技 3–9 吊树入穴

五、日常养护管理技术

移植后 1~3 年，日常养护管理很重要，尤其是移植后的第 1 年，管理更为重要，主要工作是浇水、排水、树干包扎、保湿防冻、搭棚遮阴、剥芽除萌、病虫防治等。

（一）支撑固树

树大招风，大树移植后，必须稳固大树，避免其晃动。常采用立支撑杆和拉细钢绳的方法稳固大树。若采用支撑杆，支撑点一般应选在树体的中上部 2/3 处，支撑杆底部应入土 40~50 cm。

（二）捆扎保湿

对树皮薄、不耐日晒的树种以及常绿树种，应将主干和近主干的一级主枝部分用草绳或保湿垫缠绕（图技 3–10），减少水分蒸发，同时也可预防干体日灼和冬天冻伤。所缠的草绳不能过紧和过密，以免影响皮孔呼吸导致树皮糟朽，待第二年秋季可将草绳解除。

图技 3–10 新植大树冬季采用薄膜与草绳包干防寒

（三）搭棚遮阴

夏季气温高，树体蒸腾作用旺盛。为了减少树体水分散失，应搭建遮阴棚减弱蒸腾，并防强烈的日晒。(注意:高温天气大树遮阴不能过严,更不能密封,也不能直接接触树体。)遮阴棚必须与树体保持 50 cm 的距离,保证棚内空气流通,以免影响成活率。

为减少水分蒸发可辅以树木蒸腾抑制剂。树木蒸腾抑制剂是针对大树移栽过程中根部吸水不足与蒸腾作用枝叶水分损失过大的矛盾研制而成,能促进植物气孔关闭,延缓树体新陈代谢,减少水分消耗,同时,里面所含的超微高效生根成分和营养成分也可以经由枝叶及嫩皮吸收传导至根部,促进生根,提高成活率。使用方法是将抑制剂按比例稀释,整株(主要是枝叶部位)喷雾,要做到均匀细致,水量以喷湿但不滴水为宜,可间隔 7~10 天重喷 1 次,效果更佳。使用时间最好避开早上有露水及中午高温时间,最好在晴天的下午进行,喷施后 5~6 h 要无雨并不要喷水。内含高活性生根成分及营养成分,主要通过枝叶吸收,所以喷施要均匀。

(四)浇水与输液

栽植后立即浇一次透水,待 2~3 天后,第二次浇水,过一周后第三次浇水,以后视土壤墒情可适当拉长浇水时间。每次浇水都要做到"干透浇透"。表土干后要及时进行中耕,使土球底部的湿热能够散出以免影响根系呼吸。除正常浇水外,在夏季高温季节还应经常向树体缠绕的草绳或保湿垫喷水,一般每天早晚各喷水 1 次,中午高温前后 2~3 次。每次喷水,以喷湿不滴水不流水为度,以免造成根部积水,影响根系的呼吸和生长,使根部土壤保持湿润状态即可。

当发现树叶有轻度萎蔫征兆时,有必要通过树冠喷水增加冠内空气湿度,从而降低温度,减少蒸腾,保持树体水分平衡。喷水宜采用喷雾器或喷枪,直接向树冠或树冠上部喷射,让水滴落在枝叶上。喷水时间白天每隔 1~2 h 喷一次。

为保证成活可辅助使用树体输液,树体输液有利于大树移栽后树体活力恢复,可提高成活率,可使老弱病残及名木古树重焕生机,激活复壮;亦可驱虫杀虫,防病治病,补充营养元素等。使用方法是用直径 4~4.5 mm 的钻头向下呈 45°钻孔,将液袋悬挂于树干高处,液袋下端距离钻孔垂直距离应大于 100 cm,每株树最多可以吊三袋(图技 3-11)。

图技 3-11　大树移栽后输液

(五)促进根部土壤透气

大树栽植后,根部良好的土壤通透条件,能够促进伤口的愈合和促生新根。大树根部透气性差,如栽植过深、土球覆土过厚、土壤黏重、根部积水等因素会抑制根系的呼吸,根无法从土壤中吸收养分、水分,导致植株脱水萎蔫,严重的出现烂根死亡。为防止根部积水,改善土壤通透条件,促进生根,可采用以下措施:

(1) 设置通气管(如 pvc 管)。在土球外围 5 cm 处斜放入 6~8 根 pvc 管,管上要打无数个小孔,以利透气,平时注意检查管内是否堵塞。

(2) 换土。对于透气性差、易积水板结的黏重土壤如黏壤土,可在土球外围 20~30 cm 处开一条深沟,开沟时尽量不要造成土球外围一圈的保护土震动掉落,然后将透气性和保水性好的珍珠岩填入沟内,填至与地面相平。

(3) 挖排水沟。对于雨水多、雨量大、易积水的地区,可在土球附近横纵深挖排水沟,沟深至土球底部以下，保持排水畅通。

（六）剥芽除萌

大树移植后，对萌芽能力较强的树木，应定期、分次进行剥芽除萌，以减少养分消耗、保持树体整体形状。及时除去基部及中下部的萌芽，除选留长势较好、位置合适的嫩芽或幼枝作为骨干枝培养外，其余应尽早去除。

有些大树移植后发芽是在消耗自身的养分，是一种成活的假象，应及时判断是否为假成活并采取相应措施。

（七）防寒防冻

在冬季霜冻时，可用防冻垫（无纺麻布、塑料膜、草绳）包裹树干及主枝，以减弱低温对大树的影响，防止大树受冻。（注意：塑料膜包扎只能在寒冷的冬季使用，待气温回升平稳在5℃以上时去除包裹物。）

可以采用树干涂白，冬季树干涂白既可减少阳面树皮因昼夜温差大引起的伤害，又可消灭在树皮的缝隙中越冬的害虫。涂白剂配方为生石灰10份、食盐1份、硫黄粉1份、水40份(图技3–12)。

图技3–12 涂白防寒

六、反季节大树移植技术

反季节栽植大树，由于气温高、水分蒸发快，为保证栽植成活，对栽植技术提出了更高的要求。

在反季节进行大树移植时，缩短起挖栽植时间，尽量当天挖掘当天栽植；起挖前3~4天向树体浇一次水，补足树体养分和水分也利于起挖出完整的土球；尽量加大土球（土球直径为10~12倍胸径），少伤根；修剪量适当加大，并尽快对切口涂抹愈伤涂膜剂；修剪后尽快喷施蒸腾抑制剂，并在运输途中和移栽过程中一直挂着输液袋或输液瓶，持续不断地补充水分和养分；土球起挖后和移栽时向土球喷促进生根的药剂；夏季应防止土壤过湿和积水，以免影响根呼吸和造成烧根，并采取保湿遮阴措施，加强向树体喷水保湿；浇水、喷水要避开高温时间；采取新的移植措施，如板箱移植、容器移植和预先囤苗法。

图技3–13 板箱移植

（一）板箱移植法

反季节移植的大树、名木古树，常采用板箱移植法进行短距离运输（图技3–13）。

1. 挖树

树体根部土台大小的确定是以树冠正投影为标准，取方形（也可按树干胸径的8~10倍确定）。以树干为中心，比应留土台放大10 cm画一正方形。铲去表土，在四周挖宽60~80 cm的沟，沟深与留土台高度相等（80~100 cm），土台下部尺寸比上部尺寸小5~10 cm，土台侧壁略向外突，以便用装箱板将土台紧紧卡住。土台挖好后，先上四周侧箱板，然后上底板。土台表面比箱板高出 2~5 cm，以便起吊时下沉。固定好方形箱板，用钢绳将树体固定，防止树体偏斜和土球松动，然后起吊、装车、外运（若距离近，地势平，也可采用底部钢管滚动式平移，用卷扬机拉，用推土机或挖掘机在后面推）。

2. 栽植

栽植穴每侧距木箱 20~30 cm，穴底比木箱深 20~25 cm。穴底放腐熟有机肥、栽植土，厚约 20 cm，中央凸起呈平台状。树体吊入栽植穴后，扶正树体并用支架支撑。若箱土紧实，可先拆除中间一块底板。入穴后拆底板和下部的四周箱板，填土至 1/3 深时，拆除上板和上部四周的箱板，填土至满。填土时每填 20~30 cm 压实一次，直至夯实填平。箱板常用钢板制作，一般不选用木板。上底板常用掏空法和顶管法。

（二）容器移植法

事先将大树栽于容器内，经过 3 年以上的培养，使树木完全恢复生长。移植时，连同原生长的容器一起运输到移栽地。此法简单，成活率可达 100%，不受季节限制。

（三）预先囤苗法

1. 大木箱囤苗

该工艺针对特大规格落叶乔木，如胸径超过 20 cm 的银杏等。春季发芽前按绿化施工用苗计划挖苗，按施工规范要求打箱板，然后原地或异地囤苗，及时灌水进行养护。囤苗作业要在展叶前进行，及时疏枝 1/5~1/4，以保证木箱苗正常展叶，生长季根据需要随时进入施工现场。

2. 软包装囤苗

该工艺主要针对较大规格落叶乔木，如胸径 20 cm 以下的银杏、国槐等。春季展叶前按绿化施工计划掘土球，土球形状、规格按绿化施工规范进行。包装绑扎材料要用可溶性无纺布和聚丙烯三股绳。按规范要求打包，保证土球不散不裂。可原地也可异地囤苗，囤苗时土球略高于地面，囤苗地必须便于灌水、排水，交通、吊装方便。囤后及时进行适当疏剪，进行常规水肥养护。生长季节正常展叶，非适宜栽植季节绿化施工时掘出容器苗即可栽植。

实 际 操 作

Q：如何进行软包装土球大树的挖、运、栽？

大树移植实训（软包装土球）

（一）目的要求

掌握软包装土球大树移植的操作技术。

（二）材料工具

大树修枝剪、铁锹、皮尺、草绳及运输设施等。

（三）方法步骤

1. 确定土球直径

根据大树胸径的 8~10 倍确定土球直径。

2. 移表土

将根部画圆内的表土挖至苗床的空地内，深度至根系显露为止（注意不能伤及根系）。

3. 挖掘

在画圆的外侧挖 40~60 cm 的操作沟，深度为土球直径的 2/3 左右。

注意 3 点：一是要以锹背对土球下挖；二是遇到粗根应用手锯锯断或修枝剪剪断，而不能用铁锹硬劈，以防止土球破碎；三是挖至土球深度的 1/2~2/3 时，开始向内切根使土球呈苹果状，底部留土柱，主根暂时不切断。

4. 包装

土球挖好后，首先扎腰绳，4 人一组，1 人扎绳，1 人扶树干，2 人传递草绳，腰绳的道数根据运输的距离远近来确定。近距离的为 3~5 道，随直径的扩大而增加道数，远距离运输腰绳宽应为土球高度的 1/3。缠绕时，应该一道紧靠一道拉紧，并敲击草绳使其嵌入土球内。

腰绳打好以后，向土球底部中心掏土，直至留下土球直径的 1/4~1/3 土柱为止，然后打竖绳。竖绳打好后再切断主根。

竖绳可选用“井字式包”“五角式包”或“橘络式包”，也可都做练习。

5. 树冠修剪与拢冠

切断主根后，苗木倒下，放倒时注意安全，放倒后根据树种的特性进行修剪。落叶树种可保留树冠的外形，适当强剪；常绿针叶树种只整形，少量修剪；常绿阔叶树种可保持树型，适当摘去叶片和疏枝。然后用绳子将树冠拢起，捆扎好，便于运输。

6. 装运

根据情况采用人工或机械的方法装运，距离较近的采用人工手推滑轳车运输，使树出坑采用向坑内边填土边向上移动土球的方法（图技 3–14）。当填土到与地面相平时，滚出土坑放在路上，在根颈缠草绳处套脖绳（粗尼龙绳），用滑轳车将土球向前、树梢向后吊起（图技 3–15）、固定运输。如果用大型卡车装运，装车时使树梢向后，土球互相紧靠，各层之间错位排列，装完后再一次拢冠。

7. 卸苗栽植

在栽植地，首先根据设计密度用皮尺定点放样，然后根据大树规格确定挖穴的大小。一般栽植穴比土球直径大 20~40 cm，深 20 cm，要求表土和心土分开放置，穴壁垂直。将栽植穴挖好，卸

图技 3–14 向坑内边填土边向上移动土球

图技 3–15 采用人工手推滑轳车运输

苗栽植，解开缠扎树冠的绳子。栽植时先在穴内填 20 cm 厚的表土，做成馒头状的土堆，在土堆上放置树球，对准树的方向，做到深浅适当。放好后可解开草绳（土球松散的可不解开草绳），先回填表层土，分层踩实，使根与土密接，每填 20~30 cm 厚的土后，用木棍夯实踩紧，直到与地面相平，立支柱，作围堰浇透水。

（四）技术要求和注意事项

（1）起苗时要保持根系和土球的完整，不伤枝梢。

（2）做到随起、随运、随栽。

（3）栽植的深度适当，一般与原土壤相平或稍深。

（4）回土时要夯实踩紧，使根与土密接，方便根尽快吸水，促进成活。

（5）栽好后立即浇足定根水，以后根据天气情况及时浇水，大苗至少要浇 3 次水，第 2 次在栽植后的 3 天内，第 3 次在栽植后的 10 天左右进行。注意培土扶正。

（五）考核要求

本项目以 5~6 人为小组进行实训，考核形式为过程与结果综合考核，成绩以小组为单位评定。

（六）成绩评定

考核主要内容与分值	考核标准	成绩
1. 栽植前准备（10 分） 2. 确定土球直径（10 分） 3. 起宝盖土、挖掘、包装（20 分） 4. 树冠修剪与拢冠（10 分） 5. 装运（10 分） 6. 卸苗定植（20 分） 7. 围堰浇水（10 分） 8. 实训态度（10 分）	栽植前准备充分；根据大树胸径确定土球直径达到要求；挖掘操作符合技术要求，起出的土球完好，修剪与拢冠合理，包装符合要求，运输安全，栽植穴的大小符合规范，表土、心土基本分开放置，栽植时先填表土、后填心土，分层填土压实、树木扶正，栽植操作正确，立支架，围堰不漏水，浇水次数与量达到要求；回答问题正确，实训态度认真	优秀 （90~100 分）
	栽植前准备充分；根据大树胸径确定土球直径达到要求；挖掘操作符合技术要求，起出的土球基本完好，修剪与拢冠基本合理，包装符合基本要求，运输安全，栽植穴的大小基本符合规范，栽植操作正确，围堰合格不漏水，浇水次数与量达到要求；回答问题基本正确，实训态度较认真	良好 （75~89 分）
	栽植前准备充分；根据大树胸径确定土球直径达到要求；挖掘操作基本符合技术要求，起出的土球不完整，修剪与拢冠基本合理，包装符合基本要求，运输安全，栽植穴的大小基本符合规范，栽植操作基本正确；围堰不漏水，浇水次数与量达到要求，栽后 3 次水基本合格；回答问题不太准确，实训态度一般	及格 （60~74 分）
	栽植前准备较充分；根据大树胸径确定土球直径达到要求；挖掘操作不符合技术要求，起出的土球不完整，修剪与拢冠不到位，包装松懈，运输能注意安全，栽植穴的大小不符合规范，栽植操作不正确，围堰不合格，漏水，浇水次数与量没有达到要求；回答问题不正确，实训态度不认真	不及格 （60 分以下）

技能小结

本技能介绍大树移植的概念以及作用；着重阐述了大树移植前的准备和处理工作，大树移植的技术要求，大树断根处理的方法及作用，大树带土球(或土台)的挖掘、包装方法，大树移栽后的养护管理及提高大树移植成活率的技术措施，反季节大树移植技术等，重点是大树移植过程中的挖、运、栽及养护管理等技能。

思考与练习

1. 怎样才能保证大树移栽成活？
2. 如何对大树进行移栽前的断根和修剪处理？
3. 怎样对移栽大树进行养护管理？
4. 如何在反季节移栽园林树木？

技能四　园林树木的土水肥管理

能力要求

- 掌握土壤的改良方法
- 会对园林树木进行施肥操作
- 会进行园林树木灌水、排水操作

相关知识

Q:园林树木需要什么营养元素？如何给园林树木施肥？

园林树木的土、肥、水管理的根本任务是创造优越的环境条件，满足树木生长发育对水、肥、气、热的需求，充分发挥树木的各种效益。通过对园林树木栽培地的整地、土壤改良、松土、除草、施肥、灌溉和排水等措施，改善土壤的理化性质，提高园林土壤的肥力水平，为园林树木生长创造良好环境。

一、园林树木施肥的基本知识

（一）园林树木需要的营养元素及其作用

氮、磷、钾、钙、镁、铁、硼、锰、锌、铜等元素是树木细胞生活中不可缺少的营养元素，其中任何一种元素过多或过少，都会对树木的生长发育产生不良的影响。这些元素有的是园林树木的细胞组成成分，有的构成催化系统，有的起缓冲作用。其中氮、磷、钾、钙、镁、硫等元素，植物需要量大，故称为大量元素；铁、硼、锰、锌、铜等元素，植物需要量极少，称为微量元素（表技 4–1）。

表技 4–1　园林树木部分营养元素及其作用

元素	作用及特点	缺素症及过量反应
氮(N)	促进树木营养生长，使幼树早成形，老树延迟衰老，提高光合效能。对于同一枝条来说，萌芽、开花期含氮量最高，旺盛生长结束期最低。树木以 NO_3^- 和 NH_4^+ 等离子状态从土壤中吸收氮	缺氮叶色黄化，枝叶量少，新梢生长势弱，落花落果严重；长期缺氮，表现萌芽开花不整齐，根系不发达，树体衰弱，植株矮小，抗逆性降低等 氮素过剩，引起枝叶徒长，影响枝条充实、根系生长、花芽分化，降低抗逆性
磷(P)	能促进树木花芽分化、果实发育和种子成熟，提高根系的吸收能力，促进新根的发生和生长，提高树体的抗旱、抗寒能力。磷素集中分布在生命活动最旺盛的器官，树木展叶期含磷量最多，秋季下降。以磷酸离子最易吸收，偏磷酸次之，磷酸根较难吸收	磷素不足，影响分生组织的正常活动，延迟树木萌芽开花物候期，降低萌芽率，新梢和细根生长减弱，叶片小由暗绿色转变为青铜色，叶脉带紫红色，严重时叶片呈紫红色，抗性下降 过量磷素可使土壤中或植物体内的铁不活化，叶片黄化，还能引起锌素不足

续表

元素	作用及特点	缺素症及过量反应
钾(K)	适量钾素可促使果实肥大和成熟,促进糖类的转化和运输,提高果实品质和耐贮性;并可促进枝干加粗生长,组织成熟,使机械组织发达,提高抗逆性	钾素不足,叶和其他部分抗病力降低;缺钾树木不能有效利用硝酸盐,影响光合作用,营养生长不良,叶小、果小;枝条加粗生长受阻,新梢细,严重时顶芽不发育,叶缘黄化,常向上卷曲 钾素过剩,枝条不充实,耐寒性降低,氮或镁的吸收受阻,并降低对钙的吸收
钙(Ca)	适量钙素,可减轻土壤中有害金属离子的毒害作用,使树木正常吸收氨态氮,促进树木生长发育;钙能调节树木体内的酸碱度,中和土壤中的酸度 树木体内的钙大部分积累在年龄较老的部分,缺钙首先在幼嫩部分发生	缺钙,影响氮的代谢和营养物质的运输,不利于氨态氮的吸收;根系受害明显,新根短粗、弯曲,尖端不久变褐、枯死;叶片较小,严重时花朵萎缩和枝条枯死 钙素过多,土壤偏碱性而板结,使铁、锰、锌、硼等呈不溶性,导致植物多种缺素症的发生
镁(Mg)	适量镁素,可促进果实肥大,增进品质。镁主要集中在树木的幼嫩部分,果实成熟时种子内含量增多。沙质土壤镁易流失,酸性土壤镁流失更快	缺镁,叶绿素不能合成,发生花叶病,植株生长停滞,严重时新梢基部叶片早期脱落 施磷、钾肥过量易导致缺镁症
铁(Fe)	铁是多种氧化酶的组成成分,参与细胞内的氧化还原反应。活化铁对叶绿素的形成有促进作用	缺铁影响叶绿素的合成,幼叶失绿,叶肉呈黄绿色,叶脉仍为绿色,所以缺铁症又称为黄叶病。严重时叶小而薄,随病情加重叶脉也失绿呈黄色,叶片出现黄褐色的枯斑或枯边,逐渐枯死脱落,甚至发生枯梢现象 铁素过量会造成铁中毒,影响其他元素的吸收利用
硼(B)	硼能提高光合作用和蛋白质的合成,促进花粉发芽和花粉管生长,对子房发育也有作用;增强根系的吸收能力,促进根系发育,增强抗病力。硼主要分布在生命活动旺盛的组织和器官中,花期需硼较多	缺硼使根、茎、叶的生长点枯萎,叶绿素合成受阻,叶片黄化,早期脱落或输导组织发育受阻,叶脉弯曲,叶畸形。严重缺硼,根和新梢生长点枯死,花芽分化不良,落花落果严重,果实畸形 硼素过量可引起毒害,影响根系的吸收
锌(Zn)	锌与叶绿素、生长素的形成有关,缺锌可间接影响生长素合成。生长旺盛部分生长素多,锌的含量也多	缺锌,生长素含量低,细胞吸水少,不能伸长;枝条下部叶片常有斑纹或黄化;新梢顶部的枝条纤细或叶片狭小,节间短,小叶密集丛生,质厚而脆,即为“小叶病”。缺锌常和土壤中磷酸、钾、石灰含量过多有关 锌素过量会使元素之间产生拮抗作用,抑制铁、铜等元素的吸收,导致病态
锰(Mn)	锰是氧化酶的辅酶,可以加强呼吸强度和光合速率,对叶绿素的合成有作用,保证树木各生理过程正常进行,有助于种子萌发和幼苗早期生长	缺锰的树木糖类和蛋白质合成减少,叶绿素含量降低,新梢基部老叶发生失绿症,上部幼叶保持绿色,当叶片从边缘变黄时,叶脉及其附近仍保持绿色;严重时呈现褐色,先端干枯 锰素过量会产生毒害,抑制铁、镁等元素的吸收及活性,并可破坏叶绿体结构,导致叶绿素合成下降及光合速率降低

园林植物生长发育需要多种元素，营养元素之间往往存在相助作用和颉颃作用。当一元素增加，另一些元素也随之增加，称为相助作用。例如氮与钙、镁间存在相助作用。当一元素增加或减少，可引起另一些元素相应地减少或增多，称为拮抗作用。如氮与钾、硼、铜、锌、磷间，钾与镁间等存在颉颃作用。施肥时要注意元素间的关系。

（二）园林树木施肥的必要性与特点

施肥对于园林树木意义重大。园林树木生长的土壤肥力比较差，树木的凋落物很少返还土壤，地下建筑和管道也会影响根系对养分的吸收。另外花灌木每年要大量的开花结实，同时进行大量的修剪，消耗了许多的养分。树木衰老期也要通过施肥来补充树体营养，进行更新复壮。因此对园林树木施肥是很有必要的。

根据园林树木的生物学特性和栽培地的要求与条件，园林树木的施肥有以下特点。

(1) 园林树木是多年生植物，长期生长在同一地点，从肥料种类来说应以有机肥为主，同时适当使用化学肥料。施肥方式以基肥为主，基肥与追肥兼施。

(2) 园林树木种类繁多，作用不一，观赏、防护或经济效益互不相同，树木在栽植地的生长环境条件差异悬殊。因此，应根据具体情况，采用不同的施肥种类、用量和方法。

（三）园林树木施肥原则

1. 根据树种与根系分布范围合理施肥

树木的需肥与树种及其生长习性有关。例如泡桐、杨树、重阳木、香樟、桂花、茉莉、月季及山茶等树种生长迅速、生长量大，与柏木、马尾松、油松、小叶黄杨等慢生耐贫瘠树种相比，需肥量大。因此，应根据不同的树种调整施肥计划。

园林树木的水平根和垂直根伸展范围的大小，决定着园林树木营养面积和吸收范围的大小。根系没有涉及的土壤，即使养分再丰富，树木也无法吸收。因此，肥料应施在根系吸收范围内。

一般来说，园林树木的垂直根系扩展的最大深度可达 4~10 m，甚至更深，但其密集分布范围一般在 40~60 cm 的土层内。水平根系的分布密集范围，一般在树冠垂直投影外缘的内外侧，这也是一般施肥时的最佳范围。大多数树木在其树冠投影约 1/3 半径范围内几乎没有什么吸收根。

2. 根据生长发育阶段合理施肥

总体上讲，随着树木生长旺盛期的到来，树木的需肥量会逐渐增加。在抽枝展叶的营养生长阶段，树木对氮素的需求量大，而生殖生长阶段则以磷、钾及其他微量元素为主。

根据园林树木物候期差异，施肥方案上有萌芽肥、抽枝肥、花前肥、壮花稳果肥以及花后肥等。如柑橘类几乎全年都能吸收氮素，但吸收高峰在温度较高的仲夏；磷素主要在枝梢和根系生长旺盛的高温季节吸收，冬季显著减少；钾的吸收主要在 5—11 月间。而栗树从发芽即开始吸收氮素，在新梢停止生长后，果实肥大期吸收最多；磷素在开花后至 9 月下旬吸收量较稳定，11 月以后几乎停止吸收；钾在花前很少吸收，开花后（6 月间）迅速增加，果实肥大期达到吸收高峰，10 月以后急剧减少。就生命周期而言，一般处于幼年期的树种，尤其是幼年的针叶树，生长需要大量的氮肥，到成年阶段对氮素的需要量减少。向古树、大树提供更多的微量元素，有助于增强其对不良环境因子的抵抗力。

3. 根据树木用途合理施肥

树木的观赏特性以及园林用途影响其施肥方案。一般说来，观叶、观形树种需要较多的氮肥，而观花、观果树种对磷、钾肥的需求量大。相关调查表明,城市里的行道树大多缺少钾、镁、硼、锰等元素,而钙、钠等元素又常过量。也有人认为,对行道树、庭荫树、绿篱树种施肥应以饼肥、化肥为主,郊区绿化树种可更多地施用人粪尿和土杂肥。

4. 根据土壤条件合理施肥

土壤厚度、土壤水分、有机质含量、酸碱度、土壤结构以及土壤固、液、气三相比等均对树木的施肥有很大影响。例如,土壤水分含量和土壤酸碱度与肥效直接相关,土壤水分缺乏时施肥,可能因肥分浓度过高树木不能吸收利用而遭毒害;积水或多雨时养分容易被淋洗流失,降低肥料利用率。另外,土壤酸碱度直接影响营养元素的溶解度,这些都是施用肥料时需要仔细考虑的问题。

5. 根据气候条件合理施肥

气温和降雨量是影响施肥的主要气候因子。如低温,一方面减慢土壤养分的转化,另一方面削弱树木对养分的吸收能力。试验表明,在各种元素中磷是受低温抑制最大的一种元素。干旱常导致发生缺硼、钾及磷,多雨则容易促发缺镁。

6. 根据养分性质合理施肥

养分性质不但影响施肥的时期、方法、施肥量,而且还关系到土壤的理化性状。一些易流失挥发的速效肥料,如碳酸氢铵、过磷酸钙等,宜在树木需肥期稍前施入;而迟效性的有机肥料,需腐烂分解后才能被树木吸收利用,应提前施入。氮肥在土壤中移动性强,即使浅施也能渗透到根系分布层内供树木吸收利用;而磷、钾肥,由于移动性较差,宜深施,尤其磷肥需施在根系分布层内才有利于根系吸收。化肥的施用量应本着宜淡不宜浓的原则,否则容易烧伤树木根系。事实上任何一种肥料都不是十全十美的,因此实践中应有机与无机、速效性与缓效性、大量元素与微量元素等结合施用,提倡复合配方施肥。

(四) 肥料的种类

肥料种类一般可分为以下几种。

1. 化学肥料

化学肥料又称为化肥、矿质肥料、无机肥料,其养分形态为无机盐或化合物。某些有肥料价值的无机物质,如草木灰,虽然不属于商品性化肥,习惯上也列为化学肥料;有些有机化合的产品,如尿素等,也被称为化肥。按植物生长所需要的营养元素种类,可分为氮肥、磷肥、钾肥、钙肥、镁肥、硫肥、微量元素肥料、复合肥料、草木灰及农用盐等。

化学肥料大多属于速效性肥料,供肥快,能及时满足树木生长需要。化学肥料还有养分含量高、施用量少的优点。但化学肥料只能供给植物矿质养分,一般无改土作用,养分种类也比较单一,肥效不能持久,而且容易挥发、流失或发生强烈的固定,降低肥料的利用率。所以,生产上一般以追肥形式使用,且不宜长期单一施用化学肥料,应和有机肥料配合施用,否则,对树木、土壤都是不利的。

2. 有机肥料

有机肥料是指含有丰富有机质,既能提供给植物多种无机养分和有机养分,又能培肥改土的一类肥料,其中绝大部分为就地取材自行积制的。有机肥料来源广泛、种类繁多,常用的有粪尿肥、堆沤肥、饼肥、泥炭、绿肥及腐殖酸类肥料等。虽然不同种类有机肥的成分、性质及肥效各不相同,但有机肥大多有机质含量高,有显著的改土作用,含有多种养分,有完全肥料之称。既能促进树木生长,又能保水保肥;而且其养分大多为有机态,供肥时间较长。不过,大多数有机肥养分含量有限，尤其是氮含量低，肥效来得慢，施用量也相当大，因而需要较多的劳力和运输力量。此外，有机肥施用时对环境卫生也有一定的不利影响。

针对以上特点，有机肥一般以基肥形式施用，施用前必须采取堆积方式使之腐熟，其目的是为了快速释放养分，提高肥料质量及肥效，避免肥料在土壤中腐熟时产生某些对树木不利的影响。

3. 微生物肥料

微生物肥料也称为生物菌肥、细菌肥及接种剂等。确切地说，微生物肥料是菌而不是肥，因为它本身并不含有植物需要的营养元素，而是通过所含大量微生物的生命活动来改善植物的营养条件。依据生产菌株的种类和性能，微生物肥大致有根瘤菌肥料、固氮菌肥料、磷细菌肥料及复合微生物肥料等几大类。

根据微生物肥料的特点，使用时应注意：

一是使用菌肥需具备一定的条件，才能确保菌种的生命活力和菌肥的功效，而强光照射、高温、农药等都有可能杀死微生物。

二是固氮菌肥要在土壤通气条件好、水分充足、有机质含量稍高的条件下才能保证细菌的生长和繁殖。

三是微生物肥料一般不宜单施，而要与化学肥料、有机肥料配合施用，才能充分发挥其应有的作用，而且微生物生长、繁殖本身也需要一定的营养物质。

二、园林树木灌水的依据

（一）园林树木的种类及其年生长规律

1. 树种种类

园林树木种类多，数量大，具有各自的生态习性，对水分的要求不同，应该区别对待。例如观花、观果树种，特别是花灌木，灌水次数均比一般树种多；樟子松、油松、马尾松、木麻黄、圆柏、侧柏、刺槐及锦鸡儿等为干旱树种，其灌水量和灌水次数较少，有的甚至很少灌水，且应注意及时排水；而对于水曲柳、枫杨、垂柳、落羽杉、水松及水杉等喜欢湿润的树种应注意灌水，对排水要求不严；还有一些对水分条件适应性强的树种，如紫穗槐、旱柳、乌桕等，既耐干旱、又耐水湿，对排灌的要求都不严。

2. 年生长规律

树木在不同的物候期对水分的要求不同。一般认为，在树木生长期中，应保证前半期的水分供应，以利生长与开花结果；后半期则应控制水分，以利树木及时停止生长，适时进入休眠，作好越冬准备。根据各地条件，观花、观果树木，在发芽前后到开花期、新梢生长和幼果膨大期、果实迅速膨大期、果熟期及休眠期，如果土壤含水量过低，都应进行灌溉。

（二）气候条件

气候条件对于灌水和排水的影响，主要有年降水量、降水强度、降水频度与分布。干旱时，灌水量应多，反之应少，甚至要注意排水。由于各地气候条件的差异，灌水的时期与数量也不相同。例如北京地区 4—6 月是干旱季节，但此时正是树木发育的旺盛时期，因此需水量较大，一般都需要灌水。对月季、牡丹等名贵花灌木，在此期只要见土干就应灌水，而对于其他花灌木则可以粗放些；对于大的乔木，由于正处于开始萌动、生长加速并进入旺盛生长的阶段，所以应保持土壤湿润。而在江南地区，这时正处于梅雨季节，不宜多灌水。9—10 月，江南地区常有秋旱发生，为了保证树木安全越冬，则应适当灌水。

（三）土壤条件

不同土壤具有不同的质地与结构，其保水能力也不同。保水能力较好的，灌水量应大一些，间隔期可长一些；保水能力差的，每次灌水量应酌减，间隔期应短一些。对于盐碱地要“明水大浇”“灌耪结合”（即灌水与中耕松土相结合）；沙地，容易漏水，保水力差，灌水次数应适当增加，要“小水勤浇”，同时施用有机肥，增加其保水保肥性能；低洼地要“小水勤浇”，避免积水，并注意排水防碱；较黏重的土壤保水力强，灌水次数和灌水量应适当减少，并施入有机肥和河沙，增加其通透性。

此外，地下水位的深浅也是灌水和排水的重要参考。地下水位在树木可利用的范围内，可以不灌溉；地下水位太浅，应注意排水。

（四）经济与技术条件

园林树木种类多，数量大，所处环境的可操作性不同，加之目前园林机械化水平不高，人力不足，经济有限，使所有树木的水分平衡处于最适范围是不可能的。因此应该保证重点树木的水分管理，对有明显水分过剩或亏缺的树木、名贵树木、重点观赏区的树木重点进行水分管理。

（五）其他栽培管理措施

在全年的栽培管理工作中，灌水应与其他技术措施密切结合，以便在相互影响下更好地发挥每种措施的作用。例如，灌溉与施肥，做到“水肥结合”十分重要，特别是施化肥前后应该浇透水，既可避免肥力过大、过猛，影响根系的吸收或使其遭到损害，又可满足树木对水分的正常要求。

此外，灌水应与中耕除草、培土、覆盖等土壤管理措施相结合，因为灌水和保墒是一个问题的两个方面，保墒做得好可以减少土壤水分的损失，满足树木对水分的要求，并可减少灌水次数。如山东菏泽花农栽培牡丹时就非常注意中耕，并有“湿地锄干，干地锄湿”和“春锄深一犁，夏锄刮破皮”等经验。当地常遇春旱和夏涝，但因花农加强土壤管理，勤于锄地保墒，从而保证了牡丹的正常生长发育。

技能实训

Q：如何进行园林绿地土壤耕作、改良？用什么方法给园林树木施肥？如何进行园林树木灌水和排水？

一、土壤管理

土壤是树木生长的基地，也是树木生命活动所需水分、各种营养元素和微量元素的源泉。因此，土壤的好坏直接影响着树木的生长。园林树木的土壤管理是通过多种综合措施来提高土壤肥力，改善土壤结构和理化性质，以保证园林树木生长所需养分、水分等生活因子的有效供给，并防止和减少水土流失，增强园林景观的艺术效果。

（一）树木栽植前的整地

园林绿地的土壤条件十分复杂，因此，园林树木的整地工作既要做到严格细致，又要因地制宜。园林树木的整地除满足树木生长发育对土壤的要求外，还应注意地形地貌的美观，因此应结合地形整理进行整地。在疏林地或栽种地被植物的树林、树群、树丛中，整地工作应分两次进行：

第一次在栽植乔灌木以前,第二次则在栽植园林树木之后。

1. 整地方法

园林树木的整地工作,包括以下几项内容:去除杂物、碎石、适当整理地形、翻地、耙平和镇压土壤。其方法应根据不同情况进行。

(1) 一般平缓地区的整地。对 8° 以下坡度的平缓耕地或半荒地,可采取全面整地。通常翻耕 30 cm 的深度,以利蓄水保墒。对于重点布置地区或深根性树种可翻耕 50 cm 深,并施有机肥,借以改良土壤。平地整地要有一定倾斜度,以利排除过多的雨水。

(2) 市政工程场地和建筑地区的整地。这些地区常遗留大量灰渣、沙石、砖石、碎木及建筑垃圾等,在整地之前应全部清除,还应将因挖除建筑垃圾而缺土的地方,换入肥沃土壤。由于地基夯实,土壤紧实,所以在整地时应将夯实的土壤挖松,并根据设计要求处理地形。有时还应考虑换土。

(3) 低湿地的整地。低湿地土壤紧实,水分过多,通气不良,土质多带盐碱,即使树种选择正确,也常生长不良。解决的办法是挖排水沟,降低地下水位,防止返碱。通常在栽树前一年,每隔 20 m 左右挖出一条深 1.5~2.0 m 的排水沟,并将掘起来的表土翻至一侧培成垅台。经过一个生长季,土壤受雨水的冲洗,盐碱减少,杂草腐烂,土质疏松,不干不湿,即可在垅台上栽树。

(4) 新堆土山的整地。挖湖堆山,是园林建设中常有的改造地形措施之一。人工新堆的土山,要在其自然沉降后,才可整地植树。因此,通常多在土山堆成后,至少经过一个雨季,才能进行整地。人工土山基本是疏松的新土,缺少养分。因此,可以按设计进行局部的自然块状整地,并适当施入有机肥。

(5) 荒山整地。荒山整地要先清理地面,刨出枯树根,搬除可以移动的障碍物。在坡度较平缓、土层较厚的情况下,可以采用水平带状整地;在干旱石质荒山及黄土或红土荒山的植树地段,可采用连续或断续的带状整地;在水土流失较严重或急需保持水土,使树木迅速成林的荒山,则应采用水平沟整地或鱼鳞坑整地,还可以采用等高撩壕整地。

2. 整地时间

整地季节的早晚与完成整地任务的好坏直接相关。在一般情况下,应提前整地,以便发挥蓄水保墒作用,并可保证植树工作及时进行,这一点在干旱地区,其重要性尤为突出。如果条件允许,整地应在植树前 3 个月以上的时期内(最好经过一个雨季)进行,如果现整现栽,效果将会大受影响。

(二) 松土除草

松土的目的是切断表层土壤与下层土壤之间的毛细管,减少水分蒸发,提高保水能力,降雨时增加土壤水分入渗,减轻水土流失,使土壤透水透气,同时促进微生物的活动,加速有机质的分解。在不同时期对土壤松土,达到的效果略有不同,如在干旱季节松土,起到了保水和缓解干旱的作用;在多湿多雨时期松土,可排除土壤中多余的水分,利于土壤的透气;在早春松土结合除草,可提高地温,利于根系的活动。

林地松土往往结合除草(图技 4–1、图技 4–2)。除草的目的是抑制或消除杂草等对土壤、光、水、肥、气、热的竞争。一般情况下,用大苗栽植的林地,因树木的个体大,杂草、灌木对其危害不会很严重。只需本着“除早、除小、除了”的原则及时清除杂草、灌木即可。对于用小苗栽植的片林,除草则非常重要,因为此处的杂草、灌木与苗木同时生长且生命力比苗木更旺盛,生长势更

图技 4-1 早春松土除草

图技 4-2 夏季行道树中耕除草

强，会严重干扰苗木的生长。此时，对生长在小苗附近与苗木发生竞争的杂草、灌木应全部除掉，但是为了水土保持和生物多样性的保护，距苗木较远的杂草可以适当保留。待林分郁闭后，就可以停止除草，形成以主栽树种为主的乔灌草立体多层次的森林植被。

松土除草可全面，也可局部进行（图技 4-3）。松土的深度一般 5~10 cm，近树干处宜浅，远离树干处宜深；树小宜浅，树大宜深；沙土宜浅，黏土宜深；竹类松土宜深。松土要做到不伤树皮、树梢、少伤根系。生产上可人工、机械、化学除草方法，但园林植物栽培地除草不宜过多使用有毒、有残留的除草剂。

图技 4-3 秋冬季进行翻树盘松土

（三）土壤改良

土壤改良是采用物理、化学以及生物的措施，改善土壤理化性质，以提高土壤肥力。树木是多年生的木本植物，要不断地消耗地力，所以园林树木的土壤改良是一项经常性的工作。

土壤改良有深翻熟化、客土改良、培土、利用地面覆盖与地被植物、增施有机肥、盐碱土改良等措施。

1. 深翻熟化

深翻结合施肥，可改善土壤的肥力、结构和理化性质，促使土壤团粒结构的形成，增加孔隙度。因而，深翻后土壤含水量增加。

深翻后土壤的水分和空气条件得到改善，使土壤微生物活动加强，可加速土壤熟化，使难溶性营养物质转化为可溶性养分，相应地提高了土壤肥力。

园林树木很多是深根性植物，根系活动很旺盛，因此，在整地、定植前要深翻，给根系生长创造良好条件，促使根系向纵深发展。对重点布置区或重点树种还应适时深耕，以保证树木对肥、水、热的需要。合理深翻，断根后可刺激发生大量的新根，从而提高树木吸收能力，促使树体健壮，新梢长，叶片浓绿，花芽形成良好。因此，深翻熟化，不仅能改良土壤，而且能促进树木生长发育。

深翻的时期一般以秋末冬初为宜。此时，地上部生长基本停止或趋于缓慢，同化产物消耗减少，并已经开始回流积累，深翻后正值根部秋季生长高峰，伤口容易愈合，容易发出部分新根，吸收和合成营养物质，在树体内进行积累，有利于树木翌年的生长发育。早春土壤化冻后也可以进行深翻，但由于春季劳力紧张，往往受其他工作冲击，影响此项工作的进行。

深翻在一定范围内，翻得越深效果越好，一般为 60~100 cm，最好距根系主要分布层稍深、稍远一些，以促进根系向纵深生长，扩大吸收范围，提高根系的抗逆性。深翻的深度与土质、树种等有关，黏重土壤宜深翻，沙质土壤可适当浅耕；地下水位高时宜浅，下层为半风化的岩石时则宜加深，以增厚土层；深层为砾石，也应翻得深些，拣出砾石并换好土，以免肥、水流失；地下水位低，土层厚，栽植深根性树木时则宜深翻，反之则浅。下层有黄淤土、白干土、胶泥板或建筑地基等残存物时，深翻度则以打破此层为宜，以利渗透水。

深翻的作用可保持多年，因此，不需要每年都进行深翻。深翻效果持续年限的长短与土壤有关，一般黏土地、涝洼地翻后易恢复紧实，保持年限较短；疏松的沙壤土保持年限则长。

深翻应结合施肥、灌溉同时进行。深翻后的土壤，须按土层状况加以处理，通常维持原来的层次不变，就地耕松后掺和有机肥，再将心土放在下部，表土放在表层。有时为了促使心土迅速熟化，也可将较肥沃的表土放置沟底，而将心土覆在上面。

2. 客土改良

在土壤完全不适应园林树木生长的情况下，有时会对栽植地实行局部换土。主要有以下 2 种情况。

(1) 土壤的 pH 过低或过高时，需要改良。如树种需要有一定酸度的土壤，而本地土质不合要求，最突出的例子是在北方或碱性土壤上种植喜酸性土植物，如栀子、杜鹃、山茶、八仙花等，应将局部地区的土壤全换成酸性土。在没有条件时，至少也要加大栽植穴，放入山泥、泥炭土、腐叶土等，并混拌有机肥料，以符合酸性树种的要求。

如果地带性土壤为偏酸性，树种需要中性或偏碱的土壤，则要对栽植穴施入石灰进行改良，也可将有机肥、塘泥与稻草混合发酵后施入，同样有利于改良土壤。pH 过高的土壤主要用硫酸亚铁和硫黄等改良，在实施土壤酸碱调节时不能一次施入量过大，需要多次施用。

(2) 栽植地段的土壤根本不适宜园林树木生长，如坚土、重黏土、沙砾土及被有毒的工业废水污染的土壤等，或在清除建筑垃圾后仍然板结，土质不良，这时亦应酌量增大栽植面，全部或部分换入肥沃的土壤。

3. 培土

培土是园林树木生长过程中，根据需要在树木生长地添加部分土壤基质，以增加土壤厚度，保护根系，补充营养，改良土壤结构的措施，也称为压土。这种改良的方法在我国南北各地普遍采用。

压土时期，北方寒冷地区一般在晚秋、初冬进行，可起保温防冻、积雪保墒的作用。压土厚度要适宜，过薄起不到压土作用，过厚对树木生长发育不利，“沙压黏”或“黏压沙”时要薄一些，一般厚度为 5~10 cm；压半风化石块可厚些，但不要超过 15 cm。连续多年压土，土层过厚会抑制树木根系呼吸，从而影响树木生长，造成根颈腐烂，树势衰弱。所以，一般压土时，为了防止对根系产生不良影响，可适当扒土露出根颈。

4. 地面覆盖

利用有机物或活的植物体覆盖土面，可以防止或减少水分蒸发，减少地表径流，增加土壤有机质，调节土壤温度，减少杂草生长，为树木生长创造良好的环境条件。

在生长季节进行覆盖，以后可把覆盖的有机物翻入土中，增加土壤有机质，改善土壤结构，提高土壤肥力。一般在土温较高且较干旱时进行地面覆盖。

地面覆盖的材料以就地取材、经济适用为原则，如除掉的杂草、稻草、豆秸、树叶、树皮、锯屑、马粪及泥炭等均可应用。在大面积粗放管理的园林中还可将草坪或树旁刈割下来的杂草随手堆于树盘附近，用以覆盖。覆盖的厚度通常以 3~6 cm 为宜，鲜草 5~6 cm。

栽培地被植物或绿肥植物也可起到覆盖地面的作用，地被植物如酢浆草、二月兰、鸢尾类、麦冬类、地锦、金银花、常春藤、络石、铃兰及蛇葡萄等；绿肥植物有紫云英、草木犀、苜蓿、绿豆、黑豆、豌豆及蚕豆等。

5. 盐碱土的改良

在滨海及干旱、半干旱地区，有些土壤盐类含量过高，对树木生长有害。该类土壤溶液浓度过高，根系很难从中吸收水分和营养物质，引起“生理干旱”和营养缺乏症。树木生长势差，容易早衰。在盐碱土上栽植树木，必须进行土壤改良。改良的主要措施有开沟排水、平地围堰、灌水洗盐、增施有机肥等。用粗沙、锯末、泥炭等进行树盘覆盖，也可减少地表蒸发，防止盐碱上升。

二、园林树木的施肥方法

土壤施肥是将肥料施入土壤中，树木通过根系吸收后，运往树体各个器官利用。树木休眠期进行土壤施基肥，以有机肥为主。在树木生长期施追肥，可进行土壤施追肥，也可根外追施，肥料种类有机肥或化学肥料均可。

（一）施肥的位置

施肥的位置受树木主要吸收根群分布的控制。在这方面，不同树种或土壤类型间有很大的差别。在一般情况下，吸收根水平分布的密集范围在树冠垂直投影轮廓（滴水线）附近。因此，施肥的水平位置一般应在树冠投影半径的 1/3 起至滴水线附近；垂直深度应在密集根层内。

在土壤施肥中必须注意 3 个问题：一是不要靠近树干基部；二是不要太浅，避免简单的地面喷撒；三是不要太深，一般不超过 60 cm。

目前施肥中普遍存在的错误是把肥料直接施在树干周围，这样特别容易对幼树根颈造成烧伤。

（二）施肥的方法

1. 土壤施肥

（1）环状沟施肥。环状沟施又可分为全环沟施与局部环施。全环沟施沿树冠滴水线内外挖宽 60 cm，深达密集根层附近的沟，将肥料与适量的土壤充分混合后分层填到沟内，表层盖严表土（图技 4–4）。局部环施与全环沟施基本相同，只是将施肥部位分成 4~8 等份，间隔开沟施肥，其优点是断根较少。

（2）放射沟施肥。从离干基约 1/3 树冠投影半径的地方开始至滴水线附近，等距离间隔挖 4~8 条宽 30~60 cm、深达根系密集层、内浅外深、内窄外宽的放射沟，分层施肥后覆土（图技 4–5）。

图技 4-4　环状沟施肥

图技 4-5　放射沟施肥

放射沟施肥的缺点是施肥面积占根系水平分布范围的比例小，开沟损伤了较多的根系，会造成树下地被植物的局部破坏。

(3) 穴状施肥。在施肥区内挖穴施肥，位置从离干基约 1/3 树冠投影半径的地方开始至滴水线附近，挖若干个直径 30 cm 左右、深度达根系密集分布层的施肥穴，进行分层施肥，施肥后覆土(图技 4-6)。

图技 4-6　穴状施肥

(4) 打孔施肥。是从穴状施肥演变而来的一种方法。通常大树或草坪上生长的树木，都采用孔施法。这种方法可使肥料遍布整个根系分布区。方法是在施肥区每隔 60~80 cm 打一个 30~60 cm 深的孔，将额定施肥量均匀地施入各个孔中，约达孔深的 2/3，然后用泥炭藓、碎粪肥或表土堵塞孔洞、踩紧。施化肥后需要浇灌，施粪肥后可不用浇灌。

2. 根外追肥

根外追肥也叫做叶面喷肥，具有简单易行、用肥量小、吸收快、见效快、可满足树木急需等优点，避免了营养元素在土壤中的化学或生物固定作用，尤其适合在缺水季节或缺水地区以及不便土壤施肥的地方使用。

叶面喷肥不能代替土壤施肥。土壤施肥和叶面喷肥各具特点，可以互补不足，如运用得当，可发挥肥料的最大效用。

叶面喷肥的浓度，应根据肥料种类、气温、树种等确定，一般使用浓度为：尿素 0.3%~0.5%，过磷酸钙 1%~3% 浸出液，硫酸钾或氯化钾 0.5%~1%，草木灰 3%~10%，腐熟人尿 10%~20%，硼砂 0.1%~0.3%。

叶面喷肥的效果与叶龄、叶面结构、肥料性质、气温、湿度及风速等密切相关。幼叶生理机能旺盛，气孔较多，较老叶吸收速度快，效率高；叶背较叶面气孔多，且表皮层下具有较疏松的海绵组织，细胞间隙大而多，利于渗透和吸收。因此，应对树叶正反两面进行喷雾。肥料种类不同，进入叶内的速度有差异，如硝态氮喷后 15 s 进入叶内，硫酸镁需 30 s，氯化钾 30 min，硝酸钾 1 h，铵态氮

2 h 才进入叶内。许多试验表明,叶面施肥最适温度为 18~25℃,湿度大些效果好,因而夏季最好在上午 10 时以前和下午 4 时以后喷雾,以免气温高,溶液很快浓缩,影响喷肥效果或导致药害。

(三) 施肥的时间与次数

树木可以在晚秋和早春施基肥。秋天施肥应避免抽秋梢。由于气候不同,各地的施肥时间也不同。在暖温带地区,10 月上中旬是开始施肥的安全时期。秋天施肥的优点是施肥以后,有些营养成分可立即进入根系,另一些营养成分在冬末春初进入根系,剩余部分则可以在更晚的时候产生效用。由于树木根系远在芽膨大之前开始活动,只要施肥位置得当,就能很快见效。据报道,树木在休眠期间,根系尚有继续生长和吸收营养的能力,即使在 2℃还能吸收一些营养,在 7~13℃ 时,营养吸收已相当多,因此秋天施肥可以增加翌春的生长量。春天地面霜冻结束至 5 月 1 日前后都可施肥,但施肥越晚,根和梢的生长量越小。

一般不提倡夏季,特别是仲夏以后施肥,因为会使树木生长过旺,新梢木质化程度低,容易遭受低温的危害。

如果发现树木因缺肥而处于饥饿状态,则可不考虑季节,随时予以补充。

施肥次数取决于树木的种类、生长的反应和其他因素。一般说,如果树木颜色好,生活力强,决不要施肥。但在树木某些正常生理活动受到影响,矿质营养低于正常标准或遭病虫侵害或修剪强度过大或立地条件较差时,应每年或每隔 2~4 年施肥一次,促进树体正常生长。以后,施肥次数可逐渐减少。

(四) 施肥量

施肥量受树种、土壤的养分含量、肥料的种类以及各个物候期需肥情况等多方面的影响,很难确定统一的施肥量。树种不同,对养分的要求也不一样,如梓树、茉莉、梧桐、梅花、桂花及牡丹等树种喜肥沃土壤;沙棘、刺槐、悬铃木、油松及臭椿等则耐瘠薄的土壤。开花结果多的大树应较开花结果少的小树多施肥,树势衰弱的应多施肥。不同的树种施用的肥料种类也不同,木本油料树种增施磷肥;酸性花木杜鹃、山茶、栀子、八仙花等,施酸性肥料。幼龄针叶树不宜施用化肥。

根据对叶片的分析定施肥量。树叶所含的营养元素量可反映树体的营养状况,所以可用叶片分析法来确定树木的施肥量。用此法不仅能查出肉眼见得到的症状,还能分析出多种营养元素的不足或过剩,以及能分辨两种不同元素引起的相似症状,而且能在病症出现前及早测知。

此外,进行测土配方施肥来确定施肥量与肥料的种类是园林树木科学施肥的发展方向。

(五) 园林树木施肥应注意的事项

(1) 由于树木根群分布广,吸收养料和水分全在须根部位,因此,施肥要在须根部的四周,不要靠近树干。

(2) 根系强大、分布较深远的树木,施肥宜深,范围宜大,如油松、银杏、臭椿、合欢等;根系浅的树木施肥宜浅,范围宜小,如法桐、紫穗槐及花灌木等。

(3) 有机肥料要充分发酵、腐熟,切忌用生粪;化肥必须完全粉碎成粉状,不宜成块施用。

(4) 施肥后(尤其是化肥),必须及时适量灌水,使肥料渗入土内。

(5) 应选天气晴朗、土壤干燥时施肥。雨天由于树根吸收水分慢,养分不但不易吸收,而且还会被雨水冲失,造成浪费。

(6) 沙地、坡地、岩石易造成养分流失,施肥要深些。

(7) 氮肥在土壤中移动性较强,可浅施渗透到根系分布层内,被树木吸收;钾肥的移动性较差，磷肥的移动性更差，宜深施至根系分布最深处。

(8) 基肥因发挥肥效较慢，应深施；追肥肥效较快，宜浅施，供树木及时吸收。

(9) 城镇园林绿化地施肥，在选择肥料种类和施肥方法时，应考虑不影响市容卫生，散发臭味的肥料不宜施用。

三、园林树木的水分管理

园林树木的水分管理就是根据各类园林树木的生态学特性，通过多种技术措施和管理手段，来满足树木对水分的合理需求，保障水分的有效供给，使园林树木能够健康生长。

园林树木的水分管理包括灌溉与排水两方面内容。

(一) 灌水

1. 灌水时期

灌水时期由树木在一年中各个物候期对水分的要求、气候特点和土壤水分的变化规律等决定。除定植时要浇大量的定根水外，灌水可分为休眠期浇水和生长期浇水。

(1) 休眠期浇水。在秋冬和早春进行。我国东北、西北、华北等地降水量较少，冬春严寒干旱，因此休眠期灌水非常必要。秋末或冬初的灌水一般称为灌“冻水”或“封冻水”，可提高树木越冬能力，并可防止早春干旱。对于按气候带分布的边缘树种，越冬困难的树种，以及幼年树木等，灌冻水更有必要。

(2) 生长期浇水。分为花前灌水、花后灌水和花芽分化期灌水。

花前灌水：在北方一些地区，容易出现早春干旱和风多雨少的现象。春天开花的树木及时灌水补充土壤水分的不足，是促进树木萌芽、开花、新梢生长和提高坐果率的有效措施，同时还可以防止春寒、晚霜的危害。盐碱地区早春灌水后进行中耕还可以起到压碱的作用。花前灌水可以在萌芽后结合花前追肥进行。花前灌水的具体时间，要因地、因树种而异。

花后灌水：多数树木在花谢后半个月左右是新梢迅速生长期，如果水分不足，则抑制新梢生长。果树此时如缺少水分则易引起大量落果。尤其北方各地春天风多，地面蒸发量大，适当灌水以保持土壤适宜的湿度，可促进新梢和叶片生长，扩大同化面积，增强光合作用，提高坐果率和增大果实，同时，对后期的花芽分化有一定的作用。没有灌水条件的地区，也应该积极做好保墒措施，如盖草、盖沙、覆盖地膜等。

花芽分化期灌水：此次水对观花、观果树木非常重要，因为树木一般是在新梢生长缓慢或停止生长时，花芽开始分化。此时也是果实迅速生长期，需要较多的水分和养分，若水分不足，则影响果实生长和花芽分化。因此，在新梢停止生长前及时进行适量的灌水，可促进春梢生长而抑制秋梢生长，有利花芽分化及果实发育。

2. 灌水量

灌水量同样受多方面的影响。不同树种、品种、砧木以及不同的土质、气候条件、植株大小、生长状况等，都可影响灌水量。在有条件灌溉时，即灌饱灌足，切忌表土打湿而底土仍然干燥。一般已达花龄的乔木，大多应浇水渗透到 80~100 cm 深处。适宜的灌水量一般以达到土壤最大持水量的 60%~80% 为标准。

根据不同土壤的持水量、灌溉前的土壤湿度、土壤容重、要求土壤浸湿的深度，计算出一定面积的灌水量，即：

灌水量 = 灌溉面积 × 土壤浸湿深度 × 土壤容重 ×(田间持水量 – 灌溉前土壤湿度)

灌溉前的土壤湿度,每次灌水前均需测定,而田间持水量、土壤容重、土壤浸湿深度等项,可数年测定一次。

应用此式计算出的灌水量,可根据树种、品种、不同生命周期、物候期以及日照、温度、风、干旱持续的长短等因素,进行调整,以更符合实际需要。如果在树木生长地安置张力计,则不必计算灌水量,灌水量和灌水时间均可由真空计器的读数表示出来。

3. 灌水方法

灌水方法是树木灌水的一个重要内容。随着科学技术和工业生产的发展,灌水方法不断得到改进,特别是向机械化方向发展,使灌水效率和效果大幅度提高。正确的灌水方法,可使水分均匀分布,节约用水,减少土壤冲刷,保持土壤的良好结构,并充分发挥水效。

常用的方式有以下几种:

(1) 人工浇水。在山区或离水源较远处,人工挑水浇灌虽然费工多且效率低,但仍很必要。浇水前应松土,并作好水穴,深 15~30 cm,大小视树龄而定,以便灌水。有大量树木要浇灌时,应根据需水程度的多少依次进行,不可遗漏。

(2) 地面灌水。这是利用效率较高的常用方式,可利用河水、井水、塘水等。通常又可分为畦灌、沟灌、漫灌等几种。

畦灌是先在树盘外作好畦埂,灌水应使水面与畦埂相齐,待水渗入后及时中耕松土。这种方式普遍应用,能保持土壤的良好结构。

沟灌是用高畦低沟的方式,引水沿沟底流动,充分渗入周围土壤。沟灌不致破坏土壤结构,并且方便实行机械化。

漫灌是大面积的表面灌水方式,因用水不经济,很少采用。

(3) 地下灌水。这是利用埋设在地下多孔的管道输水,水从管道的孔眼中渗出,浸湿管道周围的土壤。用此法灌水不致流失或引起土壤板结,便于耕作,较地面灌水优越,节约用水,但要求设备条件较高,在碱土中须注意避免“泛碱”。也利用埋设在地下管道连着固定自动喷头喷水。

(4) 空中灌水。空中灌水包括人工降雨及对树冠喷水等,又称为“喷灌”。人工降雨是灌溉机械化中较先进的一种技术,但需要人工降雨机及输水管道等全套设备。

4. 灌溉中应注意的事项

(1) 要适时适量灌溉。灌溉一旦开始,要经常注意土壤水分的适宜状态,争取灌饱灌透。如果该灌不灌,则会使树木处于干旱环境中,不利于吸收根的发育,也影响地上部分的生长,甚至造成旱害;如果小水浅灌,次数频繁,则易诱导根系向浅层发展,降低树木的抗旱性和抗风性。当然,也不能长时间超量灌溉,否则会造成根系的窒息。

(2) 干旱时追肥应结合灌水。在土壤水分不足的情况下,追肥以后应立即灌溉,否则会加重旱情。

(3) 生长后期适时停止灌水。除特殊情况外,9 月中旬以后应停止灌水,以防树木徒长,降低树木的抗寒性,但在干旱寒冷的地区,冬灌有利于越冬。

(4) 灌溉宜在早晨或傍晚进行。早晨或傍晚蒸发量小,而且水温与地温差异不大,有利于根系的吸收。不要在气温最高的中午前后进行土壤灌溉,更不能用温度低的水源(如井水、自来水等)灌溉,否则树木地上部分蒸腾强烈,土壤温度降低,影响根系的吸收能力,导致树体水分代谢失衡而受害。

(5) 重视水质分析。利用污水灌溉需要进行水质分析，如果含有有害盐类和有毒元素及其他化合物，应处理后再使用，否则不能用于灌溉。

此外，用于喷灌、滴灌的水源，不应含有泥沙和藻类植物，以免堵塞喷头或滴头。

（二）排水

排水是为了减少土壤中多余的水分以增加土壤空气的含量，促进土壤空气与大气的交流，提高土壤温度，促进好氧型微生物活动，加快有机物质的分解，改善树木营养状况，使土壤的理化性质得到全面改善。

1. 有下列情况之一时，需要进行排水

(1) 树木生长在低洼地，当降雨强度大时汇集大量地表径流，且不能及时渗透，而形成季节性涝湿地。

(2) 土壤结构不良，渗水性差，特别是有坚实不透水层的土壤，水分下渗困难，形成过高的假地下水位。

(3) 园林绿地临近江河湖海，地下水位高或雨季易遭淹没，形成周期性的土壤过湿。

(4) 平原或山地城市，在洪水季节有可能因排水不畅，形成大量积水。

(5) 在一些盐碱地区，土壤下层含盐量过高，不及时排水洗盐，盐分会随水位的上升而到达表层，造成土壤次生盐渍化，对树木生长不利。

2. 排水主要有以下几种方法

(1) 明沟排水。在园内及树旁纵横开浅沟，内外联通，以抢排积水。这是园林中在暴雨洪水时经常用的排水方法，关键在于做好全园排水系统，使多余的水有个总出口(图技 4-7)。

图技 4-7　水涝紧急排水

(2) 暗管、暗沟排水。在地下设暗管或用砖石砌沟，借以排除积水。其优点是不占地面，但设备费用较高。

(3) 地面排水。这是目前使用最广泛、最经济的一种排水方法。利用地面的高低地势，通过道路、广场等地面，汇集雨水，然后集中到排水沟，从而避免绿地树木遭受水淹。但是，地面排水方法需要经过设计者精心设计安排，才能达到预期效果。

实 际 操 作

Q：怎样进行园林树木施肥？松土除草时要注意什么？

一、园林树木的施肥

园林树木施肥

（一）目的要求

要求通过实际操作进一步掌握园林树木土壤施肥和根外施肥的方法。

（二）材料工具

不同类型的园林树木（幼树、大树等），若干种肥料，泥炭土，镐头、铁锹、水桶、喷雾器、打孔钻、胶皮管等工具。

（三）方法步骤

1. 土壤施肥

不同的树木分别采用环状沟施肥、放射沟施肥、穴状施肥、打孔施肥等方法。分析比较各种施肥方法的工作量、施肥量。

有机堆肥一次施用的经验量为 10 000~17 500 kg/hm^2，有机肥（高温灭菌的鸡粪与磷、钾等元素复合肥）一次施用的经验量为 100~250 kg/hm^2（或按说明书施用）。也可根据土壤条件、树木种类、生长状态适当调整。

2. 根外追肥

尿素 0.3%~0.5%，过磷酸钙 1%~3% 浸出液，硫酸钾或氯化钾 0.5%~1%，草木灰 3%~10%，腐熟人尿 10%~20%，硼砂 0.1%~0.3%，选用以上一种或几种，进行叶面追肥。（树木休眠期不进行此项实训，生长期实训时不进行考核）

（四）考核方式

本项目以 5~6 人为小组进行实训，考核形式为过程考核，成绩以小组为单位评定。

（五）成绩评定

考核主要内容与分值	考核标准	成绩
1. 材料准备（20 分） 2. 实训操作（60 分） 3. 实训态度（10 分） 4. 实训报告（10 分）	实训材料准备充分；根据树木生长的具体场所确定施肥方法，能准确说出不同施肥时期所选的肥料种类；准确确定施肥位置，施肥沟（穴）宽度、深度达到要求；施肥量确定较准确；分层施肥，施肥均匀，顺序正确；埋土严实，浇灌水适量，操作熟练；小组配合协作，回答问题正确，实训态度认真；实训报告内容充实，分析全面，上交及时	优秀（90~100 分）
	实训材料准备充分；能根据树木生长的具体场所确定施肥方法，基本说出不同施肥时期所选的肥料种类；基本能确定施肥位置，施肥沟（穴）宽度、深度基本达到要求；施肥量确定不太合理；能做到分层施肥，但不均匀；埋土较严实，浇灌水适量；小组基本能配合，回答问题正确，实训态度较认真；实训报告内容较充实，分析较全面，上交及时	良好（75~89 分）
	实训材料准备较充分；能根据树木生长的具体场所确定施肥方法，基本说出不同施肥时期所选的肥料种类；施肥的水平位置确定基本正确，施肥沟（穴）深度基本达到要求；施肥量确定不准确；操作不熟练，施肥分层性与均匀性较差，埋土有不严实现象，浇灌水适量；小组配合较差，能在教师指导下完成，回答问题不太准确，实训态度一般；实训报告内容一般，分析不深，上交及时	及格（60~74 分）

续表

考核主要内容与分值	考核标准	成绩
1. 材料准备(20分) 2. 实训操作(60分) 3. 实训态度(10分) 4. 实训报告(10分)	实训材料准备较充分;能根据树木生长的具体场所确定施肥方法;基本说出不同施肥时期所选的肥料种类;水平施肥位置确定不正确,开沟深度没达到要求;施肥量确定不合理;能做到分层施肥,但不均匀;埋土不严实,浇灌量小;小组基本不配合,回答问题不太正确,实训态度不认真;实训报告内容偏少,分析较少或无,上交不及时	不及格 (60分以下)

二、松土除草

(一)目的要求

了解松土除草的原则和作用,掌握园林树木松土除草的方法。

(二)材料工具

锄头、镰刀、铁锹等。

(三)方法步骤

1. 人工清除杂草、灌木,进行松土。
2. 树盘覆盖。

注意要点:用锄头松土,注意深浅适宜,不伤树皮、树枝,少伤树根等。

(四)考核方式

本项目进行学生个人实训,考核形式为过程与结果综合考核,成绩以个人评定。

(五)成绩评定

考核主要内容与分值	考核标准	成绩
1. 实训工具准备(20分) 2. 实训操作(60分) 3. 实训态度(10分) 4. 实训报告(10分)	实训工具准备充分;树木周围清理整洁,杂草连根除掉,杂草根向上进行树盘覆盖均匀,松土均匀,不留空地,深浅适度,不伤树木,操作熟练,实训态度认真;回答问题正确,实训报告内容充实,分析全面,上交及时	优秀 (90~100分)
	实训工具准备充分;树木周围清理基本整洁,部分杂草连根除掉,杂草根向上进行树盘覆盖不均匀,松土不均匀,留有少量空地,深浅基本合格,不伤树木,实训态度比较认真;回答问题正确,实训报告内容较充实,分析较全面,上交及时	良好 (75~89分)
	实训工具准备基本充分;树木周围清理基本整洁,杂草留有根系或少量漏翻,树盘覆盖不均匀,松土基本均匀,深浅基本合格,不伤树木,实训比较认真;能在教师指导下完成,回答问题不太准确,实训态度一般,实训报告内容一般,分析不深,上交及时	及格 (60~74分)
	实训工具准备基本充分;树木周围清理不到位,杂草大部分留有根系、漏翻,树盘覆盖不均匀,松土不均匀,留多处空地,深浅不一,伤树木;实训态度不认真,不专心;回答问题不太正确,实训报告内容偏少,分析较少或无,上交不及时	不及格 (60分以下)

技能小结

本技能主要介绍了园林树木常规的土肥水管理技能，主要包括园林土壤的整地、松土、除草、客土改良；施肥的原理、方法，肥料种类；灌水的依据、方法、时期以及灌水量；树木的排水。重点是施肥、灌水、整地、松土及除草等技能。

思考与练习

1. 如何进行园林树木栽植前的整地？
2. 阐述园林树木施肥的方法，如何进行土壤施肥？
3. 土壤质地的改良办法有哪些？
4. 园林树木何时需要灌水？

技能五　园林树木的各种自然灾害以及预防措施

能力要求

- 重点掌握低温危害、高温危害以及其他自然灾害的预防技能

相关知识

Q:园林树木受到的自然灾害都有哪些？受害树木的症状、危害机制是什么？如何预防？

树木在生长发育过程中经常遭受冻害、冻旱、寒害、霜害、日灼、风害、旱害、涝害、雹灾及雪害等自然灾害的威胁。摸清各种自然灾害规律，采取积极的预防措施是保证树木正常生长，充分发挥其综合效益的关键。对于各种灾害都应贯彻“预防为主、综合防治”的方针，从树种规划设计开始就应充分重视，如注意适地适树、土壤改良等。在栽植养护过程中，要加强综合管理和树体保护，促进树木的健康生长，增强其抗灾能力。

一、低温危害

不论是生长期还是休眠期，低温都可能对树木造成伤害，在季节性温度变化较大的地区，这种伤害更为普遍。在一年中，根据低温伤害发生的季节和树木的物候状况，可分为冬害、春害和秋害。冬害是树木在冬季休眠中所受到的伤害，而春害和秋害实际上就是树木在生长初期和末期，因寒潮突然入侵和夜间地面温度降低所引起的低温伤害。

低温既可伤害树木的地上或地下组织与器官，又可改变树木与土壤的正常关系，进而影响树木的生长与生存。

根据低温对树木的伤害机制，可以分为冻害、冻旱和霜害三种基本类型。

（一）冻害

冻害是指气温在 0℃以下，树木组织内部结冰所引起的伤害。树体各部位冻害表现不同：

1. 芽

花芽是抗寒力较弱的器官，花芽冻害多发生在春季回暖时期。腋花芽较顶花芽的抗寒力强。花芽受冻后，内部变褐色，初期从表面上只看到芽鳞松散，不易鉴别，后期则芽不萌发，干缩枯死。

2. 枝条

枝条的冻害与其成熟度有关，且休眠期和生长期各组织的抗寒能力不同。休眠期以形成层最抗寒，皮层次之，而木质部、髓部最不抗寒，韧皮部严重冻害时才受伤；随受冻害程度的加重，髓部、木质部先后变色，如果形成层变色则枝条失去恢复能力。生长期则以形成层抗寒力最差（图技 5-1）。

秋季雨水过多，幼树会贪青徒长，枝条生长不充实，易加重冻害。成熟不良的先端对严寒更敏感，常首先发生冻害，轻者髓部变色，重者枝条脱水干缩，严重时枝条可能冻死。多年生枝条发生冻害，常表现树皮局部冻伤，受冻部分最初稍变色下陷，不易发现，如果用刀挑开，可发现皮部已变褐，以后逐渐干枯死亡，皮部裂开和脱落，但是如果形成层未受冻，则可逐渐恢复。

图技 5–1 苗木枝条冻害

3. 枝杈和基角

枝杈或主枝基角部分进入休眠较晚，位置比较隐蔽，疏导组织发育不好，抗寒锻炼进行得较迟，因此遇到低温或昼夜温差变化较大时，易引起冻害。枝杈和基角冻害有各种表现：有的受冻后皮层和形成层变褐色，而干枝凹陷；有的树皮成块状冻坏；有的顺主干垂直冻裂形成劈枝。这些表现依冻害的程度和树种、品种而有不同。主枝与树干的基角愈小，枝杈基角冻害愈严重。

4. 主干

主干受冻后有的常发生“冻裂”现象，即形成纵裂，树皮成块状脱离木质部，或沿裂缝向外卷折。一般生长过旺的幼树主干易受冻害。冻裂一般不会直接引起树木死亡，但由于树皮裂开，木质部失去保护，容易招致病虫菌等（特别是木腐菌）的危害。

形成冻裂是由于气温急剧降到零下，树皮迅速冷却收缩，致使主干组织内外张力不均，因而自外向内开裂，或树皮脱离木质部。树干“冻裂”常发生在夜间，随着气温的变暖，冻裂处又可逐渐愈合。

树干向阳面昼夜温差较大，因而多发生冻裂。另外，落叶树种较常绿树种易发生冻裂，孤立树木和稀疏的林木比密植的林木冻裂现象严重，幼龄树比老龄树严重。

5. 根颈和根系

在一年中根颈停止生长最迟，进入休眠期最晚，而开始活动和解除休眠又较早。因此在温度骤然下降的情况下，根颈未能很好地通过抗寒锻炼，同时近地表处温度变化又剧烈，因而容易引起冻害。根颈受冻后树皮先变色，以后干枯，可能发生在局部，也可能成环状。根颈冻害对植株危害很大。

根系无休眠期，所以根系较其地上部分耐寒力差，但由于根系在越冬时活动力明显减弱，因而耐寒力较生长期略强。根系受冻后变褐，韧皮部易与木质部分离。一般粗根较细根耐寒力强；近地面的根由于地温低，较下层根系易受冻；新栽的树或幼树根系小而浅，易受冻害，而大树则相当抗寒。

温度降至 0℃以下，土壤结冰与根系连为一体，由于水在结冰以后体积增大，因而根系与土壤结冰后被抬高。以后温度上升，化冻后土壤与根系分离而下沉，造成根系裸露，即发生冻拔现象。冻拔常发生在苗木和幼树上，在土壤含水量大、质地黏重时较易发生。冻拔主要危害树木根系扎根，使树木倒地死亡。

低温是造成树木冻害的直接原因，但冻害的发生与多种因素有关。

（1）冻害与低温到来的时间有关。如果低温到来的时间早又突然，树木尚未经过抗寒锻炼，很容易发生冻害。

(2) 冻害与降温和升温的速度有关。降温速度和温度回升速度越快，受冻越严重。

(3) 冻害与栽植地环境的小气候有关。昼夜温差变化小的地方，发生冻害的可能性小，因而江苏、浙江一带种植在山南面的柑橘比同样条件下山北面的柑橘受害严重。

(4) 冻害与种植时间和养护管理水平有关。不耐寒的树种如在秋季种植，栽植技术又不到位，冬季很容易遭受冻害。

(二) 冻旱

在冬春期间，由于土壤水分冻结而不能被树木根系吸收或吸收量小，或冬季气温低，土温降低持续时间长，致使根系吸水困难，而地上部温度较高且干燥多风，蒸腾作用加大，树体中水分获得少而失去多，结果发生树体水分比例失调。当树体水分散失超过树木忍受最低限度时，枝条就会因失水而干缩死亡，这就是树木冻旱，也叫做越冬“抽条”。抽条多发生于幼龄树木，有些地方又称为烧条、灼条、干梢等。严重时全部枝条枯死，轻者虽能发枝，但易造成树形紊乱，不能更好地扩大树冠。

抽条的发生与树种、品种有关，南方树种移植到北方，由于不适应北方冬季寒冷干旱的气候，往往会发生抽条。抽条与枝条的成熟度有关，枝条生长充实的抗性强，反之则易抽条。冻旱实际上是冻害的结果。

(三) 霜害

由于气温急剧下降至 0℃或 0℃以下，空气中的饱和水汽凝结成霜而使树木枝条幼嫩组织和器官受害的现象，称为霜害。发生霜冻时，越近地面气温越低，所以树木下部受害较上部严重(图技 5-2)。

图技 5-2　新梢霜冻

霜害一般发生在树木生长季内。根据季节的不同，可分为早霜和晚霜两种。

早霜：即秋霜。由于当年夏季较为凉爽，秋季又比较温暖，树木的生长期推迟，枝条在秋季不能及时成熟和停止生长，木质化程度较低，遭受霜冻时，导致枝条一些部位受害。有时即使在正常年份，如遭遇突然来临的霜冻也会造成霜害。

晚霜：即春霜。一般发生在树体萌动后，气温突然下降，使刚长出的幼嫩部分受害。经受晚霜危害后，针叶树叶片变红和脱落，阔叶树嫩枝和叶片萎蔫、变黑和死亡。我国幅员辽阔，各地发生晚霜的时间各不相同，有的地区即使在 6—7 月也会发生晚霜危害。发芽较早的树种或树木因春季温暖过早萌发等最易遭受晚霜袭击。南方树种引种到北方，也容易受晚霜危害。从总体来看，与早霜相比，晚霜具有更大的危害性。

二、高温危害

树木在异常高温的影响下，生长减慢，甚至会受到伤害。实际上是在太阳强烈照射下树木所发生的一种热害，以仲夏和初秋最为常见。

高温对树木的影响，一方面表现为组织和器官的直接伤害——日灼病，另一方面表现为呼吸加速和水分平衡失调的间接伤害——代谢干扰。

(一) 日灼病

夏秋季由于气温高，水分不足，蒸腾作用减弱，致使树体温度难以调节，造成枝干的皮层或其他器官表面的局部温度过高，伤害细胞生物膜，使蛋白质失活或变性，导致皮层组织或器官溃伤、干枯，严重时引起局部组织死亡，枝条表面被破坏，出现横裂，负载能力严重下降，并且出现表皮脱落、日灼部位干裂，甚至枝条死亡。果实表面先出现水烫状斑块，而后扩大出现裂果或干枯(图技 5-3)。

(二) 代谢干扰

树木在达到临界高温以后，光合作用开始迅速降低，呼吸作用继续增加，消耗了本来可以用于生长的大量碳水化合物，使生长减缓。高温引起蒸腾速率的提高，也间接减慢了树木的生长，加重了对树木的伤害。蒸腾失水过多，根系吸水量减少，造成叶片萎蔫，气孔关闭，光合速率进一步降低。当叶子或嫩梢干化到临界水平时，可能导致叶片、新梢枯死或全树死亡(图技 5-4)。

图技 5-3 柳树主干日灼

图技 5-4 高温导致的嫩梢及叶片萎蔫

三、风害

北方冬季和早春的大风，易使树木枝梢抽干枯死。春季的旱风常将新梢嫩叶吹焦，柱头吹干，并缩短花期。我国东南沿海地区，台风危害频繁，常使枝叶折损，果实脱落，甚至大枝折断，整株拔起。阵发性的大风，对高大树木破坏性更大，常造成几十年的大树折倒(图技 5-5)。

图技 5-5 行道树风害

风害的发生与树种的抗风力有关。刺槐、悬铃木、加杨等树种，因树高、冠大、叶密、根浅的原因，抗风力较弱；垂柳、乌桕等树种,因树矮、冠小、根深、枝叶稀疏等缘故,抗风力较强。

风害的发生也与环境条件有关。如果风向与街道的走向(行道树)平行,风力汇集,风压迅速增加,风害也随之加大。如树木被夹在狭小的建筑过道内,刮风时形成狭管效应,树木常因风压太大而倒折。局部绿地因地势低洼,排水不畅,雨后绿地积水,土壤松软,如遇大风,树木极易被刮倒。

四、雪害

雪害是指树冠积雪过多,压断枝条或树干的现象。通常情况下,常绿树种比落叶树种更易遭受雪害;落叶树如果在叶片尚未落完前突遭大雪,也易遭受雪灾。

雪害的程度受树形和修剪方法的影响。一般而言,当树木扎根深、侧枝分布均匀、树冠紧凑时,雪害轻。不合理的修剪会加剧雪害。

技能实训

Q:怎样防治各种自然灾害?

一、低温危害的预防措施

(一)防冻害措施

1. 灌冻水

晚秋树木进入休眠期到土地封冻前,灌足一次冻水,这样到了冬季封冻以后,树根周围就会形成冻层,维持根部恒温,不受外界气温骤然变化的影响。同时,灌了冻水,土壤湿度增加,也可以防止树木灼条(抽条)。灌冻水的时间不宜过早,否则会影响抗寒力,北京地区一般掌握在霜降以后、小雪之前。

2. 覆土

在11月中下旬,土地封冻以前,将枝干柔软、树身不高的灌木或藤本植物,压倒覆土,或先盖一层干树叶,再覆40~50 cm的细土,轻轻拍实。这种方法不仅防冻,也能保持枝干温度,防止灼条。

3. 根部培土

冻水灌完后结合封堰,在树根部培起直径80~100 cm、高30~50 cm的土堆,防止冻伤树根,同时也能减少土壤的水分蒸发。

4. 扣筐、扣盆

一些植株比较矮小珍贵的露地花卉(如牡丹等),可以采用扣筐、扣盆的方法。用大花盆或大筐将整个植株扣住,外边堆土或抹泥,不留一点缝隙,给植物创造比较温暖、潮湿的小气候条件,以保安全越冬。这种方法不会损坏原来的植株形状。

5. 架风障

为降低寒冷、干燥的大风吹袭对树木枝条造成伤害,可以在上风方向架设风障。架风障的材料常用秫秸、篱笆、芦席等,风障高度要超过树高,用木棍、竹竿等支牢以防大风吹倒,漏风处用稻草填缝，有时也可以抹泥填缝。

6. 涂、喷白

对树身涂白、喷白，可以减弱温差骤变的危害，还可以杀死一些越冬病虫害。涂白、喷白材料常用石灰或石硫合剂，为黏着牢固可适量加盐。

7. 春灌

早春土地开始解冻时及时灌水，经常保持土壤湿润，以供给树木足够的水分，这对于防止春风吹袭使树木干旱、灼条也有很大作用。

8. 培月牙形土堆

在冬季土壤冻结、早春干燥多风的大陆性气候地区，有些树种虽耐寒，但易受冻旱的危害而出现枯梢。针对这种情况，对不能弯压埋土防寒的植株，可于土壤封冻前，在树干北面，培一向南弯曲、高 40~50 cm 的月牙形土堆，具体高度可依树木大小而定。早春可挡风、反射和积累热量，使穴土提早化冻，根系也能提早吸水和生长，即可避免冻旱的发生。

9. 缠干、包草

新植树木、冬季湿冷之地不耐寒的树木可用草绳、塑料薄膜、稻草等物缠干或包裹主干和部分主枝来防寒（图技 5-6）。

10. 积雪

积雪可以保持一定低温，免除过冷大风侵袭，早春可增湿保墒，降低土温，防止芽过早萌动而受晚霜危害，尤其在寒冷、干旱地区。

11. 选用抗寒品种

在栽植前必须了解不同树种在当地的抗寒性，有选择地选用耐寒性强的树种，这是避免低温危害的最根本的措施。

1991 年冬，长江流域发生了罕见的大面积冻害，有关专家对园林树木的受害情况作了调查，其结果见表技 5-1，供参考。

图技 5-6 草绳缠干

表技 5-1 长江流域园林树木抗寒能力

抗寒力	树 种
强	石楠 湿地松 山茶花 柏木 赤楠 栀子 千头柏 龙柏 铅笔柏 绒柏 雪松 四月斑竹 广玉兰 海桐 柳杉 罗汉松 蚊母 匍地柏 杨梅 枸骨 黑松 藤本七里香 池杉 紫薇 白玉兰 泡桐 水杉 紫荆 槐树 白绢梅 紫玉兰 凌霄 贴梗海棠 青枫 红枫 合欢 无患子 红叶李 紫叶桃 马褂木 鸡爪槭 银杏 梅花 柿 木槿 郁李 梧桐 柳树 枫杨 法桐 枫香 木绣球 金银花 爬山虎等
较强	桂花 冬青 南天竹 樱花 桃 碧桃 丁香 结香等
弱	凤尾竹 含笑 女贞 杜英 竹柏 青皮竹 大叶黄杨 苏铁 大叶樟 樟树 木莲 月季 蜜橘 草绣球 蜡梅 木芙蓉 花竹 柚 枇杷 金橘 景裂白兰 黄杨 杜鹃 迎春 月桂 毛竹 夹竹桃 茉莉花 金边女贞 棕榈 代代橘 石榴 翅荚木 栾树等

（二）防抽条（冻旱）措施

(1) 加强肥水管理。通过合理的肥水管理，促进枝条前期生长，防止后期徒长，充实枝条组织，增加其抗性。经验表明，北方地区，7月中旬以后少施或不施氮肥，适量增施磷、钾肥；8月中旬以后，控制灌水，均可有效地防止抽条。

(2) 加强病虫害防治。病虫害的发生，往往对树木生长产生一定的不利影响，严重者可造成树势衰弱，尤其对枝条顶梢部位影响更为明显。因此，日常管理中应加强病虫害的防治。

(3) 加强培土保护。秋季新定植的不耐寒树木尤其是幼龄树木，为了预防抽条，一般多采用埋土防寒，即把苗木地上部向北卧倒培土防寒，既可保温、减少蒸腾，又可防止干梢。但植株大则不易卧倒，可在树干北侧培起60 cm高的半月形土埂，有利根部吸水，及时补充枝条失去的水分。如在树干周围撒布马粪、树叶等也可增加土温，提早解冻，或于早春灌水，增加土壤温度和湿度，均有利于防止或减轻抽条。

(4) 加强枝干保护。秋季对幼树枝干缠纸、缠塑料薄膜或胶膜、喷白等，对防止浮尘子产卵和抽条现象的发生均具有一定的作用。

（三）防霜措施

防霜措施主要有两方面：一是利用各种手段推迟树木萌芽，二是改变小气候，增加或保持树木周围的热量。

1. 推迟萌芽

(1) 树干涂白。利用涂白减少树木地上部分吸收太阳辐射热，减慢春季升温速度，延迟芽的萌动。

(2) 早春灌返浆水。用于降低地温，在萌芽后至开花前，灌水2~3次，一般可推迟开花2~3天。

(3) 利用化学药剂。利用药剂和激素使树木萌动推迟，延长植株休眠期。如青鲜素、B_9、乙烯利、萘乙酸钾盐（250~500 mg/kg）溶液，在萌芽前或秋末喷洒树上，可以抑制树木萌动。

2. 改变小气候

(1) 喷水法。根据天气预报，在将要发生霜冻的黎明利用喷水设施向树冠喷水。由于喷到树上的水温比树冠周围的气温要高，能放出很多热量，提高树冠周围空气温度，同时也能减少地面辐射热的散失，因而能起到较好地防止霜冻的作用。

(2) 熏烟法。此法简单易行，效果明显。注意天气预报，事先在园内每隔一定距离设置发烟堆，材料用易燃的干草、秸秆等，与潮湿的落叶、草等分层交互堆起，外覆一层土，中间插上木棒，高度一般不超过1 m。上风方向烟堆可密一些。在有霜冻危险的夜晚，当温度降至5℃左右时即可点火发烟。但多风或降温至 −3℃以下时，效果不理想。

(3) 吹风法。日本、美国等发达国家的果园、茶园常采用这种方法。霜害是在空气静止的情况下发生的，利用大型吹风机增加空气流动，将冷空气吹散，能起到防霜效果。

此外，对于小苗、珍贵幼树可以采用遮盖法来防止霜害。有的果园定点放置加热器，在霜来临时通电加热。

（四）低温受害植株的养护措施

低温危害发生后，如果树木受害严重，没有继续培养价值的，应该及时加以清除。但多数情况下，低温危害只会造成树木部分器官和组织受害，不会引起毁灭性的危害，因此可以采取一些必要的措施，帮助受害树木恢复生机。

1. 加强肥水管理

树木如果受害比较严重，则不宜立即施肥，即使施肥一般也要到 7 月份以后，因为过早施肥会刺激枝叶生长，加强蒸腾，而树木因受害严重，输导组织尚未恢复正常的运输功能。

如果树木受害较轻，灾害过后可增施肥料，促使新梢萌发、伤口愈合。

2. 防治病虫害

树木遭受低温危害后，树势较弱，树体上常有创伤，极易引发病虫危害。因此，应结合修剪，在伤口涂抹或喷洒化学药剂（药剂用杀菌剂加保湿胶粘剂或高膜脂制成）。

3. 适当修剪

树木受到低温危害后，要全部清除已枯死的枝条，如果只是枝条的先端受害，可将其剪至健康位置，不要整枝清除。

二、高温危害的预防措施

根据高温对树木伤害的规律，可采取以下措施。

1. 选择抗性强的树种

选择耐高温、抗性强的树种或品种栽植。

2. 栽植前的抗性锻炼

树木移栽前要加强抗性锻炼，如逐步疏开树冠，以便适应新的环境。

3. 保持移栽植株较完整的根系

植株移栽时尽量保留比较完整的根系，使土壤与根系密接，以便顺利吸水。

4. 树干涂白

树干涂白可以反射阳光，缓和树皮温度的剧变，对减轻日灼和冻害有明显的作用。涂白多在秋末冬初进行，有的地区也在夏季进行。此外，树干缚草、涂泥及培土等也可防止日灼。

5. 加强树冠的科学管理

树木在整形修剪中，可适当降低主干高度，多留辅养枝，避免枝、干的光秃和裸露。在需要去头或重剪的情况下，应分 2~3 年进行，避免一次透光太多，否则应采取相应的防护措施。在需要提高主干高度时，应有计划地保留一些弱小枝条自我遮阴，以后再分批修除。必要时还可给树冠喷水或抗蒸腾剂。

6. 加强综合管理

树木生长季要特别注意防止干旱，避免因各种原因造成的叶片损伤，防治病虫危害，合理施用化肥，特别是增施钾肥，促进根系生长，改善树体状况，增强抗性。

7. 加强受害树木的管理

对于已经遭受伤害的树木应进行审慎修剪，去掉受害枯死的枝叶。皮焦区域应进行修整、消毒、涂漆，必要时还应进行桥接或靠接修补。适时灌溉和合理施肥，特别是增施钾肥，有助于树木生活力的恢复。

三、风害的预防措施

1. 保证苗木质量

苗木移栽，特别是移栽大树，必须按规定要求起苗，绝不能使根盘小于规定尺寸，否则树木会因上重下轻而易遭风害。

2. 栽植技术

设计时要注意树木的株行距不宜过小。在多风地区，种植穴应适当加大，保证树木根系舒展，生长发育良好。栽后立即立支柱。

3. 合理修剪

对园林树木进行修剪时，要注意上下结合，不能顾下不顾上。如果仅仅对树冠的下半部进行修剪，忽视对树冠中上部枝叶的修剪，其结果增加了树木上部的枝叶量，头重脚轻，很易发生风害。

4. 合理配置树木

树木在种植设计时，首先将深根性、耐水湿、抗风力强的树种安排在风口、风道等易受风害的地方。

四、雪害的预防措施

可以通过多种措施减轻雪灾的危害。

1. 加强培育

加强肥水管理，促进根系生长，形成发达的根系网，增强树木的承载力。

2. 合理修剪

修剪时应注意侧枝的着力点均匀地分布在树干上，不能过分追求造型而不顾树木的安全。

3. 合理配置

栽植时应注意乔木与灌木、高与矮、常绿与落叶之间的合理搭配，使树木之间能互相依托，增强树木群体的抗性。

4. 树木支撑

降雪前，对易遭受雪害的树木进行必要的支撑。

5. 摇落积雪

降大雪时，在雪中或雪后及时摇落积雪。

实际操作

Q：如何进行各类园林树木防寒？

防寒技能实训

（一）目的要求

掌握园林植物越冬防寒的技术要点。

（二）材料工具

各类园林植物、铁锹、稻草帘子、稻草、草绳、石灰、水和食盐或石硫合剂、桶及定高杆等。

（三）方法步骤

1. 保护根颈和根系

(1) 冬灌封冻水。在封冻前进行。

(2) 堆土。在树木根颈部分堆土，土堆高 40~50 cm，直径 80~100 cm（依树木大小具体确定）。堆土时应选疏松的细土，忌用土块。堆后压实，减少透风。

(3) 堆半月形土堆。在树木朝北方向，堆向南弯曲的半月形土堆。高度依树木大小而定，一般 40~50 cm。

(4) 积雪。大雪之后，在树干周围堆雪防寒。雪要求清洁，不含杂质，不含盐分。

2. 保护树干

(1) 卷干。用稻草或稻草帘子，将树干包卷起来，或直接用草绳将树干一圈接一圈缠绕，直至分枝点或要求的高度。

(2) 涂白。将石灰、水与食盐配成涂白剂涂刷树干。一般每 500 g 石灰加水 400 g，为了增加石灰的附着力和维持其长久性，可再加 10 g 食盐、少量植物油，搅拌均匀后即可使用。涂白时要求涂刷均匀，高度一致。

(3) 打雪。大雪后对有可能发生雪压、雪折危害的树种，应打掉积雪。

（四）考核方式

本项目以 5~6 人为小组进行实训，考核形式为过程与结果综合考核，成绩以小组为单位评定。

（五）成绩评定

考核主要内容与分值	考核标准	成绩
1. 防寒材料准备（20 分） 2. 保护根颈和根系操作（30 分） 3. 保护树干操作（30 分） 4. 实训态度（20 分）	防寒材料准备充分；能根据具体树木，正确确定越冬防寒方法，能准确说出采取的防寒措施所针对的树木需要保护的部位，防寒操作熟练，技术达到要求，小组配合协作，效果好；回答问题正确，实训态度认真	优秀（90~100 分）
	防寒材料准备充分；能根据具体树木，基本能确定越冬防寒方法，能说出采取的防寒措施所针对的树木需要保护的部位，防寒操作熟练，技术基本达到要求，小组基本能配合协作，效果较好；回答问题基本正确，实训态度较认真	良好（75~89 分）
	防寒材料准备较充分；能根据具体树木，基本能确定越冬防寒方法，基本能说出采取的防寒措施所针对的树木需要保护的部位，在指导下能完成防寒操作任务，技术基本达到要求，小组配合较差，效果一般；回答问题不太准确，实训态度一般	及格（60~74 分）
	防寒材料准备较充分；基本能根据具体树木，确定越冬防寒方法，基本能说出采取的防寒措施所针对的树木需要保护的部位，在指导下不能完成任务，操作不认真，技术达不到要求，小组基本不配合，效果不理想；回答问题不正确，实训态度不认真	不及格（60 分以下）

技能小结

本技能介绍了园林树木低温、高温等自然灾害引起危害的基本原理，着重介绍了相关的自然灾害预防技术措施，重点是低温、高温灾害的预防技能。

思考与练习

1. 树木冻害的发生主要与哪些因素有关？常用的防寒措施有哪些？
2. 对受冻害的树木应采取哪些技术措施？
3. 预防高温的技术措施有哪些？

技能六　古树、名木的养护

能力要求

- 掌握古树、名木伤口、树洞的处理方法以及常用养护和更新复壮技术
- 会养护古树、名木

相关知识

Q：古树、名木有何重要价值？怎样保护现有的古树与名木？

根据中华人民共和国国家城市建设总局1982年3月30日的文件规定，古树一般指树龄在百年以上的大树；名木是指树种稀有、名贵或具有历史价值和纪念意义的树木。古树、名木往往合二为一，但也有名木不古或古树未名的现象，不管哪一种情况，都应该引起充分的重视，加强养护管理、保护研究。

古树、名木是我们研究植物区系发生、发展及古代植物起源、演化和分布的重要物证，也是研究古代历史文化、古园林史、古气候、古地理、古水文的重要旁证。

中国系文明古国，古树、名木种类多、树龄长、数量大、分布广、声名显赫、影响深远，均为世界罕见。对古树、名木这类有生命的国宝，应大力保护，深入研究，使之成为中华民族观赏园艺的一大特色。

一、保护和研究古树、名木的意义

古树、名木是城市绿化、美化的一个重要组成部分，是一种不可再生的自然和文化遗产，具有重要的科学、历史和观赏价值。有些树木还是地区风土民情、民间文化的载体和表象，是活的文物。它与人类历史文化的发展和自然界历史变迁有关，是历史的见证。保护和研究古树、名木，对于考证历史、研究园林史、植物进化、树木生态学和生物气象学等都有很高的价值。

（一）古树、名木的历史价值

古树记载着一个国家、一个民族的文化发展历史。轩辕柏、周柏、秦柏、隋梅、汉槐、唐杏（银杏）、唐樟等古树，虽然其年龄需进一步考察核实，但均可作为历史的见证。景山崇祯皇帝上吊的古槐（现在的槐树并非原树）是记载农民起义的伟大丰碑；北京颐和园东宫门内的两株古柏，曾被八国联军火烧时烤伤树皮，至今仍未痊愈闭合，是帝国主义侵华罪行的记录。

（二）古树、名木的文化艺术价值

不少古树、名木是历代文人墨客吟诗作画的重要主题，许多古树背后往往都伴有一个优美的传说和奇妙的故事，在文化艺术发展史上有独特的作用。天坛回音壁外西北侧有一棵“世界奇柏”，它的奇特之处是粗壮的躯干上突出的干纹从上往下纽结纠缠，好像数条巨龙绞身盘绕，所以得名“九龙柏”。“扬州八怪”中的李绍，曾有名画《五大夫松》，是泰山名木的艺术再现。黄山的“迎

客松”世界闻名,已成为黄山的象征。

美国前国务卿基辛格博士在参观天坛时说:“天坛的建筑很美,我们可以学你们照样修一个,但这里美丽的古柏,我们就毫无办法得到了。”确实,“名园易建,古木难求”,所以北京的古柏群和长城、故宫一样,是十分珍贵的“国之瑰宝”。

(三)古树、名木的观赏价值

古树、名木是历代陵园、名胜古迹的佳景之一。如陕西黄陵有千年以上的古柏(侧柏)2万株,其中最大最壮观的有“轩辕柏”和“挂甲柏”。“轩辕柏”传说是轩辕黄帝亲手所植,高达20 m,胸围787 cm,七人抱不能合围,树龄近4 000年,树干如铁,无空洞,枝叶繁茂未见衰弱,是目前我国最大的古柏;“挂甲柏”相传为汉武帝挂甲所植,枝干斑痕累累,纵横成行,柏液渗出,晶莹夺目,游客无不称奇。这两棵古柏虽然年代久远,但生长繁茂,郁郁葱葱,堪称世界无双。“轩辕柏”被英国林学家称之为世界“柏树之父”。又如,北京天坛的“九龙柏”、香山公园的“白松堂”、戒台寺的“活动松”,泰山后石坞的“天烛松”“姊妹松”,苏州光福寺的“清、奇、古、怪”4株古圆柏等,它们庄重自然,苍劲古雅,姿态奇特,使中外游客流连忘返。

(四)古树的自然历史研究价值

古树是进行科学研究的宝贵资料,其生长与自然条件,特别是气候条件的变化有着极其密切的关系。年轮的宽窄和结构是这种变化的历史记载,因此在树木生态学和生物气象学方面有很高的研究价值。

(五)古树在研究环境污染史中的价值

树木的生长与环境污染有极其密切的关系。环境污染的程度、性质及其发生年代,都可在树体结构与组成上反映出来。如美国宾夕法尼亚州立大学用中子轰击古树年轮取得样品,测定年轮中的微量元素,发现汞、铁和银的含量与该地区工业发展史有关。在20世纪前10年间,年轮中铁含量明显减少,这是由于当时的炼铁高炉正被淘汰,污染减轻的缘故。

(六)古树在研究树木生理中的特殊意义

树木的生长周期很长,相比之下人的寿命却短得多,对它的生长、发育、衰老、死亡的规律无法用跟踪的方法加以研究。古树的存在把树木生长、发育在时间上的顺序以空间上的排列展现出来,使我们能够以不同年龄阶段的树木作为研究对象,从中发现该树种从生到老的规律,有利于研究工作。

(七)古树在园林树种规划与选择中的参考价值

古树多为乡土树种,对当地的气候和土壤条件有很强的适应性,是树种规划的最好依据。在北京市郊区干旱瘠薄土壤上的树种选择,曾经历3个不同的阶段。解放初期认为刺槐具有耐干旱瘠薄和幼年速生的特性,可作为这类立地栽培的较适树种,然而不久发现它对土壤肥力反应敏感,生长衰退早,成材也难;20世纪60年代,解放初期营造的油松林正处于速生阶段,长势良好,故认为发展油松比较合适;但到了70年代,这些油松就开始干梢,生长衰退,与此同时却发现幼年阶段并不速生的侧柏和桧柏却能稳定生长。北京故宫、中山公园等为数最多的古侧柏和古桧柏生长良好,表明这两个树种才是北京地区干旱立地的适生树种。如果在树种选择中重视古树适应性的指导作用就会少走许多弯路。

二、古树、名木衰老的原因

任何树木都要经过生长、发育、衰老、死亡的过程,树木的衰老、死亡是客观规律。但是通过人为的措施可以使其衰老以致死亡的阶段延迟到来，使树木最大限度地为人类造福。为此有必要探讨古树衰老原因，以便采取有效措施，对其加以保护，延长生命周期。

树木一生一般都要经过“种子萌芽—幼年—壮年—衰老—死亡”的生命周期过程。古树就处在衰老—死亡的生命阶段。不论是存活多少年的古树，它的个体生命终究都要结束。树木由衰老到死亡不是简单的时间推移过程，而是复杂的生理、生态、生命与环境相互影响的一个变化过程，受树种遗传因素及环境因素的共同制约。古树衰老的原因归纳起来一是树木自身内部因素，二是外部环境条件的影响。

（一）树木自身因素

树木自幼年阶段开始一般需经数年生长发育，才能开花结实，进入成熟阶段，之后其生理功能逐步减弱，逐渐进入老化过程（即衰老过程），这是树木生长发育的自然规律。但是，由于树木自身遗传因素的影响，树种不同，其寿命长短、由幼年阶段进入到衰老阶段所需时间、树木对外界不利环境条件影响的抗性，以及对外界环境因素引起伤害的修复能力等，均会有所不同。

（二）外部环境条件

1. 土壤紧实度过高

古树、名木大多生长在城市公园、宫苑、寺庙或宅院内、农田旁等，一般立地条件土壤深厚、土质疏松、排水良好、小气候适宜，比较适宜古树、名木的生长。随着经济和社会的发展，人民生活水平的提高，旅游已经成为人们生活中不可缺少的一部分，一到节假日，城市公园、名胜古迹、旅游胜地、古建筑群等旅游场所人满为患。有些古树姿态奇特，或是具有神奇的传说，常招来大量的游客。地面受到大量频繁的践踏，紧实度增高，导致土壤板结，土壤团粒结构被破坏，通气透水性能及自然含水量降低，树木根系呼吸困难，须根减少且无法伸展；板结土壤层渗透能力降低，降水大部分随地表径流而流失，树木得不到充足的水分和养分，生长受阻。

2. 树池面积过小

在公园、名胜古迹，为了方便观赏，一些地方用水泥、砖或其他硬质材料铺装，仅留下比树干粗度略大的树池。铺装地面平整、夯实，人为地造成了土层通气透水性能下降，树木根系呼吸受阻且无法伸展，产生根不深、叶不茂现象。同时，树池较小，还不便于对古树进行施肥、浇水，使古树根系处于透气性、营养水平与水分状况极差的环境中。

3. 营养不足

许多古树栽植在殿基之上，虽然植树时在树坑中换了好土，但树木长大后，根系很难向四周（或向下）坚土中生长。此外，古树长期固定生长在某一地点，持续不断地吸收消耗土壤中的各种营养元素，在得不到自然或人工补偿营养时，常常形成土壤中某些营养元素的缺乏，致使古树长期处于亏缺状态下生长，迫使其生理生化的改变和失调，加速古树的衰老。

4. 病虫危害

古树由于年代久远，在漫长的生长过程中，难免会遭受一些人为和自然的破坏，造成各种伤残。例如主干中空、破皮、树洞、主枝死亡等，导致树冠失衡，树体倾斜，树势衰弱而诱发病虫害。但从对众多现存古树生长现状的调查情况来看，古树病虫害远较非古树要少，而且致命的病虫更少。不过，多数古树已经度过生长发育的旺盛时期，开始或者已经步入了衰老至死亡的生命阶段，加之日常养护管理不善，人为和自然因素对古树造成损伤时有发生，为病虫的侵入提供了条件。遭到病虫为害的古树，如得不到及时和有效的防治，其树势衰弱的速度将会进一步加快，衰弱的程度也会因此而进一步增强。

5. 自然灾害

古树的衰老除受树木自身因素和人为因素影响之外，还常遭受到自然因素的影响，如大风、雷电、干旱、地震、暴雪等。这些自然因素对古树的影响往往带有一定的偶然性和突发性，其危害的程度有时是巨大的，甚至是毁灭性的。

6. 空气污染

随着城市化进程的不断推进，各种有害气体，如二氧化硫、氟化氢、氧化物、二氧化氮及烟尘等，造成大气污染，古树、名木不同程度地承受着有害气体、烟尘、飘尘的侵害与污染，过早地表现出衰老症状。

7. 人为的损害

古树、名木受人为直接的损害主要有：在树下摆摊设点、乱堆东西（如建筑材料：水泥、石灰、沙子等），特别是石灰，堆放不久树体就会受害死亡；有的还在树上乱画、乱刻、乱钉钉子；地下埋设各种管线，尤其是煤气管道的渗漏，暖气管道的放热等，均对古树正常生长产生较严重的影响。

8. 盲目移植

近几年，随着城镇化水平的提高，许多地方盲目移栽大树，借以提升城市绿化的档次品位。许多珍贵大树在迁移和定植过程中受伤而生长不良，甚至死亡。目前，这种现象已经成为古树、名木遭受破坏的主要原因。

三、古树、名木养护与复壮的基本原则

（一）恢复和保持古树、名木原有的生境条件

古树已经生活了几百年，甚至上千年，说明它十分适应其历史的生态环境，特别是土壤环境。如果古树的衰弱是由近年土壤及其他条件的剧烈变化所致，则应该尽量恢复其原有的状况，如消除挖方、填方、表土剥蚀及土壤污染等。对于尚未明显衰老的古树，不应随意改变其生境条件。在古树周围进行建设时，如建厂、建房、修厕所、挖方及填方等，必须首先考虑对古树、名木是否有不利影响。风景区游人践踏造成古树周围土壤板结，透气性日益减退，严重地妨碍树根的吸收作用，进而降低新根的发生和生长速度及穿透力。紧实的土壤使微生物无法生存，使树根无法获取土壤中的养分，同时密实的土壤缺少空气和自下而上的空间，导致树木根系因缺氧而早衰或死亡。所以应保证古树有稳定的生态环境。

（二）养护措施必须符合树种的生物学特性

任何树种都有一定的生长发育与生态学特性，如生长更新特点，对土壤的水肥要求以及对光照变化的反应等。养护中应顺其自然，满足其生理和生态要求。例如肉质根的树种，多忌土壤溶液浓度过大，若在养护中多水多肥，不但不能被其吸收利用，反而容易引起植株的死亡。树木的土壤含水量要适宜，古松柏土壤含水量一般以 14%~15% 为宜，沙质土以 16%~20% 为宜，银杏、槐树一般以 17%~19% 为宜。合理的土壤 N、P、K 含量，一般土壤碱解 N 为 0.003%、速效 P 为 0.002%、速效 K 为 0.01%。当土壤 N、P、K 低于这些指标时应及时补充。

（三）养护措施必须有利于提高树木的生活力

养护措施包括灌水、排水、松土、施肥、树体支撑加固、防治病虫害、树洞处理、安装避雷器及防止其他机械损伤（图技 6-1）等。

技能实训

Q：保护古树、名木需要采取什么措施？

一、古树、名木的调查、登记、存档

为保护古树、名木，必须对其进行调查、登记与存档。

1. 调查当地古树资源

调查树种、树龄、树高、冠幅、胸径、生长势、病虫害、生境及观赏与研究的作用、养护措施等。

2. 进行分级

我国通常按树龄将古树、名木分为4级：

一级：树龄1 000年以上的古树，或具很高的科学、历史、文物价值，姿态奇特可观的名木。

二级：树龄600~1 000年的古树，或具重要价值的名木。

三级：树龄300~599年的古树，或具有一定价值的名木。

四级：树龄100~299年的古树，或具保存价值的名木。

图技6–1 劈裂处橡胶内垫铁丝箍加固

3. 建档

对所调查的古树、名木进行登记，编号在册，设立永久性标牌。

二、树干伤口和树洞处理

（一）树干伤口的处理

对风折枝干，应立即用绳索捆缚加固，然后消毒、涂保护剂，再用铁丝箍加固。对病、虫、冻、日灼或修剪造成的伤口，必须及时进行处理。

1. 一般伤口的处理

第一步：用锋利的刀具刮净、削平伤口的周围，如果伤口已经腐烂，应削掉腐烂部分直至活组织，使皮层边缘成弧形。

第二步：用2%的硫酸铜溶液或5°Be的石硫合剂液进行消毒。

第三步：涂上保护剂，以防伤口腐烂，并促进愈合。

保护剂常用配方：

(1) 液体接蜡。用64%的松香、8%的油脂、24%的酒精、4%的松节油熬制而成。

(2) 简易保护剂。2份黏土、1份牛粪，加入少量羊毛和石硫合剂，用水调制。

(3) 紫胶清漆。市面有售。

2. 严重腐烂伤口的处理

如果皮层过度腐烂，不能愈合连接的伤口，可用植皮法进行处理。方法如下。

第一步：削掉皮层腐烂部分，将伤口上、下端健康皮层挑开3.3 cm左右。

第二步：取2块新鲜皮层，其中一块相当于伤口面积大小反贴于伤口处，另一块（比伤口长

6.6 cm）正贴于第一块皮层上，并将上下端插入挑开的皮层中。

第三步：用铁钉钉实，外用薄膜包扎，让其自然愈合。

（二）树洞的处理

古树在长期的生命活动过程中，各种原因造成的树皮创伤，如未及时采取保护、治疗和修补措施，会经常遭受雨水侵蚀、病菌寄生繁殖和蛀干害虫的蚕食，伤口逐渐扩大，最后形成树洞。树洞主要发生在干基、大枝分叉处和根部。干基的空洞一般是由于机械损伤、动物啃食和根颈病害引起的，大枝分叉处的空洞多源于劈裂和回缩修剪，根部空洞源于机械损伤、动物、真菌和昆虫的侵袭。

树洞处理是重建一个保护性表面，阻止树木进一步腐朽，消除各种有害生物如各类病菌、蛀虫、白蚁等的繁殖场所，并通过树洞内部的支撑，增强树体的机械强度，改善树木外貌，提高观赏价值。因而，树洞处理的原则是阻止腐朽，而不是根除腐朽，在保持障壁层完整的前提下，清除已腐朽的心材，进行适当的加固填充，最后进行洞口的整形、覆盖和美化。

过去我国处理树洞，就是简单地用某些固体材料充填到洞内。近年来树洞的处理技术已得到较大的进步。

1. 树洞的清理

清理工具可用各种规格的凿、刀具、木槌。树洞很大时，利用气动或电动凿等可大大提高工效。清理时从洞口开始逐渐向内清除已经腐朽或虫蛀的木质部，已完全发黑变褐、松软的心材要去掉，要注意保护障壁层（通常木材虽已变色，但质地坚硬的部分就是障壁层）。对于基本愈合封口的树洞，强行开凿会破坏已经形成的愈伤组织，影响树木生长，最好保持不动，但为了抑制内部的进一步腐朽，可在不清理的情况下，向洞内注入消毒剂。

2. 树洞的整形

树洞的整形分为内部整形和洞口整形。

(1) 内部整形。树洞内部整形主要是为了消灭水袋，防止积水。

在树干和大枝上形成的浅树洞，当有可能积水时，应该切除洞口下方的外壳，使洞底向外向下倾斜。

有些较深的树洞，应该从树洞底部较薄洞壁的外侧树皮上，用电钻由下向内、向上倾斜钻孔，直达洞底的最低点。在孔中安置一个向下排水管，其出口稍突出树皮。如果树洞底部低于地面，难以排水，则应在树洞清理后，在洞内填入理想的固体材料，填充高度高于地表 10~20 cm，并向下倾斜，以利于排水出洞。

(2) 洞口整形。洞口整形最好保持健康的自然轮廓线，保持光滑而清洁的边缘。在不伤或少伤健康形成层、不制造新创伤的前提下，树洞周围树皮边沿的轮廓线应修整成基本平行于树液流动方向的长椭圆形或梭形开口，同时应尽可能保留边材，防止伤口形成层的干枯。

如果伤口周围有已经切削整形的皮层幼嫩组织，应立即用紫胶清漆涂刷，保护形成层。

3. 树洞的加固

通常情况下，小洞的清理整形不会影响树木的机械强度，但是大洞的清理和整形，有时会严重削弱树体结构，需要进行加固，以增强树洞边缘的刚性和填充材料的牢固性。

树洞加固可用螺栓或螺钉。利用锋利的钻头在树洞两壁适当位置钻孔，所用螺栓或螺钉的长度和粗度应与其相符。把螺栓或螺钉插入孔中,将两边洞壁连接牢固。

利用螺栓或螺钉进行树洞加固,应注意的问题如下。

(1) 钻孔的位置至少离伤口健康皮层和形成层 5 cm。

(2) 螺栓或螺钉的两头不能突出形成层,以利愈伤组织覆盖表面。

(3) 所有的钻孔都要消毒,并用树木涂料覆盖。

4. 树洞的消毒和涂漆

消毒和涂漆是树洞处理的最后一道工序。在树洞清理后,用木馏油或 3% 的硫酸铜溶液涂抹树洞内外表面,进行消毒。然后,对所有外露的木质部涂漆。

5. 树洞的填充

关于树洞是否需要填充,历来就有争议。但随着科技的发展、新型填充材料的研制,在许多情况下,树洞填充也成为重要的树洞处理措施之一。

树洞填充的目的在于防止木材的进一步腐朽,加强树洞的机械支撑,为愈伤组织的形成和覆盖创造条件,并改善树木的外观。

(1) 在实施树洞填充之前,应充分考虑以下因素。

树洞的大小:树洞越大,越难保持填充材料的持久性和稳定性。

树木的年龄:老龄树木大面积暴露的木质部遭受感染的危险性较大,也易受其他不利因素的影响,因而有必要进行填充。

树木的价值与抗性:一般情况下,像臭椿等一类寿命较短的树种,刺槐、花楸及大多数落叶木兰类树种,树洞没有必要进行填充。可用开放法:清理伤口,改变洞形以利排水,涂保护剂。

树木的生命力:树木的生命力越强,对填充的反应越敏感。雷击、污染、土壤条件恶化等原因生长衰弱的树木,应通过施肥、修剪等有效措施来恢复其生命活力,然后才能进行填充。

为了更好地固定填料,可在内壁纵向均匀地钉上用木馏油或沥青涂抹过的木条,一半钉入木材,一半与填料浇注在一起。

(2) 填充材料常用以下几种。

水泥砂浆:这是最常用的方法,将水泥、细沙、卵石按 1:2:3 的比例加水混合调制。大树洞要分层分批注入,中间用油毛毡隔开。水泥填料可用于小树洞,特别是干基或大根的树洞填充,因为这些部位一般不会由于树体摇晃而挤破洞壁。但要注意,用水泥砂浆填充,必须要有排液和排水措施。

沥青混合物:其填充效果优于水泥砂浆,但操作烦琐。将 1 份沥青加热融化,加入 3~4 份干燥的硬材锯末、细刨花或木屑,边加料边搅拌,使填加物与沥青充分混合,成为面糊颗粒状混合物。注入时应充分捣实,注意不要弄脏树体。沥青混合物的缺点是,在夏季艳阳照射下,洞口附近的沥青会变软、溢出。

木炭石棉:清除树洞的坏死组织,对树洞进行杀菌杀虫处理,填充木炭和石棉。

泡沫塑料:清除树洞的坏死组织,对树洞进行杀菌杀虫处理,用聚乙烯醇的液体制剂填充树洞,1 h 就能凝固。

其他填充材料有聚氨酯塑料、弹性环氧胶等,具有坚韧结实、弹性强、与木材的黏合性好、重量轻、能杀菌、易灌注等优点,应用越来越广。

树洞内的填料一定要捣实、砌严,不留空隙,洞口留排水面,洞口填料的外表面务必不能高于形成层，不能与树皮表面相平，以利于愈伤组织的形成。树洞填充后应定期进行检查，发现问题及时纠正。

三、古树、名木的复壮养护措施

引起古树、名木衰弱的原因十分复杂，如土壤板结、含水量过多或过少、缺乏某些营养元素，病虫危害，树体受损等。要根据实际情况，调查分析古树、名木生长的环境条件和树木生长状况，准确判定树木衰弱的主要原因，对症下药，采取有效措施，制定科学合理的复壮技术方案。

古树、名木的复壮措施涉及地上与地下两个部分。地上部分复壮措施以树体管理为主，包括修剪、修补、树干损伤处理、树洞处理、水肥管理及病虫害防治等；地下部分复壮措施主要是改善古树生长立地环境条件，促进根系活力诱导，创造适宜根系生长的营养、水气等生长环境。

古树、名木的复壮措施常有以下几种方法。

（一）地下部分的复壮措施

1. 埋条法

在土壤板结、通透性差的地方，采用此法可以改善土壤结构，起到截根再生复壮的作用。可分为放射沟埋条和长沟埋条，其中前者适用于孤立木或配置距离比较远的树木，后者适用于古树林或行状配置的树木。

放射沟埋条是以树木根颈为圆心，在树冠投影外侧挖放射状沟 4~12 条，每条沟长 120 cm，宽 40~70 cm，深 80 cm；或挖长条沟，沟宽 70~80 cm，深 80 cm，长 200 cm。沟应内浅外深、内窄外宽。沟内先垫放 10 cm 厚的松土，再将苹果、海棠、紫穗槐等阔叶树的树枝捆成捆，平铺一层，每捆直径 20 cm 左右，上撒松土；同时施入粉碎的麻酱渣、饼肥和尿素等；为补充磷肥，可加入动物骨头和贝壳等物，覆土 10 cm；再放第二层树枝捆，最后覆土踏平。

2. 复壮沟—通气—渗水系统

(1) 复壮沟。复壮沟深 80~100 cm，宽 80~100 cm，位置在树冠投影外侧，长度和形状因地形而定。有的是直沟，有的是半圆形或“U”字形。

沟内填入复壮基质、各种树条、增补营养元素等。复壮基质采用松、栎、槲的自然落叶，取 60% 腐熟加 40% 半腐熟的落叶混合，再加少量 N、P、Fe、Mn 等元素配制而成。这种基质含有丰富的多种矿质营养元素，可以促进古树根系生长。

埋入的树木枝条大多为紫穗槐、杨树等阔叶树的枝条，枝条截成 40 cm 长的枝段后埋入沟内，树枝之间以及树枝与土壤之间形成较多的大孔隙，利于古树根系在枝间穿行生长。复壮沟内的枝条也分两层铺设。

增施基质中的营养元素应根据需要而定。北方的许多古树，常以铁元素为主，施放少量氮、磷元素。硫酸亚铁使用剂量为长 1 m，宽 0.8 m 施入 0.1~0.2 kg。

城市以及公园中严重衰弱的古树，地下环境复杂，土壤贫瘠，营养面积小，内渍严重，必须开挖复壮沟。

复壮沟的垂直分布：复壮沟向下的纵向分层结构依次为：表层为 10 cm 的素土，第二层为 20 cm 的复壮基质，第三层为 10 cm 的树木枝条，第四层仍为 20 cm 的复壮基质，第五层为 10 cm

厚的枝条，最下一层为 20 cm 厚的粗沙和陶粒。

(2) 渗水系统。在复壮沟中可安置通气管和渗水井。通气管用直径 10 cm、长 80~100 cm 的硬塑料管组成，管壁打孔，外包棕片等物，上部开口带穿孔的盖，其主要功效是通气、施肥、灌水，必要时可以抽水。在复壮沟中垂直埋设，每棵树 2~4 根。渗水井深 130~170 cm、直径 120 cm，主要用于把多余的水分排掉，保证古树根系分布层不会被水淹没。渗水井四周用砖垒砌而成，下部不用水泥勾缝，有时还需向下埋设 80~100 cm 的渗漏管，以利渗水；井口用盖盖住。一般渗水井要比复壮沟深 30~50 cm。当井中的积水过多，来不及排水时，可用水泵抽水。

3. 土壤改良

许多古树在种植时，树穴过小，随着树木的生长，根系很难向四周坚土中扩展。另外，古树数百年甚至上千年都生长在一个地方，土壤养分有限，经过树木长期的吸收利用，常会出现某些养分的缺乏。再加上人为践踏，土壤日益板结，通气排水不良，根系生长环境恶劣，造成树木生长逐渐衰退。因此，对这些古树的土壤生长条件应该予以改良。

土壤改良的方法应该因地制宜，根据环境条件制定具体的实施方案。下面列举几个典型事例。

(1) 北京市故宫园林科从 1962 年起用土壤改良的方法挽救古树，使老树复壮。1962 年宁寿门外有一古松，幼芽萎缩，叶片枯黄。该科技术人员和工人，在该树的树冠投影范围内，对大骨干根附近的土壤进行换土。挖土深度为 50 cm，挖土时随时注意将暴露出来的根系用浸湿的草带子盖上。将原土与沙土、腐叶土、大粪、锯末、少量化肥混合均匀之后回填踩实。半年后，该古松重新长出新梢，地下部分长出 2~3 cm 的须根，终于死而复生。

1975 年，给一株濒死古松进行换土处理。挖土面积大于树冠投影部分，深度 150 cm，并挖深达 400 cm 的排水沟，底层填上大卵石，中层填以碎石和粗沙，然后用细沙和原土填平，效果十分显著。

目前，故宫里凡是经过土壤改良处理的古树，均已返老还童，生长郁郁葱葱，充满生机。

(2) 南通市在古树管理中采用方法是，将表层 20 cm 含有杂质的表土清除，再深耕 30~40 cm，回填 10 cm 厚的耕作土；或距树干 60~120 cm 或 200~300 cm 处深耕 20~40 cm，加入“E.P.S 发泡”(颗粒 2 cm × 3 cm)，厚度 5~10 cm，然后拌土掩埋；或将冬季修剪的 1~1.5 cm 粗的二球悬铃木枝条，剪成 30~40 cm 长的小段，打成直径 20 cm 左右的小捆，在距干基 50~120 cm 的四周挖穴，埋入 4~6 捆，然后覆土 10~15 cm。这两种方法能够有效地改善土壤通气透水条件，利于有机质分解，使树木营养状况得到改善，促使古树更新复壮。

4. 地面铺装透气砖或种植地被植物

为了解决表层土壤的通气问题，可在地面铺装透气砖，透气砖的形状和材料可根据需要设计，常用的为上大下小的特制梯形砖，砖与砖之间不勾缝，以便通气，下面用石灰砂浆衬砌，砂浆用石灰、沙子、锯末按 1∶1∶0.5 的比例配制。

在人流少、进行土壤改良、埋土处理的地方，可以铺设草坪或种植地被植物(如白三叶、苜蓿、垂盆草、半支莲)，以改善土壤条件。

5. 使用助壮剂或生长调节剂

用稀土元素配制而成的助壮剂无毒、无副作用，施用后能促进古树根系生长，提高古树生长势。给植物根部施用一定浓度的植物生长调节剂，如 6- 苄基腺嘌呤(6-BA)、激动素(KT)、玉米素(ZT)、赤霉素(GA_3)以及生长调节剂(2,4-D)等。对古树复壮，有延迟衰老的作用，但这些调节剂的最佳使用时间、浓度等还需要进一步研究。

（二）养护管理措施

1. 土、肥、水管理

春夏干旱季节及时灌水防旱，大雨后注意排水通畅，冬季浇水防冻。防止土壤板结，经常松土。可在测定土壤元素含量的基础上进行科学施肥。

城镇空气浮尘严重，古树树体截留灰尘极多，影响光合作用和观赏效果，因而应及时用喷水方法对树体加以清洗。

2. 整形修剪

由于古树、名木的特殊性，应有相关人员进行研究，制定科学合理的整形修剪方案，并报有关部门批准。应以保持原有树形为基本原则，必要时剪去过密枝、病虫害枝等。对有重大意义或价值的古树，为充分保持原貌，有时要对枯枝作防腐处理。

3. 围栏设置

为防止游人踩踏，使古树、名木根系生长正常，保护树体，在过往行人较多的地方设置围栏。围栏一般距树干 2~3 m，围栏内可种植地被植物。对露出的树根应用腐殖土覆盖、上面加设网罩或护板。在古树、名木根系分布范围内，严禁设置厕所和排污沟渠，不准在树下堆放会污染土壤的物品，如垃圾、废料等（图技 6–2）。

图技 6–2　嵩山少林寺古银杏围栏保护

4. 支撑加固，修补树洞，设避雷针

古树由于年代久远，生长衰弱，主干或有中空，主枝也常有死亡，造成树冠失去均衡，树体容易发生倾斜，因而需要支撑加固。树体加固应用螺栓、螺丝等，不可用金属箍，以免造成韧皮部受伤。有树洞的应予以修补（图技 6–3）。

古树高大且电荷量大，容易遭受雷电袭击。有的千年大树在遭受雷击后，严重影响树势，甚至死亡。因此，对于高大的古树应安装避雷装置，以防雷击。对于遭受雷击的大树，应立即进行伤口处理，涂上保护剂。

5. 靠接小树复壮濒危古树

相关研究表明，靠接小树复壮遭受严重机械损伤的古树，具有激发生理活性、诱发新叶、帮助复壮等作用。小树靠接技术关键是先将小树移到受伤大树旁加强管理，促其成活，要掌握好实施时期、刀口切面以及形成层位置，靠接最好在受创伤后及时进行。在靠接小树的同时，结合深耕、松土等措施，效果会更加明显（图技 6–4）。

6. 防治病虫害

古树年老体衰，容易招致病虫害。病虫危害是古树生长衰弱的重要原因之一。据调查，北京地区危害古松、古柏的害虫主要有红蜘蛛、蚜虫，有的古树还有天牛、小蠹危害。

古树的蛀干害虫十分严重，用药剂注射和堵虫孔的办法效果都不理想。北京市中山公园经过试验，认为用药剂熏蒸效果较好，其方法是：用塑料薄膜分段包好树干，用黏泥等封好塑料薄膜

图技 6-3 静园古树支撑加固保护

图技 6-4 杜甫草堂古香樟靠接复壮照片

上下两端与树木的接口，并用细绳捆好，以防漏气，从塑料薄膜交口处放入药剂，边放边用胶带封好，熏蒸数天。

实际操作

Q：如何进行古树、名木的保护？

一、古树、名木的调查、登记、存档

（一）目的要求

使学生了解古树、名木的调查登记、存档的方法和内容，为古树、名木的养护做准备。

（二）材料工具

记录材料、皮尺、轮尺或围尺、测高器及土壤采样器具等。

（三）方法步骤

分组对学校周边地区进行古树、名木的调查登记与存档。

1. 走访当地园林、林业部门，了解本地区古树、名木的分布范围以及相关情况。

2. 调查古树、名木的树种、树龄、树高、冠幅、胸径、生长势、病虫害、生境及观赏与研究的作用、养护措施沿革等。

3. 根据分级标准对所调查的古树进行分级。

4. 建立档案。

（四）考核方式

个人进行过程与结果考核。每人交实训报告一份，内容为记录古树、名木的调查登记与存档结果。

（五）成绩评定

考核主要内容与分值	考核标准	成绩
1. 调查内容（50分） 2. 古树分级（20分） 3. 档案建立（10分） 4. 实训态度（10分） 5. 实训报告（10分）	调查内容全面、准确，分级正确，登记、编号、存档规范，能够独立完成；实训认真，实训报告内容充实，分析全面、深刻，按时交实训报告	优秀（90~100分）
	调查内容基本全面、准确，分级基本正确，登记、编号、存档规范，能够独立完成；实训比较认真，实训报告内容比较充实，有分析，按时交实训报告	良好（75~89分）
	在实践教师指导下基本能够完成古树、名木的调查登记与存档；实训不太认真，实训报告内容一般，较少分析，能按时交实训报告	及格（60~74分）
	不能认真完成古树、名木的调查登记与存档；实训不认真，实训报告内容不详实，无分析，不能按时提交	不及格（60分以下）

二、古树、名木的一般性养护措施

（一）目的要求

掌握古树、名木的一般性养护管理（如支撑、加固，树干伤口的治疗，修补树洞，设围栏等）的方法。

（二）材料工具

支架、钢管、钢片、2%~5%的硫酸铜溶液、0.1%升汞溶液、石硫合剂、铅油、石蜡、刀、水泥、沙石及铁锹等。

（三）方法步骤

针对古树、名木的情况，进行一般性养护。

1. 支撑、加固

对于衰老、枝条下垂的树体，用钢管、竹条等做支架支撑，干裂的树干用钢片箍牢。

2. 树干伤口的治疗

对枝干上的伤口，首先用锋利的刀刮净、削平四周，使皮层边缘呈弧形，然后消毒（2%~5%的硫酸铜溶液、0.1%升汞溶液、石硫合剂原液等）；修剪造成的伤口可涂抹铅油、石蜡等。

3. 修补树洞

先将腐烂部分彻底清除，刮去坏死组织，露出新组织为止，用药剂消毒，并涂防水剂；对较窄的树洞先消毒，然后用填泥封闭，再涂以白灰乳胶、颜料；或用水泥、石砾的混合物填充，外层用白灰乳胶、颜料涂抹，增加美感，还可以在外面钉上一层真树皮。

注意，填充物表面不能高于形成层。

4. 设围栏

围栏距树干3~4 m，凡人流密度大，树木根系延伸较长者，围栏外地面做透气铺装；在古树干基堆土或筑台，筑台时台边留排水孔。

（四）考核方式

本项目以5~6人为一小组进行过程与结果考核。每人交实训报告一份，内容为古树、名木的一般性养护管理方法。

（五）成绩评定

考核主要内容与分值	考核标准	成绩
1. 实训材料准备（20分） 2. 实训操作（60分） 3. 实训态度（10分） 4. 实训报告（10分）	实训材料准备充分，能够根据古树、名木的具体情况而采取正确、有效的养护措施，操作正确，效果好；实训认真，实训报告内容充实，分析全面、深刻，按时交实训报告	优秀 （90~100分）
	实训材料准备充分，能够根据古树、名木的具体情况而采取正确、有效的养护措施，操作基本正确，效果较好；实训比较认真，实训报告内容比较充实，有分析，按时交实训报告	良好 （75~89分）
	实训材料准备基本充分，实训时间内，在实践教师指导下基本能够完成古树、名木的一般性养护；实训比较认真，实训报告内容一般，分析内容少、简单，能按时交实训报告	及格 （60~74分）
	实训材料准备基本充分，在实训时间内，不能认真完成古树、名木的一般性养护；实训报告内容不详实，无分析，不能按时提交实训报告	不及格 （60分以下）

三、古树、名木的复壮养护措施

（一）目的要求

使学生掌握古树、名木的复壮养护管理常用的方法。

（二）材料工具

刀、铁锹等。

（三）方法步骤

根据古树、名木衰老的原因，进行复壮养护。

1. 调查、分析古树、名木衰老的原因。

2. 埋条法复壮

在树冠投影外侧挖4~12条放射状沟，每条沟长120 cm，宽40~70 cm，深80 cm；或挖长条沟，沟宽70~80 cm，深80 cm，长200 cm。沟内先垫放10 cm厚松土，再将苹果等阔叶树树枝捆成捆，平铺一层，每捆直径20 cm左右，上撒松土，覆土10 cm后再放第二层树枝捆，最后覆土踏平。

3. 挖复壮沟

复壮沟深80~100 cm，宽80~100 cm，位置在树冠投影外侧，长度和形状因地形而定。沟内填入复壮基质、各种树条、增补营养元素等。复壮基质采用松、栎、槲的自然落叶，取60%腐熟加40%半腐熟的落叶混合，再加少量N、P、Fe、Mn等元素配制而成。埋入枝条截成40 cm长，枝条可用修剪的悬铃木或其他阔叶树枝条。

复壮沟向下的纵向分层结构依次为：表层为10 cm的素土，第二层为20 cm的复壮基质，第三层为10 cm的树木枝条，第四层仍为20 cm的复壮基质，第五层为10 cm厚的枝条，最下一层为厚20 cm左右的粗沙和陶粒。

4. 换土

在树冠投影范围内，对大的主根部分进行换土，换土时深挖0.5~1.5 m，用原来的旧土与沙土、腐叶土、锯末、少量化肥混合均匀后填埋。

（四）考核方式

小组进行过程与结果考核。每人交实训报告一份，内容是古树、名木的复壮管理常用的方法。

（五）成绩评定

考核主要内容与分值	考核标准	成绩
1. 实训工具准备（20分） 2. 实训操作（60分） 3. 实训态度（10分） 4. 实训报告（10分）	实训材料准备充分，能够正确分析古树、名木衰老的原因，并能采取正确的复壮措施，操作正确，效果好，实训认真；实训报告内容充实，分析全面、深刻，按时交实训报告	优秀（90~100分）
	实训材料准备充分，能够正确分析古树、名木衰老的原因，并能采取正确的复壮措施，操作基本正确，效果较好，实训比较认真；实训报告内容比较充实，有分析，按时交实训报告	良好（75~89分）
	实训材料准备基本充分，在实践教师指导下基本能够分析古树、名木衰老的原因，并能采取适宜的复壮措施，操作基本正确，效果一般，实训比较认真；实训报告内容一般，分析内容少、简单，能按时交实训报告	及格（60~74分）
	实训材料准备基本充分，在实训时间内，不能认真分析古树、名木衰老的原因，复壮措施不合理、效果差，实训不认真；实训报告内容不详实，无分析，不能按时提交实训报告	不及格（60分以下）

技能小结

本技能主要介绍古树、名木的意义，古树、名木调查登记与存档方法，古树、名木一般性养护措施和古树复壮技能。重点介绍古树、名木一般性养护措施和古树复壮技能，在生产中注意因树制宜，灵活运用。

思考与练习

1. 古树、名木衰老的原因有哪些？
2. 如何处理古树、名木的伤口和树洞？
3. 如何对衰老的古树进行复壮养护？

技能七　园林树木整形修剪的常用技术

能力要求

- 掌握园林树木整形修剪的基本技术

相关知识

Q：园林树木树体结构是怎样的？常用的修剪方法有哪些？

一、园林树木的生长发育规律

园林树木的生长发育规律、枝芽特性、衰老与复壮、各器官生长发育的相关性等基本理论知识，可以参考本书第一章或者其他相关书籍。

二、园林树木树体形态结构的基本概念

（一）树体的基本结构

园林树木树体由地下和地上两大部分组成。整形修剪的主要对象是由主干和各种枝条组成的地上部分（图技 7–1）。

1. 主干

从地面起至第一主枝间的树干称为主干，其高度即为干高。主干高度因树种的不同有较大差异，高大的乔木往往具有较长的主干，但有的树种主干很短，甚至基本没有主干，如杜鹃等，树木直接从根颈处发出主枝。

2. 中央领导干

中央领导干属于主干的延伸部分。有的树种中央领导干十分明显，如水杉、银杏、广玉兰、柳杉等干性强的树种。对于这类树木，通常所说的树干实际上包括主干和中央领导干两个部分。但有的树种干性弱，中央领导干不明显，甚至基本没有，如梅、桃等。

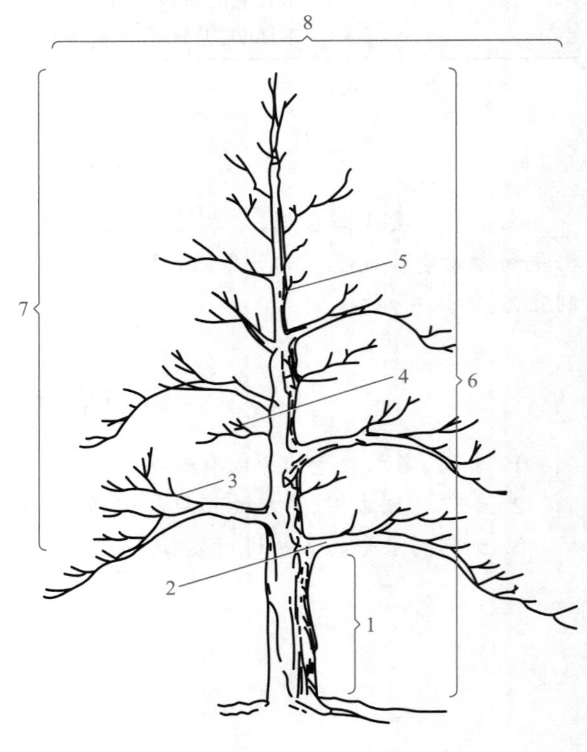

图技 7–1　树体基本结构

1. 主干　2. 主枝　3. 侧枝　4. 辅养枝　5. 中央领导干　6. 树高　7. 冠高　8. 冠幅

3. 树冠

树冠是各级枝的集合体，由中心干、主枝、侧枝以及其他各级分枝构成，枝上的叶和芽属于树冠的组成部分。

从第一分枝点至树冠最高处的长度称作冠高或冠长。

树冠垂直投影的平均直径称为冠幅。

从地面起到树冠最高处的距离称为树高。

枝条与着生它的主干或母枝之间形成的角度称为分枝角度。

（二）枝条的基本分类

1. 按枝条在树冠中的位置进行分类

（1）主枝。着生在主干或中央领导干上的大枝。从最下部的主枝开始依次向上，分别称为第一主枝、第二主枝、第三主枝……

（2）侧枝。可划分成许多级别。从主枝上长出的侧枝称为一级侧枝或主侧枝，从一级侧枝上长出的侧枝叫做二级侧枝……依次类推。

（3）枝组。具有 2 个（含 2 个）分枝的枝群、着生在主侧枝上。

2. 按枝条性质分类

（1）生长枝。生长枝也称为发育枝。当年长出后，不开花结果，也无花芽或混合芽的枝条。

（2）结果母枝或成花母枝。当年已孕育了花芽或混合芽，第二年能抽生出结果枝和花枝或能直接开花结果的枝条。其一般生长缓慢，组织充实，积累了较多的养分。

（3）结果枝或成花枝。这是指能直接开花结果的枝条。从结果母枝长出的新梢上开花结果，称为一年生结果枝，如葡萄、柿子等；从上一年生枝条上直接开花结果，称二年生结果枝，如桃、梅、杏等树种。

3. 按枝条的年龄分类

（1）新梢。由叶芽萌发后，当年抽生还未完成一个生长期的枝条。

（2）一年生枝条。新梢秋末落叶后至第二年春萌芽前的枝条。

（3）二年生枝条。一年生枝条萌芽后便转变为二年生枝。

（4）多年生枝条。已经生长两年以上的枝条。

4. 按形态或枝条之间的相互关系分类

（1）平行枝。2 个或 2 个以上的枝条在同一水平面上向同一方向伸展。

（2）轮生枝。在树干或枝的同一部位着生数个枝条，围绕枝干呈辐射状延伸。

（3）徒长枝。生长直立旺盛，节间长，叶片大而薄，组织不够充实的枝条，其耐寒性较差（图技 7–2）。

（4）重叠枝。2 个或 2 个以上枝条在同一垂直面内相距很近、上下重叠生长的枝条。

（5）内向枝。枝梢向树冠中心生长的枝条（图技 7–3）。

（6）下垂枝。枝梢向下生长的枝条。

（7）并生枝。在同一处并列长出 2 个或 2 个以上的枝条（图技 7–4）。

（8）延长枝。主侧枝和枝组先端长势较强的一年生枝。原来的枝条停止生长后，该枝的顶芽或附近侧芽萌发生长形成的枝条即为延长枝。延长枝的方向与原来枝条的方向基本相同（图技 7–5）。

图技 7-2 徒长枝

图技 7-3 内向枝

图技 7-4 并生枝

图技 7-5 延长枝

(9) 竞争枝。一般情况下,每一个枝条只需一个延长枝,但有时会长出两个或两个以上,这些多余的枝条就称为竞争枝,其生长势常与延长枝相近或超过延长枝。

三、整形修剪的基础知识

Q:为什么要对园林树木进行整形修剪?整形修剪原则是什么?

(一) 整形修剪的定义

整形是指对树木植株实施一定的技术措施,使之形成栽培者所希望的树体结构形态。修剪是指对植株的某些器官,如枝、叶、花、果等,进行剪截或疏除。

整形是目的,修剪是手段。整形必须要通过一定的修剪手段才能完成,而修剪则是在一定的整形基础上,根据某种目的来实施。

(二) 整形修剪的目的

整形修剪要在土、肥、水管理的基础上进行,是提高园林绿化艺术水平不可缺少的一项技术措施。其主要目的有:

1. 调节树木的生长发育

(1) 促进树体水分平衡，提高园林植物的移栽成活率。在挖掘苗木时，由于切断了主根、侧根和许多须根，苗木移栽后，根部难以及时供给地上部分充足的水分和养料，造成树体的吸收与蒸腾比例失调。这时虽然顶芽或一部分侧芽仍可萌发，但当叶片全部展开以后常易发生凋萎，以致造成苗木的死亡。因此，通常情况下，在起苗之前或起苗后，适当疏去病弱枝、徒长枝、过密枝，有时还需适当摘除部分叶片，剪去劈裂根、病虫根、过长根，以确保栽植后顺利成活。

(2) 调节生长与开花结果。在观花观果树木中，生长与结果之间的矛盾贯穿树木一生。通过修剪可使双方达到相对平衡，为花果丰硕、优质创造条件。调节时，首先保证有足够数量的优质营养器官；其次能产生一定数量的花果并使之与营养器官相适应。

2. 培养良好的树形或控制树体的大小

园林种植的树木，有时不能任其发展，因为许多情况下，树木生长的环境不像大自然那样开阔，它们多生长在城市或城市近郊，空间往往受到限制，需与房屋、亭廊、假山、漏窗、雕塑以及小块水面、草坪等相互搭配，布置出供人们休息和欣赏的景观。因此，必须通过修剪控制树体的大小，以免过于拥挤。白兰花在南亚热带用作行道树，高度可达 15 m 以上，但如果在室内、花园种植，则必须将高度控制在 4 m 以下。松、柏、白榆可高达 20 m 以上，但通过重剪可将其控制在高 1 m、宽 30 cm 的绿篱状态。

3. 保证园林植物健康生长

整形修剪可使树冠内各层枝叶获得充分的阳光和新鲜的空气。否则，树木枝条年年增多，叶片拥挤，相互遮挡阳光，尤其树冠内膛光照不足，通风不良。通过适当疏枝，一是增强树体通风透光能力，二是提高园林植物的抗逆能力和减少病虫害的发生率。冬季集中修剪时，同时剪去病虫枝、干枯枝，并集中起来堆积焚烧，既能保证绿地清洁，又能防止病虫蔓延，促使园林植物更加健康地生长。

4. 促进老树的复壮更新

树体进入衰老阶段后，树冠出现秃裸，生长势减弱。对一棵衰老的树木进行强行修剪，剪掉树冠上的主枝或部分侧枝，可刺激隐芽长出新枝，选留一些有培养前途的枝条代替原有老枝，进而可以形成新的树冠，达到恢复树势、更新复壮的目的。通过修剪使老树更新复壮，一般情况下比定植新苗的生长速度快。因为它们具有较为强大的根系，可为更新后的树体提供充足的水分和养分。例如，对许多大花型的月季品种，在每年秋季落叶后，将植株上的绝大部分枝条修剪掉，仅仅保留基部主茎和重剪后的短侧枝，让它们在翌年重新萌发新枝。这样对树冠年年进行更新，反而会比保留老枝生长旺盛，开花数量也会逐年增加。

5. 创造各种艺术造型和最佳环境

要使观赏树木造型多姿、形态别致，可以通过整形修剪来完成。通过整形修剪不仅可以把树冠培养成符合特定要求的形态，而且可以协调体形的大小，创造各种艺术造型。如在自然式的庭院中保持树木的自然姿态，创造一种自然的意境；而在规则式的庭院中，将观赏树木修剪成各种几何图形与庭院风格协调一致。

（三）整形修剪的依据

1. 根据树木在园林绿化中的用途

不同的整形修剪措施会造成不同的效果。不同的绿化目的各有其特殊的整形修剪要求，因此，应明确该树木在园林绿化中的目的要求。例如，同是一种圆柏，在草坪上作独植观赏与生产通直的优良木材，就有完全不同的整形修剪要求，因而具体的整形修剪方法也就不同。

2. 根据树种的生长发育习性

(1) 树种的生长习性。不同树种的生长习性有很大的差异，必须采用不同的修剪整形措施。例如，呈尖塔形、圆锥形的乔木，如钻天杨、圆柏、银杏等，顶芽的生长势特别强，形成明显的主干与主侧枝的从属关系，对这一类习性的树种就应采取保留中央领导干的整形方式，而成圆柱形、圆锥形等。对于一些顶端生长势不太强，但发枝力却很强、易于形成丛状树冠的，例如榆叶梅、栀子等，可修剪整形成圆球形、半球形等。对喜光的树种，如梅、桃、樱等，为了达到多结实的目的，可采用自然开心形的修剪整形方式。而像龙爪槐、垂枝梅等具有曲垂而开展习性的，则应采取盘扎主枝为水平圆盘状的方式，以便使树冠呈开张的伞形。

各种树木所具有的萌芽发枝力的大小和愈伤能力的强弱，与整剪的耐力有很大的关系。具有很强萌芽发枝能力的树木大多能耐多次的修剪，例如悬铃木、大叶黄杨、女贞等。萌芽发枝力弱或愈伤能力弱的树种，如玉兰、梧桐等，则应少修剪或轻度修剪。

在园林中经常要运用剪、整技术来调节各部位枝条的生长状况，以保持均整的树冠，但必须根据植株上主枝和侧枝的生长关系来进行。按照树木枝条间的生长规律，在同一植株上，主枝越粗壮则其上的新梢就越多，新梢多则叶面积大，制造有机养分及吸收无机养分的能力亦越强，因而该主枝生长粗壮；反之，同树上的弱主枝则因新梢少、营养条件差而生长越见衰弱。所以欲借修剪措施来使各主枝间的生长势近于平衡，则应对强主枝加以抑制，使养分转至弱主枝方面来。其整剪的原则是“强主枝强剪(留短些)，弱主枝弱剪(留长些)”，这样可获得调节生长，使之逐渐平衡的效果。

对欲调节侧枝的生长势而言，原则应是“强侧枝弱剪，弱侧枝强剪”。这是由于侧枝是开花结实的基础，侧枝如果生长过强或过弱时，不易转变为花枝，所以对强者弱剪可产生适当的抑制生长作用，而集中养分使之有利于花芽的分化，而花果的生长发育亦对强侧枝的生长产生抑制作用。对弱侧枝行强剪，则可使养分高度集中，并借顶端优势的刺激而发出强壮的枝条，从而获得调节侧枝生长的效果。

(2) 植株的年龄时期。幼年期树木，由于具有旺盛的生长势，所以不宜行强度修剪，否则往往会使枝条不能及时在秋季成熟，而降低抗寒力，同时也会造成延迟开花年龄的后果。所以对幼龄小树除特殊需要外，只宜弱剪，不宜强剪。

成年期树木正处于旺盛开花结实阶段，此期树木具有完整优美的树冠，这个时期的修剪整形目的在于保持植株的健壮完美，使树木能长期保持繁茂、丰产和稳产，所以关键在于配合其他管理措施综合运用各种修剪方法，以达到调节均衡的目的。

衰老期树木，因其生长势衰弱，每年的生长量小，处于向心生长更新阶段，所以修剪时应以强剪为主，以刺激并恢复生长势，并应善于利用徒长枝来达到更新复壮的目的。

3. 根据树木生长地点的环境条件特点

由于树木的生长发育与环境条件有密切关系，即使具有相同的园林绿化目的要求，环境条件不同，具体的修剪整形措施也会有所不同。例如同一种独植的乔木，在土地肥沃处以整剪成自然式为佳；而在土壤贫瘠或地下水位较高处则应适当降低分枝点，使主枝在较低处即开始构成树冠；而在多风处，主干宜降低高度，并应使树冠适当稀疏。

(四) 整形修剪与其他管理措施的关系

修剪虽然是综合管理中的重要技术措施之一，但只有在良好的综合管理基础上，修剪才能充分发挥作用。优种、优砧是根本，良好的土、肥、水管理是基础，防治病虫是保证，离开这些综合措施，单靠整形修剪不可能高产；反之，认为只要其他技术措施落实到位，就不需要进行整形修剪，也是错误的，其他技术措施不能代替修剪的作用和效果。

1. 修剪与增施肥水

修剪能促进局部水分和氮素营养的增加，对营养生长有明显的刺激作用。土壤改良、施肥和灌水则能在总体上提高树体的营养水平，是修剪所不能代替的。而在肥水管理的基础上，与土壤肥力水平相适应的修剪能发挥积极的调节作用。土壤肥沃、肥水充足的树木，冬季修剪宜轻不宜重，并应加强夏季修剪，适当多留花芽多结果；土壤瘠薄、肥水较差的树木，修剪宜重些，适当短截少留花芽。另一方面，要取得修剪的综合效果，也必须要有相应的肥水管理相配合。

2. 修剪与病虫害防治

剪去病虫危害的枝梢，有直接防治病虫害的作用。通过整形修剪可形成一个通风透光的树体结构，有利于提高喷药效率，增强防治病虫害效果。不修剪和修剪不当的树，树冠高大郁闭，喷药很难周到均匀，不利病虫害防治。

3. 修剪与花果管理

对观果树种，修剪和花果管理都起调节作用，修剪可起“粗调”作用，花果管理则起“细调”作用，两方配合共同调节。在花芽少的年份，冬剪尽量多留花芽，夏剪促进坐果。在花芽多的年份，可剪去部分花芽。

技能实训

Q：园林树木修剪整形的程序与顺序是什么？修剪整形的时期不同，其效果也不一样吗？修剪整形的方法有多少种？每种方法都怎样操作？

一、修剪整形的程序与顺序

修剪的程序概括起来为“一知、二看、三剪、四查、五处理”。

一知就是知道树木修剪整形的目的、操作规程、技术规范以及一些特殊的要求。

二看就是修剪前应绕树进行仔细的观察，对于整体树形有个基本了解、对于具体操作做到心中有数。

三剪是在一知二看后，根据因地制宜、因树因枝修剪等原则进行剪截，应按照“由梢到基、由内及外”的顺序来剪，即先看好树冠的整体应整成何种形式，然后从主枝的基部由内向外地逐渐向上修剪，这样不但便于照顾全局，按照要求整形，而且便于清理上部修剪后搭在下面的枝条。

四查是修剪后检查是否还有漏剪或错剪枝条，再进行补剪。

五处理是包括剪截后大伤口的修整、涂漆及剪落物的清理（病虫枝立即烧毁）与集运等。

二、整形修剪的时期

整形修剪的时期一般分为休眠期修剪和生长期修剪。

(一) 休眠期修剪

休眠期修剪一般在 12 月至翌年 2 月进行。各种树木的生物学特性不同,冬季修剪的具体时间并不完全一样。落叶树木自深秋落叶以后,到翌年早春萌芽之前为冬季修剪时期;对原产北方的常绿针叶树种来说,则是从秋末新梢停止生长开始,到翌春休眠芽萌动之前为冬季修剪时期;一些在入冬之前需要进行防寒保护的藤本植物和花灌木,如月季、牡丹等,应当在秋季落叶后立即进行修剪,以便于埋土或包草。

原产热带和亚热带地区的树木没有明显的休眠期。但从 11 月下旬到翌年 3 月初它们的生长速度相当缓慢,有些树种则处于半休眠状态,因此也应在冬季修剪。

由于各地区的气候条件不同,冬季修剪的具体时间有长有短,具体何时修剪最合适,应根据当地的气候条件来决定。在温带和亚寒带地区,冬季修剪最好放在早春萌芽前进行,以免造成剪口受冻抽干而留下枯桩。在暖温带地区,冬季修剪的时间可以自落叶后到翌春萌芽前的整个冬季进行,虽然剪口不能马上愈合,但也不会受冻抽干。在热带和亚热带地区的旱季里,各种植物的生长势都普遍减弱,因此是修剪大枝的最佳时期。这时进行修剪,树液不会外溢过多,并能防止伤口腐烂。

有伤流的树种如槭类、四照花、葡萄等,在萌发后有伤流发生,应在春季伤流期前修剪,防止养分流失过多,使树势衰弱,甚至枯死。核桃在采果后至叶变黄脱落前修剪;猕猴桃在北京应于 2 月前修剪,在南方应提前。

南方型树种不耐寒冷,枝梢易受冻害,应在早春萌芽前修剪,这时树液尚未流动,可减少养分损失,对花芽、叶芽的萌发影响不大。

常绿阔叶树没有明显的休眠期,冬季低温易受冻害,如樟树、广玉兰、含笑、桂花等,冬季修剪伤口不易愈合。宜在春梢抽生前老叶最多且将脱落,严寒已过的晚春时进行,此时修剪养分损失较少。

(二) 生长期修剪

生长期修剪一般在 4 月至 10 月进行。从芽萌动后至落叶前进行。在生长期内剪去大量的枝叶对生长发育有一定的影响,故应尽量从轻。其目的是控制生长,调整主干的长势和方向。花果树及行道树,主要是控制竞争枝、内膛枝、直立枝、徒长枝、病虫枝、枯死枝,使养分集中给主要骨干枝的生长发育。绿篱夏季修剪主要保持整齐美观,同时采集插穗。为了在生长期始终保持绿篱的平整,对绿篱类树种应当经常进行修剪。

三、修剪方法

(一) 短截

短截又称为短剪,指剪去一年生枝条的一部分。短截对枝条的生长有局部刺激作用。短截是调节枝条生长势的一种重要方法。在一定范围内,短截越重,局部发芽越旺。根据短截程度可分轻短截、中短截、重短截、极重短截(图技 7–6)。

1. 轻短截

剪去枝梢的 1/5~1/4,即轻打梢,主要用于花果类树木强壮枝条。由于剪截轻,留芽多,剪后反应是在剪口下产生几个不太强的中短枝,再向下是多数半饱满芽萌发产生大量的短枝。一般生长势缓和,有利于形成果枝,促进花芽分化。

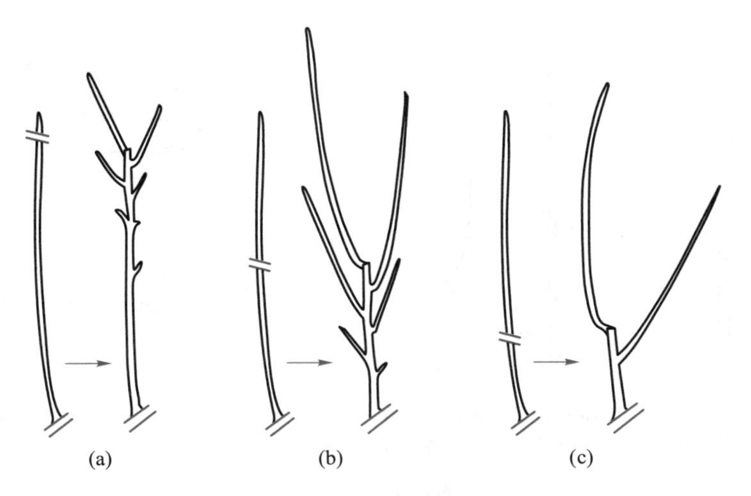

图技 7-6 一年生枝条不同程度短截反应

（a）轻短截 （b）中短截 （c）重短截

2. 中短截

在枝条饱满芽处剪截，一般剪去枝条全长的 1/3~1/2。由于剪口芽强壮，养分相对集中，会刺激多发强旺的营养枝，再向下发出几个中短枝，短枝量比轻短截少。因此剪截后能促进分枝，增强枝势，连续中短截能延缓花芽的形成，主要用于弱枝复壮以及骨干枝和延长枝的培养。

3. 重短截

在枝条饱满芽以下剪截，剪去枝条全长的 2/3 以上。剪截后刺激作用大，由于留芽少，萌发的几个营养枝生长较强旺，用于弱树、老树、弱枝的更新复壮。

4. 极重短截

在春梢的基部留 2~3 个芽剪截。由于剪口芽为瘪芽，芽的质量差，剪后只能抽出 1~2 个较弱枝条，可降低枝的位置，削弱旺枝、徒长枝、直立枝的生长，以缓和枝势。

短截应注意留下的剪口芽的质量和位置，以正确调整树势。

（二）回缩

回缩又称为缩剪，是指对二年生或二年生以上的枝条进行剪截。一般修剪量大，刺激较重，有更新复壮的作用。多用于枝组或骨干枝更新以及控制树冠辅养枝等。其反应与缩剪程度、留枝强弱、伤口大小等有关。如缩剪时留强枝、直立枝，伤口较小，缩剪适度可促进生长；反之则抑制生长。前者多用于更新复壮，后者多用于控制树冠或辅养枝（图技 7-7）。

（三）疏剪

疏剪是将枝条从基部疏除。不仅一年生枝从基部剪去称为疏剪，而且二年生以上的枝条，只要是从其分生处剪除的，都称为疏剪（图技 7-8）。一般用于疏除枯枝、病虫枝、过密枝、徒长枝、竞争枝、衰弱枝、下垂枝、交叉枝、重叠枝及并生枝等，是减少树冠内部枝条数量的修剪方法。

疏剪时，对将来有妨碍或遮蔽作用的枝条，虽然最终也会除去，但在幼树时期，宜暂时保留，以便使树体营养良好。为了使这类枝条不至于生长过旺，可放任不剪。尤其是同一树上的下部

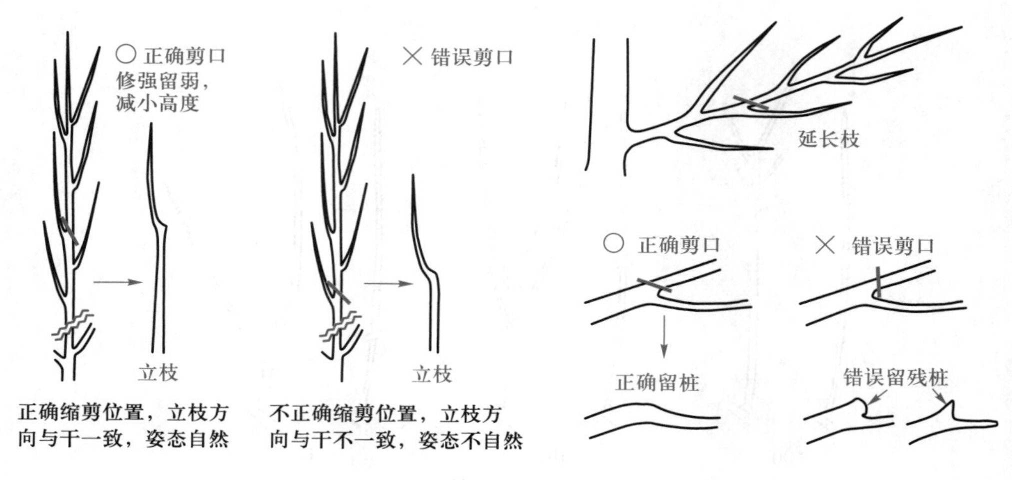

图技 7–7 回缩
（仿张涛，2003）

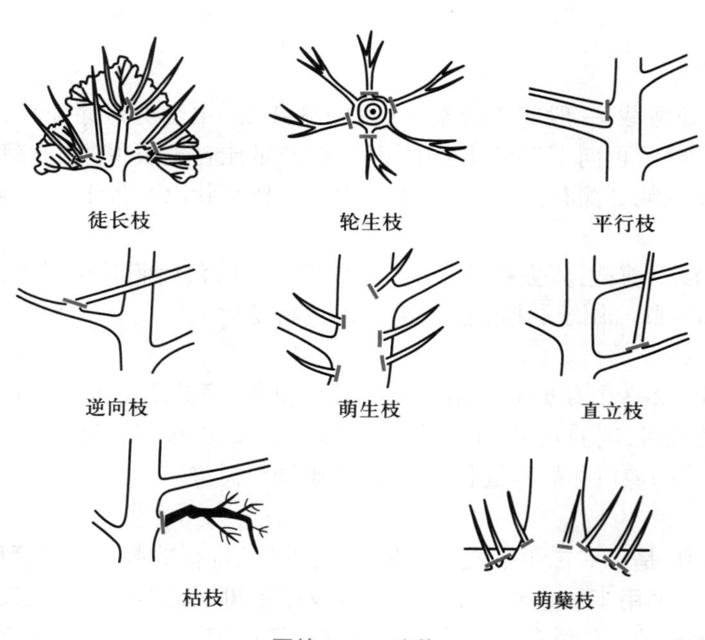

图技 7–8 疏剪
（仿张涛，2003）

枝比上部枝生长停止早，消耗养分少，供给根及其他部分生长的营养较多，因此宜暂时保留，切勿过早疏除。

疏剪的应用要适量，尤其是幼树一定不能疏剪过量，否则会打乱树形，给以后的修剪带来麻烦。枝条过密的植株应逐年进行疏剪，不能急于求成。

（四）缓放

营养枝放任不剪称为缓放或甩放、长放。缓放的枝条留芽多，抽生的枝条也相对增多，致使生长前期养分分散，而多形成中短枝；生长后期积累养分较多，能促进花芽分化和结果。但是营养枝缓放后，枝条增粗较快，特别是背上的直立枝，越放越粗，如运用不妥，会出现树上生树的现象，必须注意防止。一般情况下，对背上的直立枝不采用缓放，如果缓放也应结合其他修剪措施，如弯枝、扭伤或环剥等。缓放一般应用于长势中等的枝条，促使形成花芽的把握性较大，不会出现越放越旺的情况。通常对桃、海棠等花木，为了平衡树势，增强较弱骨干枝的生长势，往往采取缓放的措施，使该枝条迅速增粗，赶上其他骨干枝的生长势。丛生的灌木多采用缓放的措施，如在修剪连翘时，为了形成潇洒飘逸的树形，在树冠的上方往往缓放 3~4 条长枝，远远地观赏，长枝随风摆动，效果较佳。

（五）伤枝

用各种方法损伤枝条的韧皮部和木质部，以达到削弱枝条的生长势、缓和树势的方法称为伤枝。伤枝多在生长期内进行，对局部影响较大，而对整个树木的生长影响较小，是整形修剪的辅助措施之一。主要的方法有：

1. 环状剥皮（环剥）

生长季用刀在枝条基部的适当部位环状剥去一定宽度的树皮，可在一段时期内阻止枝梢光合产物向下输送，有利于环状剥皮枝条上方营养物质的积累和花芽分化（图技 7-9）。环剥适用于发育盛期开花结果量少的枝条。实施时应注意，剥皮宽度要根据枝条的粗细和树种的愈伤能力而定，一般约为枝条直径的 1/10，过宽伤口不易愈合，过窄愈合过早而不能达到目的。环剥深度以达到木质部为宜，过深会伤及木质部造成环剥枝梢折断或死亡，过浅则韧皮部残留，环剥效果不明显。

实施环剥的枝条上方需留有足够的枝叶量，以供正常光合作用之需。

环剥是在生长季应用的临时性修剪措施，通常在开花后或结果后进行。在冬剪时要将环剥以上的部分逐渐剪除，所以在主干、中干、主枝上不采用。伤流过旺、易流胶的树一般不用。

2. 刻伤

刻伤是用刀在芽（或枝）的上（或下）方横切（或纵切）而深及木质部的方法（图技 7-10）。

图技 7-9 环剥

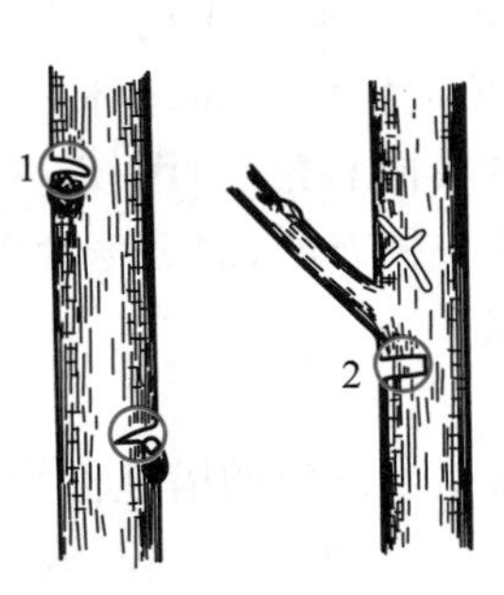

图技 7-10 刻伤

1. 在芽上方刻伤 2. 在枝的下方刻伤

在春季树木发芽前，在芽上方刻伤，可暂时阻止部分根系储存的养分向枝顶运输，使刻伤口下方的芽获得较为充足的养分，有利于芽萌发和抽新枝。如果在生长盛期，在芽的下方刻伤，可阻止碳水化合物向下输送，滞留在伤口芽的附近，能起到环状剥皮的作用。

3. 折裂

曲折枝条使之形成各种艺术造型,常在早春芽萌动期进行。先用刀斜向切入,深达枝条直径的 1/3~2/3 处,然后小心地将枝弯折,并利用木质部折裂处的斜面支撑定位。为防止伤口水分损失过多,往往在伤口处进行包裹。

4. 扭梢和折梢(枝)

生长期内将生长过于旺盛的枝条,扭转弯曲而未伤折者称为扭梢(图技 7–11),折伤而未断者则称为折梢(图技 7–12),两者都是将枝梢扭伤的措施。特别是针对着生在枝背上的徒长枝常用此措施。扭梢和折梢均是通过损伤部分传导组织,阻碍水分、养分输送,达到削弱枝条长势、利于形成短花枝的目的。

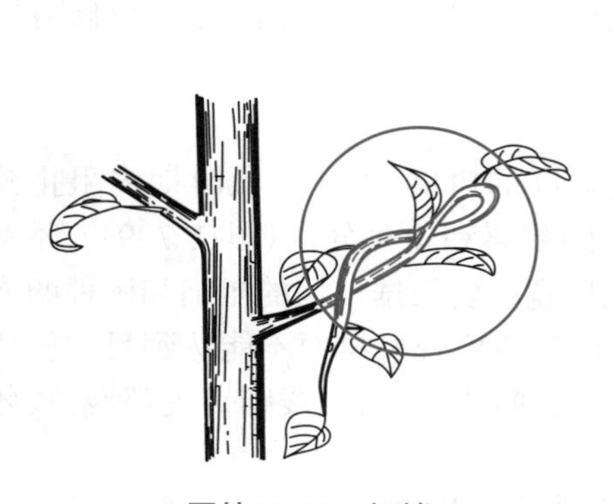

图技 7–11 扭梢

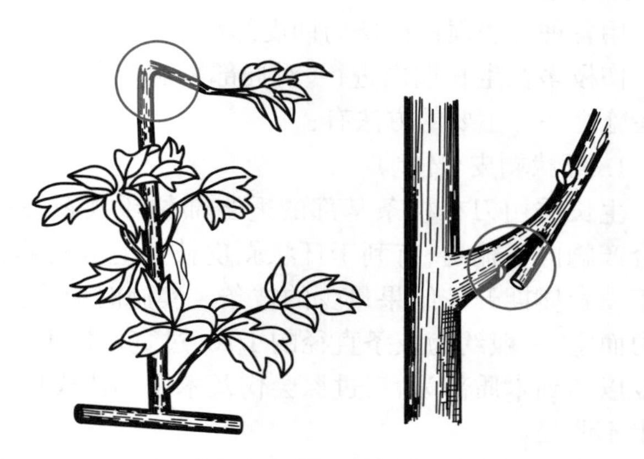

图技 7–12 折梢和折枝

5. 改变枝向

在生长季对枝条或新梢实行屈曲、缚扎或扶立等诱引技术措施。目的是改变枝向和角度,使顶端生长优势转位,加强或削弱。将下垂枝进行直立诱引可增强生长势;水平诱引具有中等强度的抑制作用,使组织充实易形成花芽或使枝条中下部形成强壮新梢;将直立枝向下屈曲诱引则有较强的抑制作用,顶端优势减弱,但枝条背上部易萌发强健新枝,须及时去除,以免适得其反。拉枝可以使枝条改变枝向和角度(图技 7–13),撑枝可以开张角度和改变枝向(图技 7–14)。在修剪时不是单纯地应用一种方法,而是综合应用几种方法,才能取得预期的效果。

(六)其他方法

1. 摘心

摘掉新梢顶端生长部位的措施称为摘心。摘心后削弱了枝条的生长势,促使侧芽萌发,从而增加分枝,促使树冠早日形成。适时摘心,可使枝、芽得到足够的营养,充实饱满,提高抗寒力。

2. 抹芽

把多余的芽从基部抹除称为抹芽或除芽。抹芽可改善留存芽的养分供应状况,增强其生长势。如行道树每年夏季对主干上萌发的隐芽进行抹除,一方面为了使行道树主干通直,不发分枝,以免影响交通;另一方面为了减少不必要的营养消耗,保证行道树健康生长。又如,芍药通常在花前疏去侧蕾,使养分集中于顶蕾,以使顶端的花开得大而色艳。有的为了抑制顶端过强的生长势或为了延迟发芽期,将主芽抹除,促使副芽或隐芽萌发。有的为了避免主枝与中

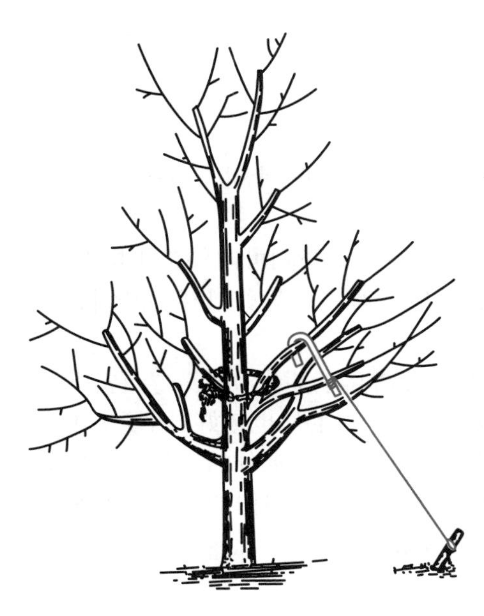

图技 7-13　拉枝

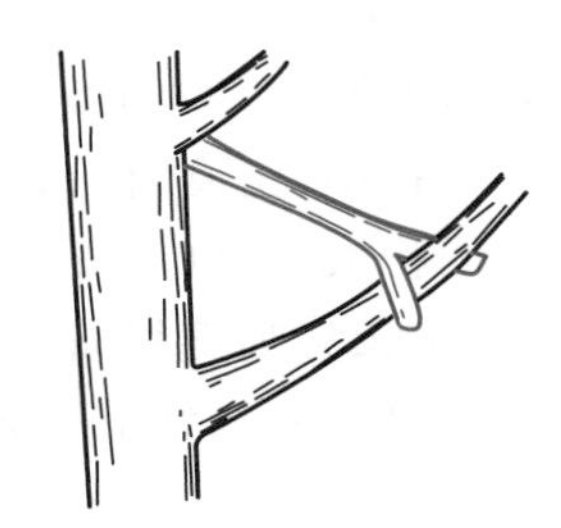

图技 7-14　撑枝

心主干生长形成竞争，及时抹除临近顶芽的侧芽（图技 7-15）。

3. 摘叶

带叶柄将叶片剪除称为摘叶。摘叶可改善树冠内的通风透光条件。对观果的树木，可使果实充分见光，着色好，增加果实的美观程度，从而提高观赏效果；对枝叶过密的树冠，进行摘叶有防止病虫害发生的作用。

图技 7-15　抹芽（七叶树）

4. 去蘖（除萌）

桂花、榆叶梅、月季等易生根蘖，梅花、银杏、悬铃木、紫薇等易生茎蘖，生长季期间应随时除去萌蘖，以免扰乱树形，并可减少树体养分的无效消耗。嫁接繁殖的树，则需及时去除其砧木上的萌蘖，防止干扰树形，影响接穗树冠的正常生长。

5. 摘蕾、摘果

摘蕾实质上是早期进行的疏花、疏果措施，可有效调节花果，提高存留花果的质量。如杂种香水月季，通常在花前摘除侧蕾，使主蕾得到充足养分，开出漂亮而肥硕的花朵；聚花月季，往往要摘除侧蕾或过密的小蕾，使花期集中，花朵大而整齐，观赏效果增强。月季每次花后都要剪除残花，因为花是园林植物的生殖器官，若留下残花令其结实，植株全部的生命活力会用于养育果实上，这一过程一旦完成，生长和发育都会缓慢下来，开花的特性会衰退，甚至停止开花。紫薇又叫百日红，因其能连续开花百天而得此芳名。如果紫薇花谢后不去残花，花期可能只有 25 天左右。丁香结实能力较强，果熟后，满树挂着褐色的蒴果，非常不美观，所以园林单位为了增加观赏效果，丁香在花后要及时剪除残花。

四、修剪的技术要求

（一）剪口芽的处理

剪口芽的强弱和选留位置不同，生长出来的枝条强弱和姿势也不一样。剪口芽留壮芽，则发壮枝；剪口芽留弱芽，则发弱枝。

背上芽易发强旺枝，背下发枝中庸。剪口芽留在枝条外侧可向外扩张树冠，而剪口芽方向朝内则可填补内膛空位。为抑制生长过旺的枝条，应选留弱芽为剪口芽；而欲将弱枝转强，剪口则需选留饱满的背上壮芽。

剪口向留下的剪口芽对面微倾斜，使斜面上端略高于芽尖 0.5 cm 左右，下端与芽的腰部持平，这样的剪口面积小，伤痕面积不致过大，易愈合，芽的生长也较好（图技 7–16（a））。如果剪口倾斜过大，伤痕面积大，水分蒸发多，影响对剪口芽的养分和水分的供给，会抑制剪口芽的生长，而下面一个芽的生长势则得到加强，这种切口一般只有在削弱树的生长势时采用。如果在剪口芽的上方留一小段桩，因养分不易流入小桩，剪口很难愈合，常常导致干枯，影响观赏效果，一般不宜采用。

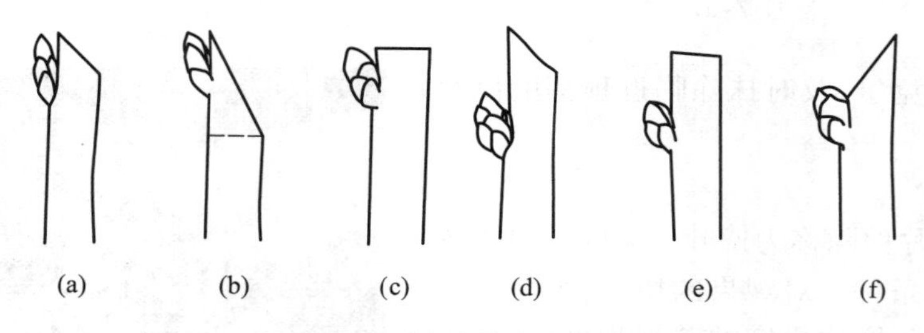

图技 7–16　剪口留法（a）是正确的，其余是错误的

（二）大枝剪除

将枯枝或无用的老枝、病虫枝等全部剪除时，为了尽量缩小伤口，应自分枝点的上部斜向下部剪下，残留分枝点下部凸起的部分伤口不大，很易愈合，隐芽萌发也不多；如果残留一部分，将来留下的一段残桩枯朽，随其母枝长大，渐渐陷入其组织内，致使伤口迟迟不能愈合，很可能成为病虫巢穴。

回缩多年生大枝时，往往会萌生徒长枝。为了防止徒长枝大量抽生，可先行疏枝，削弱其长势后再回缩。同时剪口下留弱枝当头，有助于生长势缓和，则可减少徒长枝的发生。如果多年生枝较粗，必须用锯子锯除，采用“二锯法”，即先从下向上浅锯一定深度，然后再从上方锯下，可避免锯到半途因枝自身的重量向下折裂，造成伤口过大，不易愈合。这样锯断的大枝，伤口大而表面粗糙，因此要用刀修削平整，以利愈合。为防止伤口的水分蒸发或因病虫侵入而引起伤口腐烂，应涂保护剂或用塑料布包扎。

对较粗大的枝干，在回缩或疏枝时，多采用“三锯法”进行锯截。具体步骤是：第一步从锯除枝干处的前 10 cm 左右，由下向上锯，深度为枝干粗度的 1/3 左右；第二步再向前 5 cm 左右由上向下锯至髓心，使大枝断裂下来；第三步锯平残桩，然后用利刀修平伤口，涂保护剂，促进伤口愈合（图技 7–17）。

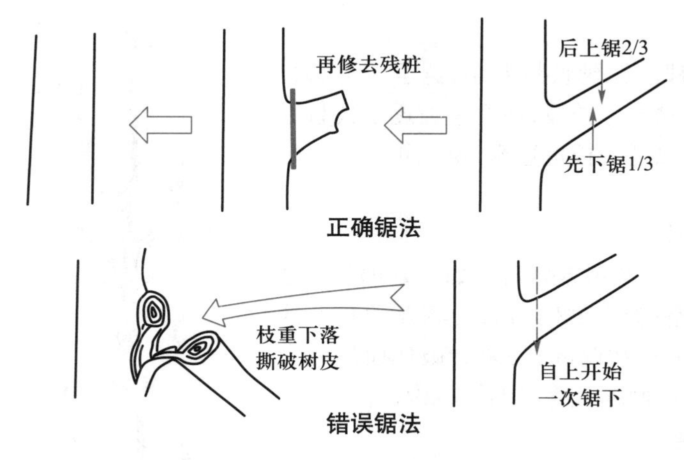

图技 7-17　大枝疏剪方法

（三）剪口保护

因修剪造成较大伤口的树干，特别是珍贵树种，应用保护剂保护伤口。目前应用较多的保护剂有如下两种。

1. 固体保护剂

原料为松香 4 份、蜂蜡 2 份、动物油 1 份（重量）。先把动物油放在锅里加热熔化，然后将旺火撤掉，立即加入松香和蜂蜡，再用文火加热并充分搅拌，待冷凝后取出，装在塑料袋密封备用。使用时，只要稍微加热令其软化，然后用油灰刀将其抹在伤口上即可。一般用来封抹大型伤口。

2. 液体保护剂

原料为松香10份、动物油2份、酒精6份、松节油1份。先把松香和动物油一起放入锅内加热，待熔化后立即停火，稍冷却后再倒入酒精和松节油，同时搅拌均匀，倒入瓶内密封贮藏，以防酒精和松节油挥发。使用时用毛刷涂抹即可。这种液体保护剂适用于小型伤口。

简单操作时，可以用工业油漆直接涂抹剪口，也可以用塑料薄膜等不透水材料包裹，以减少水分蒸发。

（四）竞争枝的处理

1. 一年生竞争枝

无论是观花树、观果树、观形树或用材树，其中心主枝或其他各级主枝，若冬剪时顶端芽位处理不妥，往往在生长期形成竞争枝，如不及时处理，就会扰乱树形，甚至影响观赏或经济效益。这些情况的处理方法如下。

(1) 竞争枝未超过延长枝，下邻枝较弱小，可齐竞争枝基部一次疏除。疏剪时留下的伤口，虽会削弱延长枝和增强下邻弱枝的长势，但不会形成新的竞争枝。

(2) 竞争枝未超过延长枝，下邻枝较强壮，可分两年剪除竞争枝。当年先对竞争枝重短截，抑制其生长势，待来年延长枝长粗后再齐基部疏除竞争枝；否则下邻枝长势会加强，成为新的竞争枝。

(3) 竞争枝长势超过原延长枝，竞争枝下邻枝较弱小，可一次剪去较弱的原延长枝，用竞争枝代替延长枝生长。

(4) 竞争枝长势旺，原延长枝弱小，竞争枝下邻枝又很强，应分两年剪除原延长枝，使竞争枝逐步代替原延长枝，即第一年对原延长枝重短截，第二年再予以疏除(图技 7–18)。

2. 多年生竞争枝

常见于对放任生长的树木修剪。如果处理竞争枝不会造成树冠过于空膛或破坏树形，可将竞争枝一次回缩到下部侧枝处或一次疏除；如果会破坏树形或会留下大空位，则可逐年回缩疏除(图技 7–19)。

(五) 主枝的配置

在园林树木修剪中，正确地配置主枝，对树木生长、调整树形，提高观赏和综合效益都有好处。主枝配置的基本原则是树体结构牢固，枝叶分布均匀，通风透光良好，树液流动顺畅。树木主枝的配置与调整随树种分枝特性、整形要求及年龄阶段而异。

图技 7–18 一年生竞争枝的处理
(邹长松，1988)

多歧式分枝的树木(如梧桐、臭椿等)和单轴分枝的树木(如雪松、龙柏等)，随着树木的生长容易出现主枝过多和近似轮生的状况，如不注意主枝配备，就会造成“卡脖”现象。因此在幼树整形时，要按具体树形要求，逐步剪除主轴上过多的主枝，并使其分布均匀。如果已放任生长多年，出现“轮生”现象时，应每轮保留 2~3 个向各方生长的主枝。

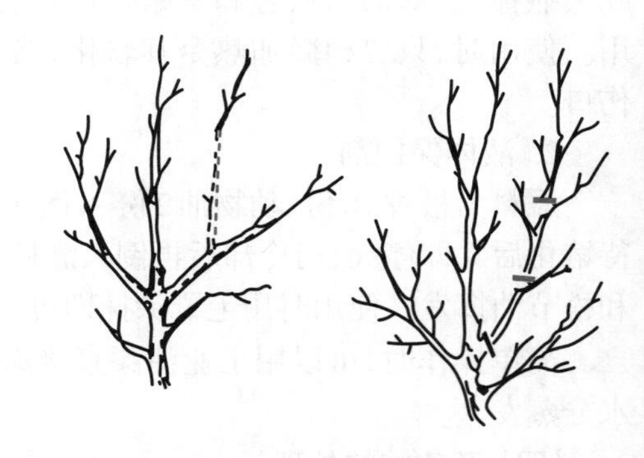

图技 7–19 多年生竞争枝的处理
(邹长松，1988)

在合轴主干形、圆锥形等树木修剪中，主枝数目虽不受限制，但为了避免主干尖削度过小，保证树冠内通风透光，主枝间要有相当的间隔，且要随年龄的增大而增大。合轴分枝的树木，常采用杯状形、自然开心形等整形方式，应注意三大主枝的配置问题。目前常见的配置方式有邻接三主枝或邻近三主枝 2 种。

邻接三主枝通常在一年内选定，3 个主枝的间隔距离较小，随着主枝的加粗生长，三者几乎轮生在一起。这种主枝配置方式若是杯状形、自然开心形树冠，则因主枝与主干结合不牢，极易造成劈裂。

邻近三主枝一般分两年配齐，通常在第一年修剪时，选留两个有一定间隔的主枝，第二年再隔一定间距选留第三主枝。三大主枝的相邻间距可保持 20 cm 左右。这种配置方法，结合牢固，且不易造成“卡脖”现象，园林树木修剪中经常采用此配置形式。

(六) 主枝的分枝角度

对高大乔木而言，分枝角度太小，容易受强风、雪压、冰挂或结果过多等压力的影响而发生劈裂；反之，如分枝角较大时，由于有充分的生长空间，两枝间的组织联系很牢固，不易劈裂。修剪时应剪除分枝角过小的枝条,而选留分枝角较大的枝条作为下一级的骨干枝。对初形成树冠而分枝角较小的大枝,可采用拉、撑、吊的方法加大枝角,予以矫正。

五、整形修剪的工具

(一) 修枝剪

1. 普通修枝剪

普通修枝剪一般剪截直径 3 cm 以下的枝条,只要能够含入剪口内,都能被剪断。操作时,右手握剪,左手将粗枝向剪刀下小片方向猛推,就能迎刃而解,不要左右扭动剪刀,否则影响正常使用。

2. 长把修枝剪

长把修枝剪剪刀呈月牙形,设有弹簧,手柄很长,能轻快地修剪直径 1 cm 以内的树枝,适用于高灌木丛的修剪。

3. 高枝剪

高枝剪上装有一根能够伸缩的铝合金长柄,使用时可根据修剪的高度要求来调整,用以剪截高处的细枝。

4. 大平剪

大平剪又称为绿篱剪、长刃剪,它的条形刀片很长、很薄,易形成平整的修剪面,适用于绿篱、球形树和造型树木的修剪,但只能用来平剪嫩梢。

(二) 修枝锯

修枝锯适用于粗枝或树干的剪截,常用的有 5 种锯:手锯、单面修枝锯、双面修枝锯、高枝锯和电动锯。

1. 手锯

手锯常用于花木、果木、幼树枝条的修剪。

2. 单面修枝锯

单面修枝锯适用于截断树冠内中等粗度的枝条,弓形的单面细齿手锯锯片很窄,可以伸入到树丛当中去锯截,使用起来非常灵活。

3. 双面修枝锯

双面修枝锯适用于锯除粗大的枝干,其锯片两侧都有锯齿,一边是细齿,另一边是由两层锯齿组成的粗齿。在锯除枯死的大枝时用粗齿,锯截活枝时用细齿。另外锯把上有一个很大的椭圆形孔洞,可以用双手握住来增加锯的拉力。

4. 高枝锯

高枝锯适用于修剪树冠上部大枝。

5. 电动锯

电动锯适用于大枝的快速锯截。

实 际 操 作

Q:怎样进行园林树木的整形与修剪?

一、园林树木的整形修剪(一)

(一)目的要求

熟悉园林植物枝、芽生长特性以及树体结构,掌握整形修剪的基本方法,并能灵活运用,综合修剪。

(二)材料工具

需要整形修剪的园林植物(观花、观果类,行道树、庭荫树及绿篱等)、修枝剪、修枝锯、梯子、保护剂等。

(三)方法步骤

1. 短截

轻短截:剪去枝梢的1/4~1/3。

中短截:在枝条饱满芽处剪截,一般剪去枝条的1/2左右。

重短截:在枝条饱满芽以下剪截,剪去枝条的2/3以上。

极重短截:剪至轮痕处或在枝条基部留2~3个芽剪截。

2. 回缩(缩剪)

对二年生或二年生以上的枝条于分枝处进行剪截。

注意剪口方向、剪口芽的处理。

3. 疏除(疏剪)

从分生处剪去枝条。一般用于疏除枯枝、病虫枝、过密枝、徒长枝、竞争枝、衰弱枝、下垂枝、交叉枝、重叠枝及并生枝等。

4. 长放

枝条放任不剪。为了平衡树势,增强生长弱的骨干枝的生长势,往往采取长放的措施,使该枝条迅速增粗,赶上其他骨干枝的生长势。丛生的灌木多采用长放的措施,如在修剪连翘时,为了形成潇洒飘逸的树形,在树冠的上方往往甩放3~4条长枝。

(四)考核方式

本项目可选择5~8个有代表性的树种进行修剪,进行个人操作过程考核。每人交实训报告一份,内容为记录实训过程与修剪整形注意事项。

（五）成绩评定

考核主要内容与分值	考 核 标 准	成绩
1. 认识树木的枝、芽特性与结构（10分） 2. 修剪对象的确定（20分） 3. 修剪技法（20分） 4. 修剪程序（20分） 5. 剪口及剪口保护（10分） 6. 实训态度（10分） 7. 实训报告（10分）	能准确说出树木的枝、芽特性与结构，能够根据具体树木现状，指出要修剪的枝条与位置，并说出修剪的理由；修剪技法运用正确，剪口、剪口留芽正确，较大伤口用保护剂处理；整形合理，符合用途要求；操作程序规范（一知、二看、三剪、四查、五处理），操作独立完成，实训认真；实训报告内容充实，分析全面、深刻，按时上交	优秀（90~100分）
	能够说出树木的枝、芽特性与结构，基本上能够根据具体树木现状，指出要修剪的枝条与位置，基本能说清修剪的理由；修剪技法运用基本正确，基本上按程序操作，剪口、剪口留芽正确，较大伤口用保护剂处理；整形基本符合用途要求；操作在教师指导下完成，实训认真；实训报告内容比较充实，有分析，按时上交	良好（75~89分）
	基本能够说出树木的枝、芽特性与结构，基本上能够根据具体树木现状，指出要修剪的枝条与位置，修剪的目的不明确；修剪技法运用基本正确，剪口、剪口留芽基本正确，较大伤口用保护剂处理；整形基本符合树种要求；操作在教师指导下完成，实训不太认真；实训报告内容一般，分析内容少、简单，能按时上交	及格（60~74分）
	不能正确说出树木的枝、芽特性与结构，要修剪的枝条与位置不太准确，修剪的理由阐述不正确；修剪技法运用基本正确，剪口剪留基本正确，较大伤口能用保护剂处理；整形基本符合树种要求；操作程序不规范，操作实训不认真；实训报告内容不详实，无分析，不能按时提交	不及格（60分以下）

二、园林树木的整形修剪（二）

（一）目的要求

掌握园林树木辅助修剪的方法。

（二）材料工具

修枝剪、刀片等。

（三）方法步骤

1. 环状剥皮（环剥）

用刀在枝干或枝条基部的适当部位剥去一定宽度的环状树皮，剥皮宽度要根据枝条的粗细和树种的愈伤能力而定，约为枝直径的1/10，环剥深度以达到木质部为宜。实施环剥的枝条上方需留有足够的枝叶量，以供正常光合作用。

在生长季开花后或坐果后进行。

2. 刻伤

用刀在芽（或枝）的上（或下）方横切（或纵切）而深及木质部。在生长期操作。

3. 折裂

曲折枝条使之形成各种艺术造型。常在早春芽萌动期进行。先用刀斜向切入，深达枝条直径的1/3~2/3处，然后小心地将枝弯折，并利用木质部折裂处的斜面支撑定位。为防止伤口水分损失过多，在伤口处进行包裹。

4. 扭梢和折梢(枝)

生长期内使用,适于生长过于旺盛的枝条,特别是着生在枝背上的徒长枝。扭转弯曲而未伤折者称为扭梢,折伤而未断者则称为折梢。

5. 屈枝

屈枝通常结合生长季修剪进行,对枝梢实行屈曲、缚扎或扶立、支撑等技术措施。直立诱引可增强生长势;水平诱引具有中等强度的抑制作用,使组织充实易形成花芽;向下屈曲诱引则有较强的抑制作用。

6. 摘心

摘心在生长期使用。摘掉新梢顶端生长部位。

7. 抹芽

抹芽在生长期使用。把多余的芽从基部抹除。为了抑制顶端过强的生长势或为了延迟发芽期,将主芽抹除,促使副芽或隐芽萌发。

8. 摘叶

摘叶在生长期使用。带叶柄将叶片剪除。

9. 去蘖(又称为除萌)

易生根蘖的园林树木,生长季期间应随时除去萌蘖;嫁接繁殖树,则需及时去除其砧木上的萌蘖。

10. 摘蕾

在生长期内及时摘除过多和过小花蕾,使留下的花大、果大。摘蕾实质上为早期进行的疏花、疏果措施。

11. 断根

断根是将植株的根系在一定范围内全部或部分切断。在移栽珍贵的大树或移栽山野自生树时,移栽前 1~2 年进行断根,可在一定的范围内促发新的须根,有利于移栽成活。

(四) 考核方式

本项目可选择 5~8 个有代表性的树种进行修剪,进行个人修剪过程考核。每人课后完成实训报告一份,内容为实训中的树木修剪整形的总结与体会。

(五) 成绩评定

考核主要内容与分值	考核标准	成绩
1. 修剪方案(30 分) 2. 修剪整形操作(50 分) 3. 实训态度(10 分) 4. 实训报告(10 分)	根据具体树木现状,选择合适的修剪方法,并说出选择技法的理由;修剪技法运用正确,操作程序符合规范(一知、二看、三剪、四查、五处理),操作独立完成,实训认真;实训报告内容全面充实,分析深刻,按时完成	优秀 (90~100 分)
	根据具体树木现状,选择合适的修剪方法,能基本说出选择技法的理由;修剪技法运用基本正确,操作程序基本符合规范,在教师指导下完成操作,实训认真;实训报告内容一般,有分析内容,按时完成	良好 (75~89 分)
	根据具体树木现状,选择合适的修剪方法,选择技法的理由不充分;修剪技法大部分运用正确,操作程序有时不符合规范,在教师指导下能完成操作,实训认真;实训报告内容一般,分析较少,按时完成	及格 (60~74 分)
	能根据具体树木现状,选择合适的修剪方法,不能正确说出选择技法的理由;修剪技法运用正确,操作程序不符合规范,操作不能独立完成,实训不认真;实训报告内容少,分析较少,不能按时完成	不及格 (60 分以下)

技能小结

本技能主要介绍了整形修剪的目的、原则、方法及修剪的时间与程序、修剪的技术问题、整形修剪的工具，重点是整形修剪基本技法的应用技能。

思考与练习

1. 整形修剪对树木的生长发育有什么影响？
2. 树木整形修剪的原则是什么？
3. 修剪的方法有哪些？
4. 冬季修剪和夏季修剪有什么不同？
5. 在疏除粗大的侧生枝时，怎样才能避免劈裂？
6. 剪枝时什么样的剪口最合适？怎样选留剪口芽？

技能八　主要园林树木的整形修剪

能力要求

- 能独立实施主要园林树木的整形修剪

相关知识

Q:园林树木的整形方式有哪些？各树形是如何形成的？

一、基本理论知识

1. 园林树木的枝芽特性。
2. 园林树木的生长发育规律。
3. 园林树木的衰老与复壮。
4. 各器官生长发育的相关性。
5. 园林树木树体的形态结构与组成。
6. 园林树木整形修剪的基本知识。

以上内容本章略，具体内容可以参考本书第一章、技能七或者其他相关书籍。

二、园林树木的主要整形方式

(一) 自然式整形

在园林绿地中，自然式整形最为普遍，施行起来省工，最易获得良好的观赏效果。

自然式整形的基本方法是利用各种修剪技术，按照树种本身的自然生长特性，对树冠的形状作辅助性的调整，使之早日形成自然树形。对有中央领导干的单轴分枝型树木，应注意保护顶芽，防止偏顶而破坏冠形；对扰乱生长平衡、破坏树形的徒长枝、冗枝、内膛枝、并生枝以及枯枝、病虫枝等，均应加以抑制或剪除，注意维护树冠的匀称完整。

自然式整形符合树种本身的生长发育习性，常有促进树木良好生长、健壮发育的效果，并能充分发挥该树种的树形特点，提高观赏价值。

常见的自然式整形有：

圆柱形：如印度塔树、龙柏、钻天杨、巨尾桉及铅笔柏等。

塔形：如雪松（图技 8–1）、云杉、大叶竹柏、落羽杉等。

圆锥形：如落叶松、桧柏（图技 8–2）、银桦、水杉及毛白杨等。

卵圆形：如加杨、鹅掌楸（图技 8–3）、乐昌含笑、白玉兰、丁香、蓝花楹及桂花等大多数阔叶树。

圆球形：如香樟（图技 8–4）、馒头柳、元宝枫、黄刺玫、红叶李、樱花、黄连木、黄槐及枫香等。

图技 8-1 塔形(雪松)

图技 8-2 圆锥形(桧柏)

图技 8-3 卵圆形(鹅掌楸)

图技 8-4 圆球形(香樟)

拱枝形:如连翘(图技 8-5)、迎春等。

匍匐形:如堰松、铺地柏(图技 8-6)等。

垂枝形:如垂柳、垂梅、龙爪槐(图技 8-7)、垂桃及垂榆等。

伞形:如凤凰木、合欢(图技 8-8)、鸡爪槭、鸡蛋花等。

丛生形:如月季(图技 8-9)、玫瑰、棣棠、石榴(图技 8-10)等。

(二)人工式整形

园林绿化中,有时可通过较多的人力、物力将树木整剪成各种规则的几何形体或不规则的各

图技 8-5 拱枝型(连翘)

图技 8-6 匍匐形(铺地柏)

图技 8-7 垂枝形(龙爪槐)

图技 8-8 伞形(合欢)

图技 8-9 丛生形(月季)

图技 8-10 丛生形(石榴)

种形体(图技 8-11),如鸟、兽、城堡等。适用于黄杨、小叶女贞、红叶石楠、桧柏等枝密、叶小的树种。原在西方园林中应用较多,近年来在我国也有逐渐流行的趋势。

(a)　(b)

图技 8-11　人工式整形

1. 几何形体的整形

按照几何形体的构成规律作为标准进行整形修剪,例如正方形树冠应先确定每边的长度,球形树冠应确定中心点和半径等。

2. 非几何形体的整形

(1) 垣壁式。在庭园及建筑附近为达到垂直绿化墙壁的目的,常采用垣壁式整形,欧洲古典式庭园常见。常见的形式有 U 字形、扇形等。垣壁式的整形方法是使主干低矮,在干上向左、右两侧成对称或放射状配列主枝,并使之保持在同一平面上(图技 8-12)。

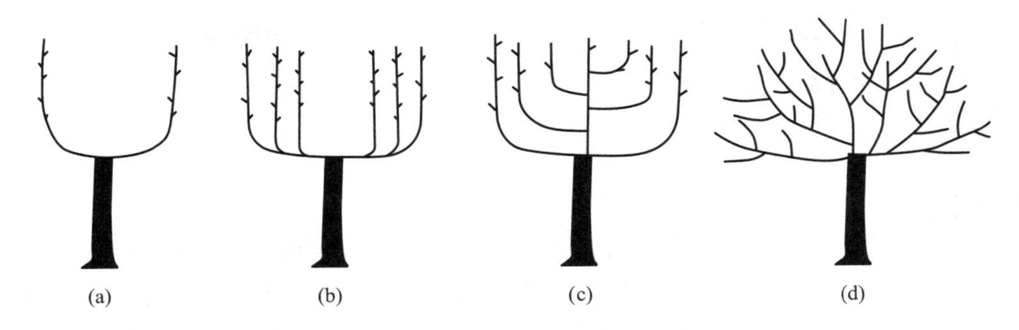

(a)　(b)　(c)　(d)

图技 8-12　常见的垣壁式整形

(a) U 字形　(b) 叉形　(c) 肋骨形　(d) 扇形

(引自“花卉与观赏树木简明修剪法”,1987)

(2) 雕塑式。根据整形者的意图匠心,创造出各种各样的形体。应注意与四周园景协调,线条勿过于繁琐,以轮廓鲜明简练为佳。整形的具体做法视修剪者技术而定,亦常借助于棕绳或铅丝,事先作成轮廓样式进行整形修剪。

人工形体整形与树种本身的生长发育特性相违背,不利于树木的生长发育,而且一旦长期不剪,其形体效果就易破坏,所以在具体应用时应全面考虑。

(三)自然与人工混合式整形

在自然树形的基础上加以人工改造,使之符合园林绿化的功能要求称为混合式整形。常见的有以下几种。

1. 杯状形

树形有主干无中心主干,主干上部分生 3 个主枝,各主枝与主干的角度呈 45°,三主枝间的角度约为 120°,均匀向四周排列,3 个主枝再分生 2 个枝而成 6 个枝,再以 6 枝各分生 2 个,即成传统的“三叉、六股、十二枝”杯状形树形。树形整齐美观,用于城市行道树的整形,可解决上方架空线路的矛盾。在以后的整形修剪中,树冠内不允许有直立枝、内向枝的存在,如出现必须剪除(图技 8–13)。这种整形方法,多见于桃树、悬铃木的整形,也可在大风天气多、地下水高、土层较浅以及空中缆线多等地方的绿化树种上应用。

2. 自然开心形

这是杯状形的一种改良形式,适用于干性弱、枝条开展的树种。整形方式不留中央领导干而留较多主枝配列四方,主干低矮,分枝较低,3~4 主枝夹角 90°~120°,分别向外延伸,使中心开展。在主枝上每年留主枝延长枝,每主枝上配 2~3 个侧枝,侧枝上配三级枝组,整个树冠呈扁圆形,如桃、苹果等观花、观果树木的修剪(图技 8–14)。

图技 8–13 杯状形
(郭学望,2002)

图技 8–14 自然开心形

3. 多主干形

多主干形是留 2~4 个中央领导干,在其上配列侧生的主枝,形成均整匀称的树冠。本形式适用于生长较旺,有一定丛生性,且分枝粗细较均衡的树种,可形成优美的树冠,提高开花年龄,延长小枝寿命,宜用作观花乔木、大灌木的整形,如蜡梅、垂丝海棠、黄栀子、多干桂花等。

4. 中央领导干形

留一强大的中央领导干,在其上配列疏散的主枝。是对自然树形加工较少的形式之一,适用于轴性强的树种,能形成高大的树冠,最宜用作庭荫树、独赏树及松柏类乔木的整形。

5. 圆球形

主干极短,主干上多分枝,主枝分生侧枝,各级主侧枝错落排开,利于通风透光,叶幕层较厚,园林中多见。修剪成球形有黄杨、海桐、龙柏、蜀桧、水腊、火棘、红叶石楠及红花继木等。

6. 灌丛形

主干不明显，每丛自基部留 10 多个主枝，其中保留 1~3 年生主枝 3~4 个，每年剪去 3~4 个老主枝，更新复壮，如紫荆、迎春、探春、金钟花、金丝桃及红瑞木等。

7. 棚架形

棚架形适于对藤本、蔓生植物的整形。先建各种形式的棚架、廊、亭，种植藤本树木后，按生长习性加以整形修剪、引缚工作，如葡萄、紫藤、木香、藤本月季等。

以上三大类整形方式，在园林绿地中以自然式应用最多，既省人力、物力又易成功；其次为自然与人工混合式整形，可使花朵硕大、繁密或果实丰多、肥美，但它比较费工，亦需适当配合其他栽培技术措施；至于人工形体式整形，由于很费人工，且需有较熟练技术水平，故常只在园林局部或在要求特殊美化处应用。

技能实训

Q：园林树木在苗圃中是如何整形的？在园林场地又是怎样整形修剪的？

一、在圃苗木的整形修剪

苗木在圃期间主要根据树种的生物学特性和不同用途进行整形修剪。此期间的整形修剪工作非常重要。苗木经过整形后，修剪就有了基础，容易培养成理想的树形。如果任其生长从未修剪的树木，后期想要调整、培养成优美的树形就很难。所以，必须注意苗木在圃期间的整形修剪。

（一）乔木大苗的整形培育

1. 落叶乔木大苗的整形培育

落叶乔木行道树大苗培育的出圃规格一般是：具有高大通直的树干，树干高 2.5~3.5 m，胸径 5~10 cm；有完整、紧凑、匀称的树冠；有强大的根系。庭荫树则依周围环境条件而定，一般干高 2 m 左右，主干要求通直向上，主侧枝从属关系鲜明且匀称。

干性强的树种，如银杏、梧桐、加拿大杨、毛白杨及喜树等，中心干延长枝顶芽发达，顶端优势明显，容易形成挺拔通直的主干。在苗木培育过程中，一般不需进行修枝和抹芽工作。随着苗木高度的增长，要注意及时除去主干基部主枝，逐步提高分枝点，以养成通直主干。

对分枝多、着生又较密的喜树，主枝往往呈“轮生”状。因此，对着生在分枝点上的主枝，也要酌情疏除，以免造成“卡脖”现象，妨碍中心主干的生长，影响树体高度。对于树冠内的密生枝、交叉枝及重叠枝等，要及时疏除，以改善树冠的通风透光条件。

干性弱的树种如槐、柳、栾树、枫杨及无患子等，往往不易形成通直的主干，在培育过程中，要采取适当的措施，以培养主干。其方法有三。

(1) 密植。适当密植，配合肥水，精细管理，可加速苗木向上生长，抑制侧枝生长，培养出通直的主干。

(2) 截干。适用于萌芽力强、干性弱的树种，如槐树、合欢、栾树等。一年生播种苗达不到定干要求，第二年又萌生大量的侧枝，很难找到主干延长枝，自然形成的主干矮小而弯曲，必要时通过截干来培养通直的主干。具体做法:苗木换床移植后,第一年地上部不修剪,任其多生枝叶,扩大营养面积,养好根系;第二年在萌芽前,从主干近地面处截干,剪口芽萌发抽梢后,使之直立生长,并加强肥水管理,以培养通直的主干。

(3) 换头。适用于萌芽力强、干性弱的树种,如柳树、毛白杨、白榆、泡桐及苦楝等,当其主干出现弯曲或顶芽枯死时,从弯曲处选留强壮的芽,短截换头,剪口芽萌发后,新梢向上直立生长,及时将苗 1/2 高度以下的萌芽抹掉,以培养剪口芽长成主干。

对于行道树而言,当主干长到一定高度后,适当的抹芽或疏除生在主干上的主枝,使苗木的干高逐渐达到要求,并培养丰满、均匀的树冠。对庭荫树而言,当主干长到一定高度后需进行定干,然后在干高下部选择方向适中、位置合适的 3~5 个主枝培养为骨干枝,第 2 年以后对这些骨干枝进行短截,促发枝条以构成丰满、均匀、宽大的树冠,形成基本树形;期间经过二次移植,至第七年或第八年即可长成大苗。

2. 常绿乔木大苗的整形培育

常绿乔木大苗的规格,要求具有该树种本来的冠形特征,如尖塔形、圆锥形、圆头形等,树高 3~6 m,干高 2 m 左右,冠形匀称。

常绿阔叶乔木的自然树形,多为圆头形(柑橘)、卵圆形(香樟)、卵状圆锥形(广玉兰)等,人工整形以维持原有树形为主,使树冠丰满端正,通过整枝,促进生长。如香樟在苗期要"摘芽留叶",促进苗木生长,培育壮苗。2~3 年生苗,以抹侧芽、除萌枝为主,促进主干生长,培养主干。如苗生长弯曲,难以形成通直主干时,应立即进行截干,从萌枝中选直立健壮者培养主干。以后根据苗木生长情况适当修剪,剪除树冠下部受光较少的枝条,促进主干生长。保留的树冠,相当于树高的 2/3。树冠中、上部的枝条,一般不加修剪,但少数影响冠形的,应及时回缩或疏除,以保持冠形端正。特别是超过主枝的竞争枝,一定要疏除。疏除超过主枝的侧枝,不仅不会削弱树势,反而可以促进主枝和全树的生长。

轮生枝明显的常绿针叶乔木,如黑松、油松、华山松、云杉等干性强有明显中央领导干的树种,每年向上长一节,即分生一轮分枝。幼苗期生长速度很慢,每节只有几厘米至十几厘米。随苗龄增大,生长速度逐渐加快,每年可达 40~50 cm。培育一株大苗(高 3~6 m)需较长的时间(北方地区有的需 15~20 年时间,甚至更长)。这类树种有明显主梢,但主梢一旦遭到损坏,整株苗木将失去培养价值,因此应特别注意保护。一年播种苗一般留床保养一年,第三年开始移植,以后每隔数年移植一次(间隔年限根据苗木生长速度而定),逐步扩大株行距,并根据情况,每年从基部剪除一轮分枝,以促进树高生长。

轮生枝不明显的常绿针叶树种如侧柏、圆柏、雪松等,幼年期的生长速度较轮生枝常绿树稍快,在培育过程中要注意及时处理主梢竞争枝(剪梢或摘心),培育单干苗,同时还要加强肥水管理,防治病虫害。

在乔木树种培育大苗期间应注意疏除过密的主枝,疏除或回缩扰乱树形的主、侧枝。

(二) 观花小乔木和灌木大苗的整形培育

1. 观花小乔木

桃花、梅花、榆叶梅、蜡梅及海棠等,常采用单干式,冠形有开心形或疏散分层形 2 种。主干高度 60~80 cm。

开心形树冠，无中心干，移植养干时，在苗高80~100 cm高度处摘心定干，定干下部留20 cm整形带，整形带以下芽与枝全部疏除，在整形带内只留3~4个主枝，交错选留，与主干夹角呈60°~70°。当主枝长至50 cm时摘心，促生分枝，培养侧枝，即培养成开心形（图技8-15）。

疏散分层形树冠，有中央主干。主枝分层分布在中央主干上，一般一层主枝3~4个，二层主枝2~3个，三层主枝1~2个。层与层之间主枝错落着生，夹角角度相同，层间距80~100 cm。层间辅养枝要保持弱或中庸生长势，不能影响主枝生长，多余辅养枝全部清除。常用于观果树的修剪整形如图技8-16。

小乔木常见圃内整形规格，可概括如表技8-1。

图技8-15　开心形整形（海棠）

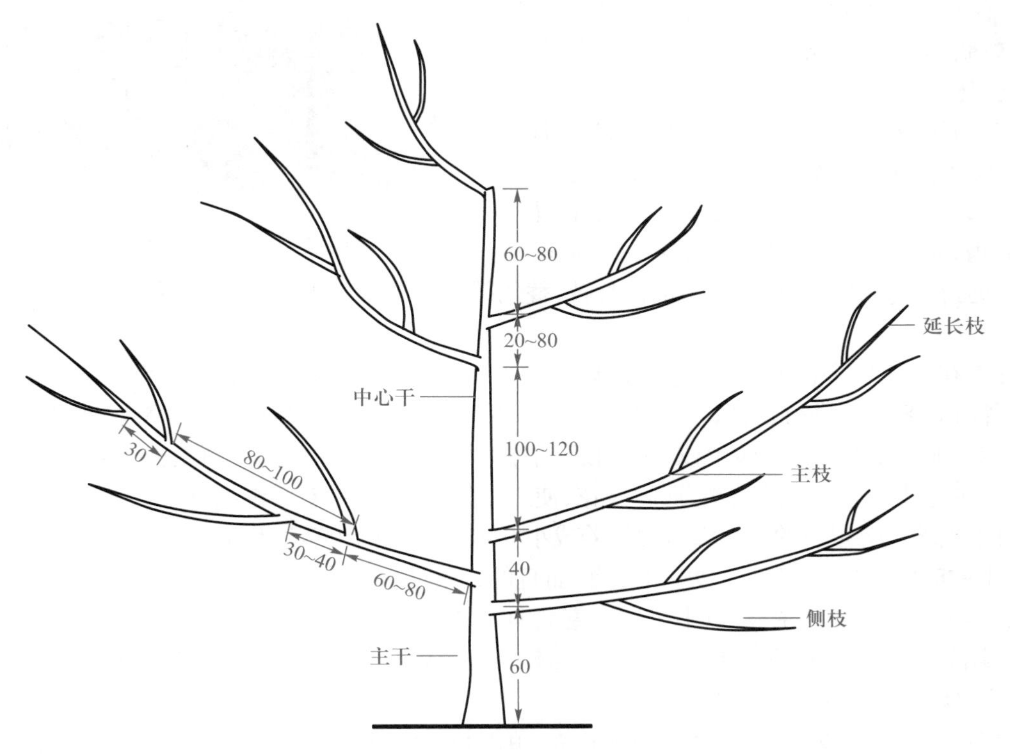

图技8-16　疏散分层形整形（单位：cm）
（张鹏，2001）

表技 8-1 观花小乔木圃内整形规格

树 种	定干高度 /cm	选留主枝数目 / 枝	主枝剪留长度 /cm
榆叶梅、蜡梅	40~60	3~4	30~40
海棠花	50~70	4~5	40~50
桃、梅花	60~80	5~6	50~70

桃、樱花、榆叶梅等，应在花后修剪。对主枝延长枝进行重短截，使其抽生壮枝，扩大树冠；对花枝进行短截，使其抽生新梢形成花芽于下一年开花。这些树种都属阳性树，在整形修剪时，要注意疏除树冠内膛的密生枝和纤弱枝，使树冠通风透光良好，这对桃花尤其重要。樱花发枝力弱，不耐修剪，修剪宜轻。

2. 观花灌木

观花灌木类树种的大苗一般多采用多干式丛生形(图技 8–17)。大苗的规格要求每丛 3~7 主枝，每枝粗 1.5 cm 以上，具有丰满冠丛和侧根系。

观花灌木种类很多，如丁香、月季、玫瑰、连翘、迎春、珍珠梅、棣棠、玫瑰、黄刺玫、贴梗海棠、锦带花、金银木、杜鹃花、蜡梅、牡丹及太平花等。春季移植时在主枝基部选留分布均匀的 3~7 枝作主枝，其余一律自基部剪除，对所保留作主枝的枝条，在 1/2 处短截，促进多发侧枝。在培育过程中，每年剪除过密枝、徒长枝、病虫枝、枯枝、伤枝和多余枝。对分枝力弱的灌木，每次移植时都要重剪，以促进发枝。修剪主枝时使各主枝的剪口高低相近。

图技 8–17 多干式丛生形（紫荆）

连翘、迎春等早春先开花后长叶，多在花后进行修剪，短截花枝，一般剪留 1/3~1/2。同时还应进行更新修剪，利用从地面抽生的徒长枝，替代部分衰老的主枝，更新树冠，维持树势，延长开花年限。

月季在一年中多次开花，以休眠期修剪为主，适宜在休眠期末修剪。一般每株选留 3~5 个主枝，各留 6~8 个芽进行短截，也有留 2~3 个芽的，依植株长势和品种特性而异。侧枝短截仅留 3~4 个芽。此外，还要剪除横生枝、交叉枝和枯枝，并注意利用徒长枝更新主枝，维持树势。每次开花后，在花枝上选留壮芽当头，剪除残花，使之抽发新梢，形成花芽继续开花。

对于顶端优势很弱的丛生灌木要培养成小乔木状，如单干紫薇、丁香、木槿、金银木等，一般需 3 年以上的时间：第一年选留中央一根最粗而直的枝条进行培养，剪除其余丛生枝；第二年保留该枝条上部 3~5 个枝条作主枝，以中央一个直立向上的枝条作中干，将该枝条下部的新生分枝和所有根蘖剪除；第三年修剪方法类似第二年。这样基本上就修剪成株形规整、层次分明的小乔木状。

（三）藤本大苗的整形培育

藤本类如紫藤、凌霄、蔓生蔷薇和木香等，苗圃整形修剪的主要任务是养好根系，通过平茬或重截培养一至数条健壮的主蔓。

（四）绿篱及特殊造型苗木的整形培育

绿篱的苗木要求分枝多，特别要注意从基部培育出大量分枝。培育中篱、矮篱苗时，当苗高20~30 cm时进行摘心，促进侧芽萌发，多生侧枝；当侧枝长到20~30 cm时再行摘心，使枝叶密集，树冠丰满，以便定植后进行修剪。因此绿篱苗木至少要剪2次，通过调节树体上下的平衡关系控制根系的生长，便于以后密植操作。

此外，为使园林绿化丰富多彩，除采用自然树型外，还可以利用树木的发枝特点，通过整形修剪，养成各种不同的形状，如梯形、球形、仿生形等。

二、各类园林树木的整形修剪

（一）行道树的整形修剪

行道树是城市绿化的骨架，它将城市中分散的绿地联系起来，能反映出城市的特有面貌和地方色彩。

行道树一般为具有通直主干、树体高大的乔木树种，主干高度与形状要与周围的环境要求相适应，不要妨碍车辆的通行。主干高的标准，我国一般掌握在城市主干道为2.5~4 m，城郊公路以3~4 m或更高为宜。主干高在同一条主干道上要整齐一致，树冠要整齐，富有装饰性。公园内园路或林荫路上的树木，主干高度以不影响游人漫步为原则。

1. 杯状形行道树的修剪与整形

杯状形行道树具有典型的“三叉六股十二枝”的冠形。如悬铃木，在苗圃中完成基本造型，定植后5~6年内完成整形。在树干2.5~4 m处截干，萌发后选3~5个方向不同、分布均匀、与主干呈45°夹角的枝条作主枝，其余分期剥芽或疏枝。冬季对主枝留80~100 cm短截，剪口芽留外芽，并处于同一平面上，第二年夏季再剥芽疏枝。幼年悬铃木顶端优势较强，主枝呈斜上生长时，其侧芽和背下芽易抽生直立向上生长的枝条，为抑制剪口处侧芽或背下芽转上直立生长，抹芽时可暂时保留直立枝，促使剪口芽侧向斜上生长。第三年冬季，于主枝两侧发生的侧枝中，选1~2个作延长枝，并在80~100 cm处再短剪，剪口芽仍留外芽，疏除原暂时保留的直立枝、交叉枝等，如此反复修剪，经3~5年后即可形成杯状形树冠（图技8-18）。

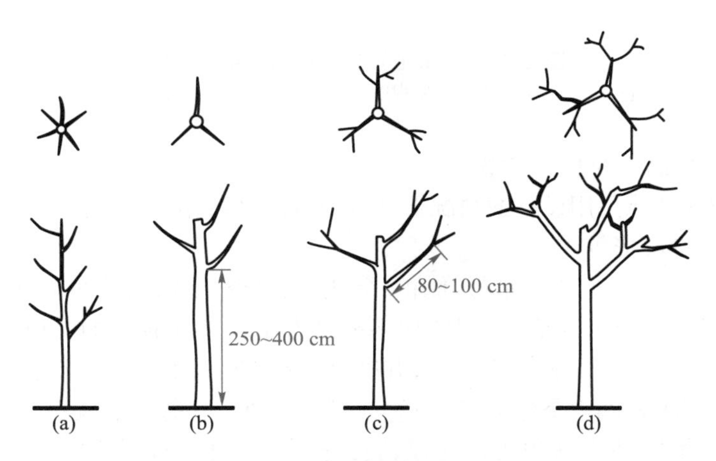

图技8-18　杯状形树冠的整形修剪过程

骨架构成后，树冠扩大很快，疏去密生枝、直立枝，促发侧生枝，可适当保留内膛枝，增加遮阴效果。上方有架空线路时，勿使枝与线路触及，按规定保持一定距离（一般电话线为 0.5 m，高压线为 5 m 以上）。近建筑物一侧的行道树，为防止枝条扫瓦、堵门、堵窗，影响室内采光和安全，应随时对过长枝条进行疏除修剪。

2. 开心形行道树的修剪与整形

修剪与整形多用于无中央主轴或顶芽能自剪的树种，树冠自然展开。定植时，将主干留 3 m 定干，春季发芽后，选留 3~5 个位于不同方向、分布均匀的枝条进行短剪，促进枝条生长成主枝，其余全部抹去。生长季注意将主枝上的多余芽抹去，保留 3~5 个方向合适、分布均匀的侧枝。来年萌发后选留侧枝，共留 6~10 个，使其向四方斜生，并进行短截，促发次级侧枝，使冠形丰满、匀称（图技 8–19）。

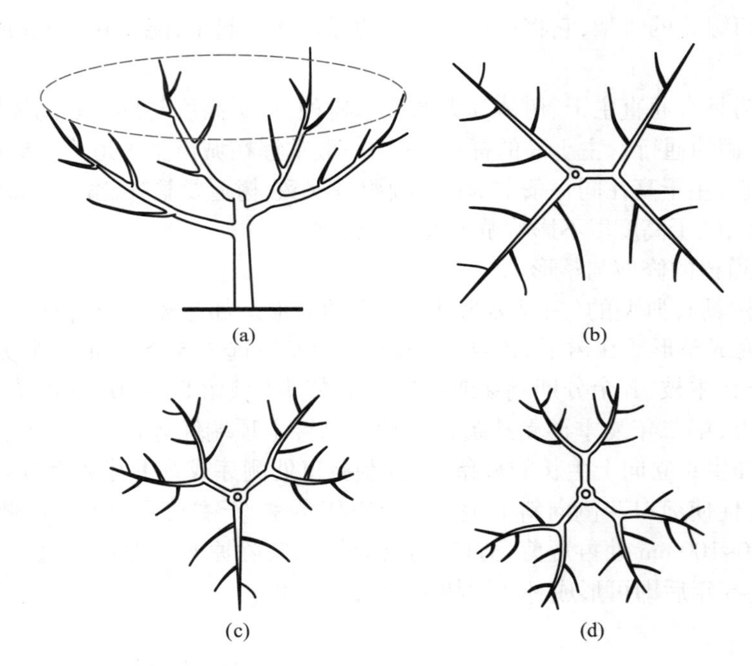

图技 8–19 开心形行道树修剪整形类型

（a）三主四头正视图 （b）三主四头俯视图 （c）三主五头俯视图 （d）三主六头俯视图

3. 自然式冠形行道树的修剪与整形

在不妨碍交通和其他公用设施的情况下，树木有任意生长的条件时，行道树多采用自然式冠形，如塔形、卵圆形、扁圆形等。

(1) 有中央领导干的行道树。水杉、侧柏、金钱松、银杏、毛白杨及鹅掌楸等。分枝点的高度按树种特性及树木规格而定，栽培中要保护顶芽向上生长。主干顶端如受损伤，应选择一直立向上生长的枝条，或在壮芽处短剪，培养主干，并把其下部的侧芽抹去，抽出直立枝条代替，避免形成多头现象。一般要求枝间上下错开、方向匀称、角度适宜，并剪掉主枝上的基部侧枝。在养护管理过程中以疏剪为主，主要对象为枯死枝、病虫枝和过密枝等（图技 8–20）。

(2) 无中央领导干的行道树。选用主干性不强的树种，如旱柳、榆树等，分枝点高度一般为

2~3 m，留 5~6 个主枝，各层主枝间距要短，使之自然长成卵圆形或扁圆形的树冠。每年修剪主要对象是密生枝、枯死枝、病虫枝和伤残枝等（图技 8–21）。

图技 8–20　自然式冠形行道树（鹅掌楸）

图技 8–21　自然式冠形行道树（栾树）

（二）庭荫树的整形修剪

庭荫树一般栽植在公园草地中心、建筑物周围或南侧、园路两侧，树冠庞大健壮，树形挺秀，能造成浓荫如盖、凉爽宜人的环境，供游人纳凉避暑、休闲聚会之用。

庭荫树的整形修剪，首先是培养一段高矮适中、挺拔粗壮的树干。树干的高度不仅取决于树种的生态习性和生物学特性，还应与周围的环境相适应。作为遮阳树，树干的高度相对要高些（以 2~3 m 较为适宜；若树势强旺、树冠庞大，则以 3~4 m 为好），为游人提供在树下自由活动的空间；栽植在山坡或花坛中央的观赏树主干可矮些(一般不超过 1 m)。树干定植后，尽早将树干上 1~1.5 m 的枝条全部剪除，以后随着树体的长大，逐渐疏除树冠下部的侧枝。

庭荫树一般以自然式树形为宜，在休眠期间将过密枝、伤残枝、枯死枝、病死枝及扰乱树形的枝条疏除，并对老、弱枝进行短截。也可根据需要进行特殊的造型和修剪。庭荫树的树冠应尽可能大些，以最大可能发挥其遮阳作用。一般认为，以遮阳为主要目的的庭荫树，树冠占树高的比例以 2/3 以上为佳。

（三）灌木或小乔木的整形修剪

1. 观花类

灌木或小乔木进行整形修剪时，一定要根据植物种类、所处的周围环境、光照条件、长势强弱及其在园林中所起的作用等具体情况，来确定整形修剪方案。

一般情况下，花灌木的修剪应保持内高外低的自然丰满树形，主要剪去灌丛内过密枝和病枯枝，改善灌丛内通风透光条件，保持灌丛丰满、匀称。

(1) 因树势修剪与整形。幼树生长旺盛，以整形为主，宜轻剪。严格控制直立枝、斜生枝的上位芽，有冬芽时应剥掉。一切病虫枝、干枯枝、人为破坏枝、徒长枝等用疏剪方法剪去。丛生花灌木的直立枝，选生长健壮的加以摘心，促其早开花。

壮年树应充分利用立体空间，促使多开花。于休眠期修剪时，适当短截秋梢，逐年选留部分根蘖，并疏掉部分老枝，以保证枝条不断更新，保持丰满株形。

老弱树木以更新复壮为主，采用重短截，使营养集中，萌发壮枝，及时疏删细弱枝、病虫枝、枯死枝。

(2) 因时修剪与整形。落叶花灌木的冬季修剪一般在休眠期进行，一些抗寒性弱的树种，以早春为宜。夏季修剪在落花后进行，宜早不宜迟，这样有利于控制徒长枝的生长。若修剪时间稍晚，直立徒长枝已经形成。

(3) 根据树木生长习性进行修剪与整形。花灌木在园林绿化中具有十分重要的地位，其种类繁多，生长习性各不相同，因此，在整形修剪时应根据具体情况区别对待。连翘、榆叶梅、碧桃、迎春等具纯花芽，早春开花的种类，应在花后及时进行修剪，枝条基部留 2~4 个饱满芽进行短截，促发新枝。贴梗海棠等具混合花芽，夏季花卉的种类，采用冬夏结合的方法进行修剪，冬剪时主要调整树体结构，夏剪改善通风透光条件，为下一年开花做准备。紫薇、木槿、珍珠梅等在当年生枝条上形成花芽，夏秋季开花的种类，应在休眠期进行修剪，将壮枝基部留 2~3 个饱满芽进行重剪，剪后可萌发壮枝，生成较大的花朵。月季等一年中多次抽梢开花的花灌木，花后可在饱满芽处短剪，剪口芽很快萌发抽梢，形成花蕾开花，花谢后再剪，如此重复（表技 8–2）。

表技 8–2 不同类型花灌木的整形修剪

类 别	花芽分化特点	整形修剪要点
春季开花，花芽（或混合芽）着生在二年生枝条上的花灌木	该类灌木大多是在前一年的夏季高温时进行花芽分化，经过冬季低温阶段于第二年春季开花	应在花谢后，叶芽开始膨大尚未萌发时进行修剪。修剪的部位依植物种类、纯花芽或混合芽的不同而有所不同。牡丹仅将残花剪除即可。连翘、榆叶梅、碧桃、迎春等可在开花枝条基部留 2~4 个饱满芽进行短截
夏秋季开花，花芽（或混合芽）着生在当年生枝条上的花灌木	该类灌木是在当年萌发枝上形成花芽	应在休眠期进行修剪，如紫薇、木槿、珍珠梅等。将二年生枝条基部留 2~3 个饱满芽进行重剪，剪后可萌发出一些茁壮的枝条，花枝会少些，但由于营养集中，会产生较大的花朵。一些灌木如希望当年开两次花，可在花后将残花及其下的 2~3 芽剪除，刺激二次枝条的发生，适当增加肥水
花芽（或混合芽）着生在多年生枝上的花灌木	在这类灌木中，花芽大部分着生在二年生枝上，但当营养条件适合时多年生的枝条亦可分化花芽	如紫荆、贴梗海棠等，进入开花年龄的植株，修剪量不宜过大。在早春可将枝条先端枯干部分剪除，在生长季节，为防止当年生枝条过旺而影响花芽分化，可进行摘心，使营养集中于多年生枝干上
花芽（或混合芽）着生在开花短枝上的花灌木	这类灌木早期生长势较强，每年自基部发生多数萌芽，自主枝上发生大量直立枝。当植株进入开花年龄时，多数枝条形成开花短枝，在短枝上连年开花	如西府海棠、垂丝海棠等，一般不大进行修剪，在成形的基础上，夏季生长旺时，将生长枝适当摘心，抑制其生长，并疏剪过多的直立枝、徒长枝，保持树形

续表

类　别	花芽分化特点	整形修剪要点
一年多次抽梢多次开花的花灌木	—	如月季,可于休眠期对当年生枝条进行短剪或回缩强枝,同时剪除交叉枝、病虫枝、并生枝、弱枝及内膛过密枝。寒冷地区可进行强剪,必要时进行埋土防寒。生长期可多次修剪,可于花后在新梢饱满芽处短剪(通常在花梗下方第2芽至第3芽处)。剪口芽很快萌发抽梢,形成花蕾开花,花谢后再剪,如此重复

2. 观果灌木类

观果灌木类修剪时间、方法与早春开花的种类基本相同,生长季中要注意疏除过密枝,以利通风透光、减少病虫害、增强果实着色;在夏季,多采用环剥、缚缢或疏花疏果等技术措施,以增加挂果数量和单果重量、提高观赏效果。

3. 观枝类

为延长冬季观赏期,修剪多在早春萌芽前进行。对于嫩枝鲜艳、观赏价值高的种类,需每年重短截以促发新枝,适时疏除老干促进树冠更新。

4. 观形类

修剪方式因树种而异。对垂枝桃、垂枝梅、龙爪槐短截时,剪口留拱枝背上芽,以诱发壮枝。而对合欢树,成形后只进行常规疏剪,通常不再进行短截。

5. 观叶类

观叶类以自然整形为主,一般只进行常规修剪,部分树种可结合造型需要修剪。红枫,夏季叶易枯焦,景观效果大大下降,可进行集中摘叶,逼发新叶。

(四) 绿篱的整形修剪

绿篱是由萌芽力强、成枝力强、耐修剪的树种密集呈带状栽植而成,起防范、美化、组织交通和分隔功能区的作用。适宜作绿篱的植物很多,如女贞、大叶黄杨、小叶黄杨、桧柏、侧柏、冬青及野蔷薇等。

1. 根据绿篱的高度进行整形修剪

绿篱根据高度可分为:绿墙(160 cm 以上)、高篱(120~160 cm)、中篱(50~120 cm)和矮篱(50 cm 以下)。绿篱进行修剪,既为了整齐美观,增添园景,也为了使篱体生长茂盛,长久不衰。绿篱的高度不同,采用的修剪与整形也不同,一般有下列两种:

(1) 绿墙、高篱和花篱。适当控制高度,并疏剪病虫枝、干枯枝,任枝条生长,使其枝叶相接紧密成片,提高阻隔效果。用于防范的绿篱和玫瑰、蔷薇、木香等花篱,也以自然式修剪为主。开花后略加修剪使之继续开花,冬季修去枯枝、病虫枝。对七姐妹、蔷薇等萌发力强的花篱,盛花后需重剪,以再度抽梢开花。以栀子、杜鹃花等花灌木栽植的花篱,冬剪时除去枯枝、病虫枝,夏剪在开花后进行,中等强度,稳定高度。以火棘、黄刺玫、刺梨等为材料栽植的刺果篱,一般采用自然式整枝,仅在必要时更新老枝。

(2) 中篱和矮篱。常用于草地、花坛镶边,或组织人流的走向。这类绿篱低矮,为了美观和丰富园景，多采用几何图案式的整形修剪，如矩形、梯形、倒梯形、篱面波浪形等。绿篱种植后，剪去高度的1/3~1/2，修去平侧枝，统一高度，形成紧枝密叶的矮墙，显示立体美。绿篱每年最好修剪2~4次，使新枝不断发生，更新和替换老枝。

2. 根据绿篱的整形方式进行整形修剪

(1) 自然式绿篱。多用于高篱或绿墙，一般不进行专门的整形，在栽培过程中仅作一般修剪，顶部修剪多放任自然，仅疏除病虫枝、干枯枝等。一些生长较慢、萌芽力弱的小乔木，在密植的情况下，如果不进行规则式修剪，常长成自然式绿篱，由于栽植密度较大，侧枝相互拥挤、相互控制生长，因而不会过分杂乱无章。

(2) 半自然式绿篱。虽不进行特殊整形，但在修剪中，除剔除老枝、枯枝与病枝外，还要使植篱保持一定的高度，使下部枝叶茂密，绿篱呈半自然生长状态。

(3) 整形式绿篱。通过修剪，将篱体整形成各种几何形体或装饰形体。为了保持绿篱应有的高度和平整匀称的外形，应经常将突出轮廓线的新梢整平剪齐，并对两面的侧枝进行适当的修剪，以防分枝侧向伸展太远，影响行人来往或妨碍其他花木的生长，造成下部枝叶的枯死和脱落。在进行整体成型修剪时，为了使整个绿篱的高度和宽度均匀一致，最好打桩拉线进行操作，以准确控制篱体的高度和宽度，可在生长季内对新梢进行2~3次修剪。

中篱大多为半圆形、梯形断面，整形时先剪其两侧，使其侧面成为一个弧面或斜面，再修剪使顶部呈弧面或平面，整个断面呈半圆形或梯形。

3. 绿篱的更新修剪

绿篱的更新修剪是指通过强度修剪来更换绿篱大部分树冠的过程，一般需要3年。

第一年首先疏除过多的老主枝。因为绿篱经过多年的生长，在内部萌生了许多主枝，加之每年短截而促生许多小枝，从而造成绿篱内部整体通风、透光不良，主枝下部的叶片枯萎脱落。因此，必须根据合理的密度要求，疏除过多的老主枝，改善内部的通风透光条件。然后，对保留下来的主枝逐一回缩修剪，保留高度一般为30 cm；对主枝下部所保留的侧枝，先疏除过密枝，再回缩修剪，通常每枝留10~15 cm即可。

常绿篱的更新修剪，以5月下旬至6月底进行为宜，落叶篱宜在休眠期进行，剪后要加强肥水管理和病虫害防治工作。

第二年对新生枝条进行多次轻短截，促发分枝。

第三年再将顶部剪至略低于所需要的高度，以后每年重复修剪。

对于萌芽能力较强的种类，可采用平茬的方法进行更新，仅保留一段很矮的主枝主干。平茬后的植株，因根系强大、萌枝健壮，可在1~2年中形成绿篱的雏形，3年左右恢复成形。

(五) 藤本类的整形修剪

在自然风景中，对藤本植物很少加以修剪管理，但在一般的园林绿地中则有以下几种处理方式。

1. 棚架式

棚架式多用于卷须类及缠绕类藤本植物。整形时，应在近地面处重剪，使发生数条强壮主蔓，然后将主蔓垂直引至棚架顶部，使侧蔓在架上均匀分布，可很快形成阴棚。在华北、东北各地，对不耐寒的树种，如葡萄，需每年下架，将病弱衰老枝剪除，均匀地选留结果母枝，经盘卷扎缚后埋于土中，翌年再去土上架；至于耐寒的树种，如紫藤等则不必下架埋土防寒，除隔数年将病老或过密枝疏剪外，一般不必年年修剪(图技8-22)。

2. 凉廊式

凉廊式常用于卷须类及缠绕类植物，亦偶尔用于吸附类植物。因凉廊有侧方阁架，所以主蔓勿过早引至廊顶，否则侧面容易空虚(图技 8–23)。

3. 篱垣式

篱垣式多用于卷须类及缠绕类植物，将侧蔓水平引缚，每年对侧枝短截，形成整齐的篱垣形式。

4. 附壁式

附壁式用于吸附类植物，如地锦、凌霄、常春藤、扶芳藤等。只需将藤蔓引于墙面即可，自行依靠吸盘或吸附根逐渐布满墙面。修剪时应注意使壁面基部全部覆盖，蔓枝在壁面上分布均匀，不互相重叠和交错(图技 8–24)。

图技 8–22　藤本棚架式整枝

图技 8–23　藤本凉廊式整枝

图技 8–24　藤本附壁式整枝

5. 直立式

直立式主要用于茎蔓粗壮的种类，如紫藤等。主要方法是对主蔓进行多次短截，将主蔓培养成直立的主干，从而形成直立的多干式灌木丛。此整形方式如用在河岸边、山石旁、园路边、草坪上，均可以收到良好的观赏效果。

(六) 不同栽培形式树的整形修剪

1. 密植树的修剪

在密植的条件下，5~7 年之后，树木个体之间就出现拥挤现象。此时树木相对密度加大，树冠相连接，郁闭度加大。应把多株树作为一个整体考虑、抬高主干、疏除多余的主侧枝、过密枝。

2. 稀植树的修剪

“四旁”零散种植的树木,由于立地条件相对较好,生长空间又大,如任其生长能较快形成较大的树冠,叶量多,对形成干材有益。但成年树往往枝叶和结种都集中在树冠外层,内侧通风透光差。为防止树膛内枝条枯死,需要修剪整形,不可自然放任生长。因此,这类树木的修剪,也要从幼龄阶段开始,通过修剪整好树形。

3. 放任树的改造修剪

从未进行过修剪整形的树木,尤其是实生树,枝条密生繁乱,外围枝叶稠密,内膛枝光秃,通风、透光不良。对这种树木的修剪整形,重点要改变外围枝条稠密、内膛光照不足的状况。可根据原树形加以改造,不能机械地追求统一模式。修剪时,疏除一部分骨干枝,将所留主枝的角度拉大引光入膛。如果中央主干或主枝生长过高、过长时,还应回缩修剪进行落头,缩至下面分枝处,以复壮枝条或刺激隐芽萌发新枝。对过密枝、病虫枝、细弱枝和干枯枝要毫不怜惜地疏除。对于原来枝条稀少的树木,可采取回缩修剪,疏剪部分枝条,刺激剪口下方萌生新枝,加大枝条密度。

4. 成片树林的修剪

成片树林的修剪整形,主要是维持树木良好的干性和冠形,改善通风、透光条件,因此修剪比较粗放。

对于松柏类树木的修剪整形,一般采取自然式的整形。在大面积人工林中,常进行人工打枝,即将处在树冠下方生长衰弱的侧生枝剪除。但打枝多少,必须根据栽培目的及对树木生长的影响而定。

实际操作

Q:园林苗木的整形修剪如何操作?

一、苗木的整形培育

(一) 目的要求

熟悉园林树木的不同类型苗木的整形培育特点,掌握苗木的整形培育技能。

(二) 材料工具

需要整形培育的园林苗木若干种、修枝剪、修枝锯、梯子等。

(三) 方法步骤

1. 乔木大苗的整形培育

(1) 落叶乔木行道树大苗的规格。具有高大通直的树干,树干高 2.5~3.5 m,胸径 5~10 cm;具有完整、紧凑、匀称的树冠。

(2) 常绿乔木大苗的规格。具有该树种本来的冠形特征,如尖塔形、圆锥形、圆头形等;冠形匀称,树高 3~6 m,枝下高 2 m 以上。

2. 花灌木大苗的整形培育

(1) 丛生灌木培养成小乔木状。要求修剪得株形规整、层次分明。

(2) 从生花灌木，修剪成丰满、匀称的灌木丛。

（四）考核方式

本项目可选择 5~8 个有代表性的树种实训，每人课后完成实训报告，内容为实训中的树木修剪整形的技术总结与体会，并分析修剪时出现的问题。

（五）成绩评定

考核主要内容与分值	考核标准	成绩
1. 修剪方案(30 分) 2. 操作规范(50 分) 3. 实训态度(10 分) 4. 实训报告(10 分)	根据具体树木现状，选择合适的修剪方法，并说出选择技法的理由；修剪技法运用正确，操作程序符合规范（一知、二看、三剪、四查、五处理），操作独立完成，实训认真；实训报告认真，内容充实，分析深刻，按时完成	优秀 (90~100 分)
	根据具体树木现状，选择合适的修剪方法，能基本说出选择技法的理由；修剪技法运用基本正确，操作程序基本符合规范，在教师指导下完成操作，实训认真；实训报告内容一般，有分析内容，按时完成	良好 (75~89 分)
	根据具体树木现状，选择合适的修剪方法，选择技法的理由不充分；修剪技法大部分运用正确，操作程序有时不符合规范，在教师指导下能完成操作，实训认真；实训报告内容一般，分析较少，按时完成	及格 (60~74 分)
	能根据具体树木现状，选择合适的修剪方法，不能正确说出选择技法的理由；修剪技法运用基本正确，操作程序不符合规范，操作不能独立完成，实训不认真；实训报告内容少，分析较少，不能按时完成	不及格 (60 分以下)

二、不同类型树木的整形修剪

（一）目的要求

熟悉园林植物的形态结构及园林树木的整形方式，掌握不同园林树木的整形修剪技能。

（二）材料工具

需要整形修剪的各类型的园林树木（观花、观果类，行道树、庭荫树、绿篱等），修枝剪，修枝锯，梯子等。

（三）方法步骤（具体操作参照技能实训内容）

1. 乔木的整形修剪。
2. 灌木或小乔木的整形修剪。
3. 藤本类的整形修剪。
4. 各类用途园林树木的整形修剪（行道树、庭荫树、绿篱、桩景树）。

（四）考核方式

本项目可任选 2~3 种不同用途的树木，每种选择 5~8 个有代表性的树种实训，每人课后完成实训报告，内容为实训中的树木修剪整形的技术总结与体会。

（五）成绩评定

考核主要内容与分值	考核标准	成绩
1. 修剪方案（30分） 2. 操作规范（50分） 3. 实训态度（10分） 4. 实训报告（10分）	根据具体树木现状，选择合适的修剪方法，并说出选择技法的理由；修剪技法运用正确，操作程序符合规范，操作独立完成；实训认真，实训报告内容充实，分析深刻，按时完成	优秀（90~100分）
	能根据具体树木现状，选择合适的修剪方法，能基本说出选择技法的理由；修剪技法运用基本正确，操作程序基本符合规范，在教师指导下完成操作；实训认真，实训报告内容一般，有分析内容，按时完成	良好（75~89分）
	能根据具体树木现状，选择修剪方法，但选择技法的理由不充分；修剪技法大部分运用正确，操作程序有时不符合规范，在教师指导下能完成操作；实训比较认真，实训报告内容一般，分析较少，按时完成	及格（60~74分）
	能根据具体树木现状，选择修剪方法，不能正确说出选择技法的理由；修剪技法基本运用正确，操作程序不符合规范，操作不能独立完成；实训不认真，实训报告内容少，分析较少，不深刻，不能按时完成	不及格（60分以下）

技能小结

本技能主要介绍了一般园林树木的修剪技能，包括在圃苗木整形修剪、不同类型树木的整形修剪以及不同用途树木的整形修剪。重点是各种园林树木的整形修剪技能。

思考与练习

1. 怎样根据树木生长习性对花灌木进行整形修剪？
2. 行道树整形有几种形式？如何进行修剪？并举出实例。
3. 怎样进行花灌木自然开心形整形？

技能九　主要园林树木的栽培管理技术

能力要求

- 掌握主要园林树木的栽培管理技术

技能实训

Q:园林中主要园林树木的繁殖方法、栽培、整形修剪技术是什么?

一、常绿乔木的栽培管理技术

(一)雪松 *Cedrus deodara*

松科雪松属。阳性,浅根性树种,有一定耐寒能力。生长速度较快,寿命长。雪松幼小时稍耐庇荫,大时喜光;适应黏重黄土及其他酸性土、微碱性土,不耐煤烟,怕水湿。雪松主轴顶端优势较强,有明显的主干,由顶芽逐年向上生长而成。主干从下至上发生主枝,下部主枝长,渐至上部依次缩短,树形外观呈圆锥形或尖塔形。

1. 繁殖方法

雪松可扦插繁殖,春插为宜,40 天生根,2—3 月可播种繁殖。

2. 栽培技术

移栽应在春季进行,移栽必须带土球,2~3 m 及 3 m 以上的大苗移栽必须立支柱,防止风吹摇动;及时浇水,并时常向叶面喷水,切忌栽在低洼水湿地带。移栽不要疏除大枝,以免影响观赏价值。移栽成活后的秋季,施入有机肥,促其发根,生长期可追肥 2~3 次。壮年雪松生长迅速,主干延长枝质地较软,常呈弯垂状,最易被风吹折而破坏树形,故应及时用细竹竿缚直。若雪松顶梢断折,可在顶端生长点附近,选一生长强壮的侧枝,扶直绑以竹竿,并适当剪去被扶枝条周围的侧枝,加大顶端优势,经过 2~3 年,树冠可恢复如初,再除去竹竿。

3. 整形修剪

(1) 常规性修剪。常规性修剪四季均可,但若修剪量过大,必须在冬季进行。雪松主枝在主干上应分层排列。每层主枝宜 4~6 个,均匀分布于四周。层间距 50 cm,层内枝距 15~25 cm。细弱枝可自主干基部剪除。层间多余枝可分期疏除,亦可一次性剪除。对长势强的枝条应进行回缩修剪。当顶梢附近出现竞争枝时,应对其进行短截;当主干延长枝长势衰弱或折损时,应选择生长旺盛的相邻侧枝扶正,替代原主干延长枝。雪松树冠下部的大枝、小枝均应保留,使之自然的贴近地面,尽量不剪除下部枝条。但作为行道树,因下部枝过长妨碍车辆行驶,应剪除下枝而保持一定的枝下高度。

(2) 常见不良树冠的改造修剪。

① 偏冠树的改造:一是引枝补空,将分布过多的枝条用绳索牵引,就近补空。二是刺激隐芽萌发,春季在空缺面选适当部位的芽眼进行刻伤,刺激隐芽萌发成枝,消除空缺。刻伤应在春季发芽前,用利刀在芽眼的上方进行横刻,深达木质部。

② 下强上弱树的改造:雪松顶梢若未能保持顶端优势,营养会分散到下部的主侧枝,从而造成树势下强上弱。可扶正顶梢,加强顶端优势。树冠上部要去弱留强,去下垂枝,留平斜枝或斜向上枝,起复壮作用。对下部强壮的重叠枝、平行枝和过密枝进行回缩修剪,待长势缓和后再疏除。这样才能使整个树体长势均衡、疏朗匀称、美观大方,保证尖塔形的树形。

③ 主干分叉枝的改造:当雪松树冠上部出现竞争枝而未及时消除,则会出现主干分叉枝。可选留强壮且通直的枝条作为主干延长枝继续培养。还可处理竞争枝,将另一较弱的枝条进行回缩重剪,剪口下留一分生侧枝,使主从关系鲜明,保留主干延长枝的顶端优势,第二年冬季将回缩后的竞争枝从主干基部疏除即可。

（二）白皮松 *Pinus bungeana*

松科松属。阳性稍耐阴,适应性强,深根性树种,较抗风,耐干旱,抗病虫害能力强。生长速度中等,寿命长。有主干明显和主干分枝两种类型。分枝型树干基部常分为数个主干,枝疏生而横展,呈伞形树冠。孤植的白皮松,侧枝的生长势较强,中央领导干的生长量不大,一般易形成主干低矮、整齐紧密的宽圆锥形树冠,直到老年期亦能保持较完整的体态。密植的或施行打枝的白皮松,侧枝生长少而中央领导干生长量多,能形成高大的主干或圆头状树冠。

1. 繁殖方法

北方以种子繁殖,江南多以嫁接繁殖。春季播种,种子需要60天层积或用温水浸种催芽。怕涝,应选择排水良好、土层深厚的沙壤土为苗床,高床播种。播种前土壤需要消毒,以防立枯病,20天可出苗。嫁接繁殖多以2~3年生黑松为砧木,在3月进行嫁接。

2. 栽培技术

栽培地点应选在地势稍高、土壤疏松、排水良好的地方。低洼积水或土壤黏重之处,可事先筑高台或换土后栽植。庭园绿化观赏多选用大苗,移植土球直径应为地径的10~12倍。白皮松由于主根长,侧根稀少,故移植时应少伤根,必须带土球移植。栽前树穴内应施足基肥,新栽树木要立支架,以防被风刮倒。一般来说,2年生苗高约10 cm,应进行第1次裸根移植;4~5年生苗木高30~50 cm,可进行第2次移植,应带土球不能散球(散球则不能成活);当苗高达1 m以上时,可带土球再移植1次,以培养大苗,供城市园林绿化用。对主干较高的植株,需注意避免干皮受日灼伤害。

3. 整形修剪

白皮松一般采取常规性修剪。主要是去除病残枝、干枯枝、重叠枝、下垂枝和过密枝。用作行道树时,应对主枝附近的竞争枝进行短截,控制其生长,保证中央领导干延长枝的顶端优势,形成高大的主干或圆头状树冠。

（三）圆柏 *Sabina chinensis*

圆柏,别名桧柏,柏科圆柏属。喜光,但耐阴性很强,萌芽力强,耐修剪,易成型。深根性,侧根也很发达,对土壤要求不严,适应性强,酸性、中性、钙质土及干燥瘠薄地均能生长,但在温凉湿润及土层深厚地区生长快。忌水湿。耐寒、耐热。顶端优势强,生长速度中等,寿命长。树冠尖塔形或圆锥形,老树则呈广卵形、球形或钟形。

1. 繁殖方法

圆柏一般采用扦插、嫁接、播种繁殖。播种种子需要消毒，清水洗净，置于5℃温度下约100天。春季播种，播后20天可出苗，搭棚遮阴，加强肥水管理。苗高20~30 cm时可分床移植。

2. 栽培技术

在向阳处或建筑物北侧均可栽植，春季带土球栽植。在树穴内先放水做成泥浆再行栽植，成活率较高。做绿篱栽时，可单行，株距30~40 cm，成活后注意浇水，任其生长，于第二年春天，按一定高度定干，将顶梢截去，每年于春季修剪1~2次，即可保持绿篱的紧密与整齐。

3. 整形修剪

圆柏一般采取常规性修剪。对主干附近的竞争枝应进行短截，保证中心主干的顶端优势。主干顶端如受损伤，应选择一直立向上生长的枝条代替，或在壮芽处短截，并把其下部的侧芽抹去，抽生出直立枝条代替，避免形成多头现象。

圆柏树冠下部的枝条均应保留，形成自然冠形，不可剪除下部枝条。作为行道树，下部枝过长会妨碍交通，应剪除下枝而保持一定的枝下高度。

（四）龙柏 *Sabina chinensis* cv. *kaizuka*

龙柏，别名火炬柏，柏科圆柏属，圆柏之栽培变种。龙柏是暖温带树种，耐寒力强，幼苗的耐寒力较差，在北京地区可露地越冬。不怕酷暑，为典型的阳性树种，喜充足阳光，幼苗也比较耐阴。要求疏松而排水良好的中性钙质土，能耐轻碱，强酸性土壤中生长不良；怕水湿，较耐旱。树形挺秀，枝叶紧密，叶色苍翠，侧枝扭转向上，宛若游龙盘旋。

1. 繁殖方法

龙柏的繁殖方法有嫁接、扦插繁殖2种。龙柏幼苗期根系较浅，易发生立枯病，或受干旱、日灼危害。应加强松土除草，适时浇水，雨后排水等抚育管理工作，从苗高2 cm开始间苗、定植。生长后期增施钾肥，促进木质化及顶芽形成，便于越冬。

2. 栽培技术

龙柏移栽宜在春季或雨季进行，大苗移栽必须带土球，移栽过程中切忌土球破裂。栽前树穴内施足基肥，栽后连续浇透水3次，而后转入正常的养护管理。圆柏属大部分树种易感染苹桧锈病，注意与苹果、梨隔离栽植。

3. 整形修剪

圆柱形龙柏主干明显，主枝数目多。若主枝出自主干上同一部位，即便分布在各个方向上，也不允许同时存在，必须剪除，每轮只留一个主枝。主枝间一般间隔20~30 cm，并且错落分布，呈螺旋上升。各主枝要短截，剪口落在向上生长的小侧枝上，各主枝剪成下长上短，以确保圆柱形的树形。主枝间瘦弱枝及早疏除以利透光。各主枝的短截，在生长期内每当新枝长到10~15 cm时依次进行，全年剪2~4次，以抑制枝梢的徒长，使枝叶稠密，形成群龙抱柱状态。注意控制主干顶端竞争枝，不长成分杈树形。每年对主枝向外伸展的侧枝及时摘心、剪梢或者短截，以改变侧枝生长方向，使之不断形成螺旋式上升的优美姿态。以后每年修剪如此反复进行。

（五）侧柏 *Platycladus orientalis*

柏科侧柏属。温带阳性树种，喜光，幼龄稍耐阴。能适应干冷及暖湿气候，抗旱性强，对土壤要求不严。适生于中性、酸性及微酸性土。在石灰岩山地，pH7~8时生长最旺盛，是石灰岩山地优良的园林树种，抗盐碱力较强，含盐0.2%左右也能适应。根系发达，但抗风力较弱。生长速度较慢。幼树树冠尖塔形，老树广圆形，寿命长，耐修剪，可作绿篱。

1. 繁殖方法

侧柏以播种繁殖为主，播种前种子需要温水浸泡后催芽，待种子半数露白即可播种，20 天后可出苗，苗高 3~4 cm 间苗。园艺品种多用扦插繁殖，分休眠枝或半木质化枝扦插，前者 3 月中下旬进行，插后搭棚遮阴，后者于 6—7 月间进行，插后搭棚遮阴保湿。

2. 栽培技术

侧柏移植时要带土球，浇透水，大苗移栽在 2 月中旬至 3 月中旬，种植后要立支柱。生长期，注意松土除草，浇水施肥，秋季施腐熟的堆肥 50~100 kg，然后浇透封冻水封穴防寒越冬。生长季节，及时剪除影响树形的旺长枝。

3. 整形修剪

采取常规性修剪，去除病虫枝、干枯枝、重叠枝、下垂枝和过密枝。一般是在 11—12 月的初冬或早春进行修剪。若枝条过于伸长，则于 6—7 月进行 1 次修剪。春剪（或冬剪）在除掉树冠内枯枝与病枝的同时，要把密生枝及衰弱枝进行疏剪，以保持完美的株形，并促进当年新芽的生长。要使整个树势有柔和感，只可剪掉枝条的 1/3。

（六）广玉兰 *Magnolia grandiflora*

木兰科木兰属。广玉兰为亚热带树种，性喜光，较耐阴，喜温暖湿润气候，有一定耐旱能力，能经受短期的 -19℃低温而叶无显著伤害。喜肥沃、湿润、排水良好的酸性或中性土壤，在干燥、石灰质、碱性土及排水不良的黏性土上生长不良。根系发达，幼树生长缓慢。树冠阔圆锥形。树姿壮丽，花大且香。病虫害少。

1. 繁殖方法

繁殖一般以嫁接为主，播种次之。嫁接用白玉兰、紫玉兰等作砧木，紫玉兰根系发达，适应性强，应用较广。

2. 栽培技术

广玉兰移植最佳时期是 3 月中旬，芽未萌动，且根系萌动前，带土球移栽，大苗移栽要适当修剪部分枝叶，减少蒸腾面积，确保成活。栽时深施基肥，夏季可浇稀薄粪水 1~2 次，促进花芽分化。长江以北及山东等地，栽植初期，冬季树干应涂白，稻草包裹树干，进行御寒，4~5 年后防寒设施可逐渐解除。

3. 整形修剪

（1）整形。凡嫁接成活的广玉兰，当年要注意剥除砧木基部萌发出的嫩枝，以集中养料供接穗生长。同时应及时摘去接穗顶端萌发的花蕾，使其附近的第一枝迅速形成优势，成为主干继续向上生长。广玉兰嫁接成活的前几年，一般不用修剪，但应对顶芽附近几个侧枝摘心防止生长过旺，以保证主干的优势地位。

（2）修剪。稍幼时要及时剪除花蕾并去除侧枝顶芽，保证中心主枝的优势。定植后要回缩修剪过于水平或下垂的主枝。成形树修剪应在早春萌芽前进行。疏除过密枝、枯枝、伤枝，将妨碍交通的下垂枝与水平枝及时回缩或疏除。

定植修剪时，掌握冠干比不小于 2:3。最下一层主枝为 3~4 个，应当均匀分布于主干四周，尽量不使其同出一轮。如果主枝过于水平甚至下垂，则要通过回缩修剪，剪除下垂部分，保留朝上侧枝作为延长枝，以缩小夹角，增强枝势。相反，有的主枝夹角过小，长势太旺，则应剪去其上原来的朝上枝，留斜向外方生长的小枝，随着枝间夹角扩大，该枝长势便削弱，以期维持枝间平衡关系。第二轮主枝的配备，要注意与第一轮相互错落，切忌上下层枝间的重叠生长，以充分利用空间和阳光。每年如此剪留，但要注意使每层枝条愈向上愈短。夏季修剪要注意将根部萌蘖枝随时剪除；花期及时摘去花蕾；主干附近出现竞争枝时，竞争枝要及时进行摘心或剪梢（可作接穗）。

成年树修剪，对于树冠内过密的弱小枝，可以作适当疏除，同时清除各种病虫枝、下垂枝和内向枝。但对主枝上的各级侧枝，一般不要随意短截或疏除，以免减少开花量。

（七）女贞 *Ligustrum lucidum*

小叶女贞

木犀科女贞属。喜光，稍耐阴，适应性强。喜温暖，不耐寒，喜湿润，不耐干旱，在湿润肥沃的微酸性土壤生长较快，中性、微碱性也能适应。根系发达、萌蘖、萌芽力强，耐修剪整形，可形成灌木状，大树树冠呈卵圆形。

1. 繁殖方法

播种繁殖。播种前种子需要湿沙层积，早春条播，播种后覆土盖草，4 月中旬出苗。出苗后撤草，及时间苗，一年生苗可达 40~60 cm，可出圃作绿篱。如果培养单干的大苗植株，在移栽时要密植，并将下部枝条修剪掉。

2. 栽培技术

大苗移栽要带土球，如果胸径 5 cm 以上的大苗移栽，可进行抹头定干裸根栽植，但根系直径应为胸径的 12~14 倍或更大。锯口涂防腐剂，减少水分蒸发，栽时根系要舒展；栽后连浇 3 遍水，而后视天气情况见旱即浇，成活率可达 98% 以上。若作绿篱，因其生长迅速，1 年要修剪 2~3 次，以保良好形状。

3. 整形修剪

(1) 移植修剪。在苗圃移植时，要短截主干 1/3。在剪口下只能选留一个壮芽，使其发育成主干延长枝；而与其对生的另一个芽，必须除去。为了防止顶端竞争枝的产生，同时要破坏剪口下第 1~2 对芽。

(2) 整形期修剪。女贞多为定干栽植，定植后应对其进行整形修剪。定干高度一般在 2.5~3 m，主干顶部留 3~5 个长 20~30 cm 的主枝。生长期中，及时抹除主干上的萌条，适量疏除主枝上的萌条，对生长旺盛的枝条进行轻剪，以控制其长势。冬季尽量不修剪，在早春萌芽前对上一年的枝条进行中截，并剪除重叠枝、交叉枝、干枯枝。

(3) 成形树修剪。修剪应在早春萌芽前进行。疏除过密枝、细弱枝、干枯枝、病虫枝，将长出冠线以外的枝条剪除；或视树冠生长情况，对整个树冠进行回缩修剪，以控制冠形的大小。

（八）香樟 *Cinnamomum camphora*

香樟又名樟树，樟科樟属。喜温暖湿润气候及肥沃、深厚的酸性或中性砂壤土，含盐量在 0.2% 以下的盐碱土也可适应，不耐干旱瘠薄，能耐短期水淹。主根发达、萌蘖力强，不耐严寒，喜光，稍耐阴。树冠庞大呈广卵形。为优良的行道树，也可孤植、丛植或群植配置。

1. 繁殖方法

香樟以播种繁殖为主。由于其深根性，在幼苗（3~5 片真叶）时要进行断根处理，以促进侧根生长，经过移植后，生长 3~4 年培育成大苗。

2. 栽培技术

苗高 2 m 以上时带土球移植，并剪去枝叶约 1/2。随挖随栽，较寒冷地区，冬季缠干防寒。

3. 整形修剪

秋季修剪，11 月前结束，早春萌芽前，进行常规修剪。去除病虫枝、干枯枝、重叠枝、下垂枝和过密枝。除常规修剪外，可以列植修剪成树篱或规则式造型。

（九）深山含笑 *Michelia maudiae*

木兰科含笑属。喜阴湿、酸性、肥沃土壤，有一定耐寒能力。早春满树白花，有香味，为优良的观花树种。病虫害少。树冠长卵圆形，树形较为美观。

1. 繁殖方法

深山含笑以扦插繁殖为主，也可嫁接、播种、压条繁殖。

2. 栽培技术

春季带土球进行移植。

3. 整形修剪

在春季新芽萌动前，进行常规修剪即可。以维护树体自然形状为主，对内膛交叉枝、直立枝注意短截，剪口留外斜上方芽，以调整枝条的生长方向。疏除枯枝、伤枝。

（十）桂花 *Osmanthus fragrans*

桂花别名木犀、岩桂、金粟等，木犀科木犀属。喜光，稍耐阴，喜温暖和通风良好的环境，不耐寒。喜湿润及排水良好的沙质壤土，忌涝地、盐碱地和黏重土壤，一遇涝渍危害，根系就要腐烂，叶片也要脱落，导致死亡。萌芽力强，耐修剪，寿命较长。对二氧化硫、氯气及烟尘等有中等抵抗力。桂花树干端直，树冠圆整，四季常青，花期正值仲秋，香飘数里，芳香四溢，是我国人民喜爱的传统园林花木，可片植、孤植。

1. 繁殖方法

桂花可采用播种、压条、嫁接、扦插方法繁殖。扦插和嫁接较为普遍。种子繁殖：5 月种子成熟，采后即播，秋季有部分出苗；种子经沙藏至翌春播种，4 月间出苗。嫁接以腹接成活率高，一般 3—4 月进行，砧木多用女贞、小叶女贞、水蜡、流苏树等，其中用女贞作砧木成活率高。初期生长快，但亲和力差，接口愈合不好，风吹易折断，要注意保护。用流苏树作砧木，抗寒力强，适于北方。扦插于 6 月中下旬或 8 月下旬进行，选取半木质化枝条带踵插穗，顶部留 2 叶，插于透气、保水、洁净的扦插床内，深约为 2/3 穗长，插后压实，充分浇水，用双层遮阳网遮阴，经常保湿，温度控制在 25~28℃，相对湿度 85% 以上，2 个月产生愈伤组织并发新根。也可硬枝扦插，成活率亦高。

2. 栽培技术

桂花栽培土层要深厚，地下水位宜在 1.5 m，排水良好、阳光充足之地。移植常在 3 月中旬至 4 月下旬或在秋季花后进行，必要时在雨季也可移栽。种植穴要挖得既深又宽，多施堆厩杂肥等作基肥；定植时，带土球的大苗，栽植不宜过深；如果植株高大，定植时须用支架固定，同时进行大枝修剪。桂花每年施肥 2 次：冬施基肥，于 11—12 月间施足，以促使来年枝叶茂盛和花芽分化；夏施追肥，于 7 月进行，以促进秋花繁茂。花前，桂花应注意灌水，但开花时要注意控水，否则宜造成落花。

3. 整形修剪

自然的桂花枝条多为中短枝，每枝先端生有 4~8 对叶片，其下部为花序。枝条先端往往集中生长4~6个中小枝，每年可剪去先端2~4个花枝，保留下面2个枝条，以利来年长4~12个中短枝，树冠仍向外延伸。每年对树冠内部的枯死枝、重叠枝、短枝等进行疏剪，以利通风透光。对过长的主枝或侧枝，要找其后部有较强分枝处进行缩剪，以利复壮。开花后一直到3月，一般将拥挤的枝剪除即可。要避免在夏季修剪。

桂花萌枝力强，有自然形成灌丛的特性，一般不作强行修剪。若培育独干植株，可从灌丛中选留一枝做主干培养，以后及时疏除新萌的基部萌蘖，疏剪主干上的萌蘖和老枝、细枝至一定高度。

（十一）石楠 *Photinia serrulata*

石楠别名千年红、扇骨木、枫药等，属蔷薇科石楠属。喜温暖湿润、阳光充足的环境，也稍耐阴，耐寒，能耐短期 -15℃低温。喜排水良好的壤土或砂壤土，也耐干旱瘠薄。不耐水湿。萌芽力强，耐修剪，生长较慢。石楠树冠呈圆形，枝叶浓密，早春嫩叶鲜红，秋冬又有红果，是美丽的常绿观赏树种。

1. 繁殖方法

石楠以扦插繁殖为主，也可以进行播种、嫁接。扦插可有硬枝扦插和嫩枝扦插，硬枝扦插可在早春、晚秋进行，利用一年生、当年生木质化的枝或带顶芽的枝梢作插穗；嫩枝扦插可于6—7月进行，利用当年生的半木质化的枝条作插穗。发根部位用生根剂处理，成活率高。春季2月下旬至3月中旬移植，秋末也可。小苗要留宿土移植，大苗要带土球。

2. 栽培技术

移植时要施足基肥，并剪去部分枝叶。作为乔木观赏的一般可任其生长，用作绿篱栽植的要经常进行修剪。

3. 整形修剪

根据用途的不同，修剪方式不同。孤植时对发枝力强、枝多而细的植株，应强剪或疏剪部分枝条，增强树势。对发枝力弱、枝少而粗的，应轻剪长留，促使多萌发花枝。树冠不大者，短剪一年生主枝；树冠较大者，在主枝中部选一方向合适的侧枝代主枝。强枝重剪，可将二次枝回缩剪，以侧代主，缓和树势；弱枝少剪，留30~60 cm。主枝上如有二次枝，可短截，留2~3个芽。5—7月石楠生长旺盛，故开完花后，应将长枝剪去，促使叶芽生长。冬季，以整形为目的，处理一些密生枝、无用枝，保持生长空间，促使新枝发育。

二、落叶乔木的栽培管理技术

（一）悬铃木 *Platanus orientalis*

悬铃木，别名法桐，悬铃木科悬铃木属。喜光。萌芽力强，耐修剪。耐湿，耐干旱，较耐寒。生长速度快，寿命长。自然树冠阔钟形。

1. 繁殖方法

繁殖以硬枝扦插为主。

2. 栽培技术

移栽最佳时间是春季3月份，起苗时根系应为胸径的10~12倍或更大。胸径5 cm以上的大苗，移栽后浇透水，然后每隔7天浇1次，浇足浇透，连续3~4遍，浇后中耕松土。秋季每株施有机肥50~75 kg，施后浇水。

3. 整形修剪

用作行道树的悬铃木，树形可采用杯状形或中央领导干形。

(1) 杯状形修剪。作为行道树定干高度宜为3~4 m，在其截干顶端均匀地保留3~4个(与主干大约呈45°角)主枝，在壮芽处(留主枝长50~60 cm)进行中短截，冬季可在每个主枝中选2个侧枝短截(留侧枝长40~50 cm)作为二级枝；来年冬季，在二级枝上选2个枝条短截(留枝长40~50 cm)作为三级枝，则可形成“三叉六股十二枝”的杯状形造型。剪口留外向芽，主干延长枝选用角度开张的壮枝。在选留枝条和选取剪口部位时，必须要把握二级枝弱于主枝、三级枝要弱于二级枝。以后每年冬剪要注意培养主枝优势，剪除病虫枝、直立枝、竞争枝、重叠枝及过密的侧枝，经3~4年培养，树冠基本形成。当主、侧枝扩展过长时，就要及时回缩修剪，以刺激主、侧枝基部抽生枝叶，防止光秃，保证有较厚的叶幕层。

(2) 中央领导干形修剪。栽植地上方没有线路时，法桐可修剪为中央领导干形。当栽植苗为截干苗时，采用接干法，即在主干顶部选一个生长健壮、较直立的侧枝作为主干延长枝培养，其余角度小、对主干延长枝有竞争力的枝条全部剪除。冬季，视主干延长枝的生长情况进行修剪：若其生长健壮，只需疏除过密的、交叉的侧枝，翌年任其自然生长，及时短截与主干延长枝产生竞争的侧枝，即可形成有中央领导干的树冠；若其生长较弱，应齐基剪除全部侧枝，并将主干延长枝短截，翌年，再选一健壮直立的侧枝作为主干延长枝培养，直至树冠成形。

成形树的修剪，选用轻剪、重剪或疏除的办法，及时对干枯枝、病虫枝、细弱枝、下垂枝及交叉枝等进行修剪。对外围枝条也要视其株行距等空间状况采取不同措施，如有发展空间，可采用中截法，促其继续延伸发展。为了保持城市卫生，要尽力剪除其球果。

(3) 偏冠树的改造。法桐偏冠现象有2种表现，一是一侧枝条开张角度较大，另一侧枝条角度较小，导致偏冠；二是一侧枝条生长旺盛，另一侧长势较弱，形成偏冠。对于第一种情况，角度开张大的一侧修剪时，保留角度小的枝条，疏除角度大的枝条，另一侧相反，保留开张大的枝条，疏除角度小的枝条；若偏冠严重，可适当短截开张角度大的一侧，再调整另一侧的角度即可。对于第二种情况，可将生长旺盛一侧的枝条适当疏除一部分，留下的枝条适当短截至弱芽处，以控制其长势；长势较弱的一侧，根据具体情况，适当短截至壮芽处，刺激其生长。有障碍物的，在躲过障碍物后，要及时调整树势迅速扩大树冠。

(二) 国槐 *Sophora japonica*

蝶形花科槐属。喜光，略耐阴。深根性，根系发达。耐寒，不耐阴湿，抗干旱，要求土层深厚、排水良好的土壤，石灰性、中性和酸性土上均能生长，能耐烟尘，抗风力强，寿命长。树冠圆形。

1. 繁殖方法

国槐以播种繁殖为主，也可采用嫁接繁殖。当苗高达60~100 cm时，需要平茬养干，用于园林绿化，一般需要培育5年以上才能出圃。在定干的高度上也可以嫁接龙爪槐。

2. 栽培技术

大苗可在春季裸根移植，对树冠重剪，待成活后重新养冠，栽后2~3年内要注意调整枝条的主从关系。

3. 整形修剪

定干高度一般在3~3.5 m。定干后第二年选留4个均匀配列的主枝(注意不要成轮生)作为树干主体，以后要在主枝上根据空间条件选留二级枝、三级枝。

成形树的修剪，主要根据树型和生长空间环境，在空间允许的条件下，尽可能使主枝向外开张，扩大树冠。对其主枝每年在壮枝处中截，并根据空间状况选留二级枝、三级枝。在修剪时，要明确主枝与二级枝、三级枝之间的主次关系，并调整它们的生长势。

修剪以杯状树形为宜，但开张角度一般小于法桐。也可采用高干自然开心形，自然开心形在主干上着生 3~5 个主枝，每个主枝上着生 2~3 个侧枝；在上方无架空电线时，也可将其整形成有主干疏散分层形，主干疏散分层形全树有主枝 5~7 个，分 2~3 层着生在中心干上。每年疏除轮生枝、丛生枝、细弱枝、病虫枝、过密枝及干枯枝等。经过 4~5 年的修剪，主干已相当高大粗壮，冠高比约 1∶2 时，可停止修剪，任其自然生长，则可形成较高大的树形。

偏冠树的改造修剪同法桐。

（三）银杏 *Ginkgo biloba*

银杏

银杏别名白果树、公孙树，银杏科银杏属，雌雄异株。阳性树，适应性强，深根性树种。较耐旱，耐寒性较强。生长速度慢，病虫害少，寿命极长。树冠广卵形，青壮年期树冠圆锥形。银杏每年仅生长一次，无抽生副梢的现象，长枝的顶芽及顶端的数芽每年仍长成粗壮的长枝；在中部的芽长成细长枝或短枝；在中下部的芽则常成为短枝；短枝的顶芽仍继续形成短枝或分化成混合芽而生长为结果枝。结果枝在叶腋开花结实。

1. 繁殖方法

银杏以播种繁殖为主，也可采用扦插、嫁接繁殖。

2. 栽培技术

种植前，应在冬前完成深翻全垦工作，清除石头、柴草、树根，深翻 30 cm，经过严冬冻化，以利改良土壤理化性质和冻死地下害虫。第二年开春全面整地、挖穴即可种植。2 月中旬至 3 月中旬为定植最适时间。栽培前每穴施放腐熟的饼肥 1 kg 或适量的已腐熟的栏肥与回填土壤拌匀。栽种时，先回填适量表土于穴底，然后一手扶植苗木，一手将土填入穴内，当土盖至不露根须时，用手将苗向上轻提，使苗木根系自然舒展。然后逐层加土、压实，一般栽到埋没根颈处为适度，再在苗基部放些松土，形成“龟背状”，以利排水。

3. 整形修剪

银杏主干发达，顶端优势强盛，宜形成自然树形，即有中央领导干的冠形。苗木栽植后，可以放任自然生长，不必短截枝顶，但对主干顶端的主枝，一定要抑制比较直立的强枝，通过短截、剪口留外芽以减缓树势；或对强枝进行拉枝，开张角度，以扶助弱枝间生长保持平衡；并及时疏除主干上的密生枝、衰弱枝、病虫枝等。银杏成年树短枝多而长枝少，结果多，树冠内枝条不易密生，所以修剪量宜少。定植时，将顶端直立、生长强壮的枝条作为中央领导干的延长枝培养并可不短截，疏剪干枯枝、病虫枝即可。

成形树的修剪，采取自然式修剪。疏除竞争枝、枯死枝、下垂衰老枝，使枝条上短枝多，长枝少，及时疏除过密枝。银杏隐芽寿命很长，受刺激很易萌发成枝，故主侧枝更新极易，且树冠或主枝下部也不易光秃无枝。在嫁接过的雌株树冠内，凡直立的徒长枝，只要是扰乱树形的，都要自基部除去。

（四）栾树 *Koelreuteria paniculata*

栾树，别名乌叶树，无患子科栾树属。喜光，稍耐阴，适应性强。深根性，萌芽力弱，不耐修剪，在风口处易风折。耐寒，耐干旱瘠薄。生长速度中等，树冠近圆球形。其复叶、黄花、蒴果均可观赏。

1. 繁殖方法

栾树以播种繁殖为主。苗木移植一般在早春萌芽前进行，小苗可裸根移植，带些宿土更好，大苗移植须带土球，播种苗一般第二年春季分栽。栾树树干不易长直，栽后可采用平茬养干的方法养直苗干。苗木在苗圃一般要经过2~3次移植，每次移植时适当剪短主根及粗侧根，这样可以促进多发须根，使其出圃定植后容易成活。播种苗在苗圃培养3~4年，当胸径达到4~5 cm时，即可出圃，用于园林绿化。

2. 栽培技术

栾树的日常管理较为简单，早春萌芽前要施1次基肥，生长期要适时中耕除草及追肥，及时清除萌蘖。秋季落叶后，进行适当整形修剪。

3. 整形期修剪

栾树定干高度宜为3~3.5 m。定植后，经过一年的生长，于当年冬季或翌年早春萌芽前，在分枝点以上萌发出的枝条中，选留3~5个生长健壮、分布均匀的主枝，中短截，留40 cm左右，其余全部疏除。第二年夏季，及时抹除主枝顶部萌出的侧芽，冬季进行疏枝，在每个主枝上选2~3个方向合适、分布均匀的侧枝，其余疏掉，全树共留6~9个侧枝，中短截，留长度40~60 cm。这样短截3年，树冠扩大，树干也粗壮，冠形也基本形成。栾树幼树顶部出现竞争枝，要及时抹除。

成形树的修剪，每年可作常规性修剪，疏除干枯枝、病虫枝、内膛枝、交叉枝、细弱枝及密生枝。主枝的延长枝过长应及时回缩，或利用背生枝、斜侧枝，继续当主枝的延长枝。对主枝背上的徒长枝齐基剪掉，如果主枝两侧长有一些小侧枝，视空间状况，可留下或齐基剪除。

（五）臭椿 *Ailanthus altisisma*

臭椿，别名椿树，苦木科臭椿属。阳性树种，萌芽性强，深根性，根系发达，但因须根少抗风力差。耐寒（能耐 −35℃的低温），耐干旱瘠薄土壤。生长速度快，病虫害少，对空气污染有较强的抗性。假二叉分枝，树冠圆整如半球状。

1. 繁殖方法

臭椿以种子繁殖为主。臭椿生长快，通常作庭荫树、行道树应用，要求主干通直而分枝点高。一般可在育苗的第二年春进行平茬，以后要及时摘除侧芽，使主干不断延伸，达到定干高度后再让其萌发侧枝培养树冠。在幼苗培养过程中，要适时浇水，每年施1~2次追肥，初冬或早春施1次基肥，促其生长。

2. 栽培技术

移栽一般在春季苗木上部壮芽膨大呈球状时进行，并要适当深栽。栽后加强浇水、松土、除草等抚育管理工作。

3. 整形修剪

臭椿整形修剪可分为千头椿式和中央领导干式2种。

(1) 中央领导干式修剪。若定植苗为截干的，当枝条萌生后，选留主干顶部一生长健壮、直立的枝条作为主干延长枝培养，其余枝条全部剪除；冬季，疏除直立徒长枝、背上枝，短截竞争枝，保持主干延长枝的顶端优势。每年如此，即可培养成中央领导干形的树冠。

(2) 千头椿式修剪。截干定植后，对第一年萌发的枝条选留其顶部3~4枝条做主枝，任其自由生长；冬季，疏除直立的徒长枝、背上枝，并在每个主枝上部选留一个壮枝作为延长枝，对其他直立枝要全部疏除，对其侧生枝条要尽力保留，并严格控制“树上树”。每年如此，即可培养如千头椿式的株形。

成形树修剪，采取常规性修剪措施。以调整树势为目的，去弱留强，及时剪除病虫枝、干枯枝、过密枝、重叠枝及交叉枝等，疏除直立枝、竞争枝，保留平庸枝。

（六）白蜡 *Fraxinus chinensis*

白蜡

白蜡，别名梣、青榔木、白荆树，木犀科白蜡属。喜光，稍耐阴，适应性强。耐寒，耐旱，较耐水湿，喜湿润、肥沃的钙质土或沙壤土，在酸性、中性及轻盐碱土上均能生长。萌芽力强，老树可萌芽更新，耐修剪，生长较快，寿命较长。树冠卵圆形。

1. 繁殖方法

播种繁殖。

2. 栽培技术

移栽以早春芽萌动前为宜。起苗时要保持根系完整，栽前整好地，栽植穴内施足基肥，栽后踩实，并浇透水，7 天后再浇 1 次水。生长季每隔 15~20 天浇 1 次水，及时松土除草。入冬前浇 1 次封冻水，以利于安全越冬。

3. 整形修剪

白蜡树大苗移栽可定干抹头栽植，以利形成整齐树冠，确保成活率。定干高度根据栽培需要而定，如作行道树，主干高度一般为 2.5~3.0 m。树形可采用高干自然开心形或主干疏散分层形。自然开心形在主干上着生 3~5 个主枝，每个主枝上着生 2~3 个侧枝。主干疏散分层形有主枝 5~7 个，分 3 层着生在中心干上。新栽的白蜡树，在前 2~3 年内，应采取冬剪和夏剪相结合的方式进行，目的是培养大主枝，尽快扩大树冠。选择生长健壮、方向合适、角度适宜、位置理想的枝条做主枝。主枝以下萌芽全部抹除。冬剪时对主枝进行短截，粗壮的主枝要适当留长些，细弱的主枝适当留短些，对其余枝条进行合理疏枝，疏除轮生枝、丛生枝、细弱枝、病虫枝、过密枝及干枯枝等。经过 4~5 年的修剪，主干已相当高大粗壮时即可停止修剪，让其自然生长。多年生老树要注意回缩更新复壮。

成形树的修剪，一般采用常规性修剪。修整成自然椭圆形，剪除干枯枝、病虫枝、内膛交叉细弱枝、萌蘖枝及交叉枝，回缩或除去下垂枝。如果主枝的延长枝过长应及时回缩，或利用背上枝、斜侧枝，继续当主枝的延长枝。对于主枝背上的直立徒长枝要齐基剪掉。如果主枝两侧有一些小侧枝，又有空间且不扰乱树形，同时不影响主枝生长，也可以留下。剪锯口平滑，不留桩。使枝条分布均匀，树冠完整美观，高度一致。

（七）元宝枫 *Acer truncatum*

元宝枫，别名平基槭，槭木科槭树属。稍喜光，弱阳性，喜侧方庇荫。深根性，生长速度中等，有一定耐旱力，但不耐涝，土壤太湿易烂根。能耐烟尘及有害气体，对城市环境适应性强。树冠伞形或倒广卵形，是北方重要的秋色叶树种。

1. 繁殖方法

播种或软枝扦插繁殖。

2. 栽培技术

休眠期移栽，要注意主干的培养，及时剪除侧枝，使主干达到要求高度后再培养树冠，一般要 4~5 年生苗才可出圃定植。4 年生以上大苗移栽时需带土球。栽植时，栽植穴内施 1~1.5 kg 腐熟堆肥或厩肥，栽后浇足定根水，以后每隔 1~2 年追施有机肥 1 次。

3. 整形修剪

定干高度宜在3~3.5 m。定植后及时抹除主干下部的萌芽和根部萌蘖,保留主干顶部的萌芽。当年冬季,选留3~5个均匀配列的枝条并短截,作为主枝培养,其余剪除,可形成一层主枝的树冠。短截时剪口留外向芽。因枝条对生,疏剪时要交互剪除,形成互生的株形。

也可在定干后留2层主枝,全树留5~6个主枝,然后短截,每层50 cm左右。夏季要掰芽去蘖,分枝点以下蘖芽全部除去。在主枝上选方向合适、分布均匀的芽留3~4个(相互错开),第二次定芽,每个主枝留2~3个发育成枝。以后发育成圆形树冠,保持冠高比1:2。剪掉干枯枝、病虫枝、内膛细弱枝、直立徒长枝等。

成形树的修剪,一般采取常规性修剪。及时剪除病虫枝、细弱枝、干枯枝等,冬季宜齐基疏除交叉枝、重叠枝、过密枝、徒长枝等。

(八)楝树 *Melia azedarach*

苦楝

楝树,别名苦楝,楝科楝属。喜光,不耐庇荫,萌芽力强,根系不发达。喜温暖,耐寒力不强,稍耐干旱、瘠薄,对土壤要求不严,抗风、耐烟尘。生长速度快,寿命短,30~40年即衰老,病虫害少。冠宽阔近于平顶,花期5—6月,淡紫色花朵,枝条平展。

1. 繁殖方法

播种繁殖。1年生实生苗往往不产生侧枝,只有通直的主干,中上部分布二回羽状复叶。顶端一段新梢(秋梢),芽密集,但很弱小,而其中间一段(夏梢),侧芽特别强健饱满,为了促进主干的高生长,要去弱留强。在冬春季节,将幼苗的先端剪除,剪口芽留强健饱满芽。剪截强度,掌握"壮苗、直顺苗轻短截,弱苗、弯曲苗重短截"的原则。当主干上端新芽长到3~5 cm时,选先端第一芽作中心主枝培养,其余芽皆抹除,以节省养分,集中供应中心主枝的旺盛生长,新梢当年即可长高2 m左右。如果第一芽因离剪口太近,或受损伤,生长反而衰弱时,可在夏剪时将此枝连同一段老干剪去,用较强壮的第二芽代替,培养成为主干延长枝。

第二年春,仍如上年一样,对中心主枝进行短截,唯在当年生主干中下部,选留错落分布的2~3个新枝做主枝培养,且要与上部所留主枝互不重叠,以不断增加树体营养面积。为控制这些主枝的过旺生长,每年冬季要进行短截修剪,夏季要不断摘心或剪梢。

第三年春季修剪,如同上年,不过剪口芽方向要与上年相反,以便长成通直主干。达到定干高度时,停止修剪,而任其自然分枝,形成新的树形。楝树根系不甚发达,移栽时不宜对根部修剪过度。移栽以春季萌芽前随起随栽为宜,秋冬移栽易发生枯梢现象。

2. 栽培技术

育苗一年后,树苗长至120~200 cm时即可移栽。秋季落叶后至第二年春天出苗前进行移栽,按行株距200 cm栽植,穴深50 cm,穴径50 cm,穴内施足基肥,覆一层土,对太长的根,剪去先端,把苗放穴中间,覆土半穴,轻轻提苗,让根部舒展,再覆土压实,浇水,填平穴。

3. 整形修剪

整形修剪有以下2种形式。

自然开心形:定干高度为2.5~3 m。主干达到要求高度后,宜在主干顶部留3~5个主枝并短截。翌年,每个主枝上只留向上生长的枝条2~3个,并短截,及时抹除主干、主枝上的萌芽,依此即可形成斜向上的枝干结构。

中央领导干形:芽萌发后,在主干顶部选留一根直立、强壮的枝条作为主干延长枝培养,其余枝条去强留弱，并将弱枝短截；若没有较直立的枝条，可选留一强壮枝条，用外物扶正支撑。及时剪除竞争枝，保持顶端优势，即可培养成中央领导干形树冠。生长期及时剪除病虫枝、下垂枝等。

成形树的修剪，及时抹除萌芽，疏除过密枝、重叠枝、交叉枝、病虫枝及干枯枝等。侧枝较平展，易下垂，应及时对其短截，促进小侧枝的萌生。宜利用背上枝，将其短截，形成斜向上的枝干结构。

（九）合欢 *Albizzia julibrissin*

含羞草科合欢属。喜光，能适应多种气候条件，对土壤适应性强，喜湿润、肥沃和排水良好的土壤，也耐干燥和瘠薄土壤。具根瘤菌，有改良土壤的作用。萌芽力弱，不耐修剪，浅根性，树冠扁圆形，常呈伞状。花期6—7月，花丝粉红色。

1. 繁殖方法

播种繁殖。

2. 栽培技术

移栽宜在春季萌芽时进行，成活率高。起苗时要注意保全根系，小苗可裸根移栽，大苗需带土球。栽前修剪劈裂根，栽时使根系舒展，栽后踏实，浇透水，以后每隔7~10天浇1次水，连浇3~5遍，每次都要浇透。大苗栽后需设支架，以防被风吹倒。秋季施入有机肥，以提高树势。合欢耐涝性差，雨季注意排水，以防发生涝害。1~2年生苗在北方需掘起假植越冬，以防冻害。

3. 整形修剪

合欢在放任生长情况下，顶部数芽冬季抽条而亡，下部的几个健壮芽逐步形成优势，在翌春继续生长，形成新的主干；如此年年反复，自然形成伞形树冠。如人工整形，也应顺其自然，最好整成自然开心形树冠。合欢3~4年生幼树主干高达定干高度3~3.5 m时，可进行定干修剪。在主干一定高度处剪截，选3个方向合适、生长健壮、上下错落的枝做主枝，用来扩大树冠。冬季对3个主枝短截，在各主枝上培养几个侧枝，彼此错落分布，各占一定空间；同时侧枝自下而上，务必保持明显的从属关系。以后，树体不断扩大，即可停止短截修剪。当有的枝条伸展过远，下部出现光秃现象时，要及时回缩换头，并注意剪除枯死枝、过密枝、病虫枝、交叉枝等，以增强观赏效果。

成形树采取常规性修剪。剪除枯死枝、病虫枝即可。当树冠扩展过远，下部出现光秃现象时，要及时回缩换头。树干受伤后，易形成条状干枯，在修剪时，一是注意不要给树体造成创伤，二是尽力改善光照条件。

（十）梧桐 *Firmiana simplex*

梧桐科梧桐属。喜光，也可耐半阴。不耐寒，喜肥沃。树冠卵圆形。宜栽植于背风向阳处，积水易烂根。深根性，直根粗壮，萌芽力强，一般不宜修剪。

1. 繁殖方法

播种繁殖。

2. 栽培技术

梧桐栽培容易，管理简单粗放。在北方，冬季对幼树要包草防寒。每年入冬前和早春各施肥、灌水1次。

3. 整形修剪

以培养中央领导干形为主。大苗定植前，视苗高确定留枝层数，通常2~3层为宜。这样不仅外观美，而且因枝叶多，有利于树体营养生长及根系发育。对于成形树，主要是注意主干顶端一层轮生枝的修剪，要确保中心主干顶端延长枝的绝对优势，削弱并疏除与其同时生出的一轮分枝。如果因枝势过旺，形成与主干竞争的枝条，必须及时进行修剪控制，绝不能放任不管，以免造成分叉树形。生长期及时短截或疏除竞争枝、过密枝、病虫枝等。

（十一）七叶树 ***Aesculus chinensis***

七叶树，别名梭椤树，七叶树科七叶树属。喜光，稍耐阴。喜温暖湿润气候，较耐寒，怕酷热。喜深厚、肥沃、湿润而排水良好的土壤，以山谷的酸性土或溪边石砾土生长发育最好。深根性，萌芽力不强，生长较慢，树干耸直，树冠开阔，树姿雄伟，叶大而形美，初夏又有白花开放，蔚然可观，是世界著名的观赏树种之一，宜作庭前树及行道树。树冠庞大，呈圆球形。

1. 繁殖方法

播种繁殖。由于种子含水量高，很难贮藏，所以一般9月成熟采收后随即播种，或带果皮拌沙在低温处贮藏至翌年春播。采用条状点播，播种时，将种脐向下，覆土，盖草，秋播种的种子有可能出苗，对幼苗需要进行冬季防寒。未发芽的翌年3月可见苗，幼苗出土力弱，并怕日晒，故苗床应遮阴，并保持湿润，防止土壤板结。在一般常规圃地管理下，当年苗高可达50 cm，翌年春分床移植，以后每隔1年移植1次，扩大株距移植3次，培育5~6年可供绿化。

2. 栽培技术

移植定植应在深秋落叶后至翌春发芽前进行。选择背风并有侧方遮阴处，需带土球，树穴要挖得大而深，栽时施足基肥，栽后浇足水，并用草绳缠裹树干，以防树皮灼裂。在栽植过程中，注意切勿损伤主枝和根系，以免破坏树形和影响成活。平时管理注意旱时浇水，一年施肥2~3次。因树皮薄，易受日灼，故在深秋及早春要在树干上涂白，在北方冬季对幼苗采取用稻草包干等防寒措施。

3. 整形修剪

修剪要在新芽抽出前的冬季至早春萌芽前进行，七叶树树冠自然生长较为圆整，较少修剪。夏季修剪只限于将过密枝与过于伸长枝疏掉。七叶树枝为对生，常出现一些不美观的逆向枝、上向与下向的枝，均应从基部剪除，把水平或斜向上的枝留下，这样才能形成优美的株形。

（十二）黄连木 ***Pistacia chinensis***

漆树科黄连木属。喜光，阳性树种，稍耐阴。喜肥沃、湿润而排水良好的土壤。对土壤酸碱度要求不严，微酸、微碱、中性土均能适应，耐瘠薄干旱，生长较慢。深根性，萌蘖力较强。

1. 繁殖方法

播种繁殖。种子11月采收，经净种处理稍晾晒后播种，或经沙藏越冬后，春季播种。移栽在春季或秋季进行。幼苗在北方地区需进行越冬假植，翌年再行移植。

2. 栽培技术

移栽时，应注意保全苗木根系，并短截树冠部分枝条，栽后浇足水。新栽植的大树，当年要做好松土、除草、灌溉、施肥等养护工作，使苗木健壮生长。入冬前浇1次封冻水，以利于安全越冬。

3. 整形修剪

移栽大苗时，应适当剪去部分枝条，以提高成活率。幼树注意培养好树形。进入盛果期的植株，外围枝大部分变为结果枝，结果部位易外移，外围和下部枝条易下垂，修剪时应注意疏除密生枝、交叉枝、重叠枝、病虫枝等以改善通风透光条件；同时更新结果枝组，以提高枝条的连续结果能力。衰老树应注意更新复壮树势，下垂枝回缩到向上生长的分叉枝处。将下垂结果枝进行重短截或重回缩，复壮效果显著。

（十三）梓树 *Catalpa ovata*

紫葳科梓树属。喜光，稍耐阴。深根性。颇耐寒，不耐干旱瘠薄。树冠开展，呈倒卵形。圆锥花序顶生，花冠淡黄色，花期5—6月，蒴果长角状，花果均具观赏性。

1. 繁殖方法

种子繁殖。梓树移栽定植，宜在早春萌芽前进行。定植株行距为50 cm×70 cm，生长期应适时灌水、中耕、除草，随时剪除萌蘖。6—7月结合浇水追施2~3次无机肥；8月停施氮肥，增施1次过磷酸钙等钾肥；后期生长控制浇水，以促使其木质化，利于越冬。梓树幼苗冬季易失水抽条，因此，幼苗宜入冬起苗假植越冬，翌年春重新栽植。1~2年生苗木，每年均需越冬保护，以防抽条并影响其主干生长。

2. 栽培技术

为培养通直健壮主干，在苗木定植的第二年春，可齐地剪除茎干（平茬），使其重新萌发新枝，取其中干直者继续培养成主干。

3. 整形修剪

为培养通直、健壮主干，在苗木定植的第二年春，可齐地剪除（平茬）茎干，使其重新萌发新枝。定干高度以3~3.5 m为宜。定植后，在其顶端选3~4个均匀配列的枝条作为主枝，其余枝条全部疏除，以后每年对主枝进行短截，留40 cm。其主枝形成3~4侧枝，彼此间相互错落分布，各占一定空间，形成从属关系。

成形树的修剪，树体较大的只作一般性修剪，保持原有骨架，剪除干枯枝、病虫枝、直立徒长枝，当树冠扩展较远、下部光秃时应及时回缩，对弱枝要及时更新复壮。

（十四）杜仲 *Eucommia ulmoides*

杜仲科杜仲属。喜光，稍耐阴，适应性强。萌蘖性强，根系较浅而侧根发达。喜温暖湿润气候，耐寒力强。生长速度中等，树冠圆球形。

1. 繁殖方法

播种繁殖，扦插亦可生根。

2. 栽培技术

杜仲宜选择湿润、深厚的中性或石灰性土壤栽植。春季裸根移栽，大苗需带土球。栽前挖好定植穴，定植穴内施有机肥作基肥。栽植的苗木要求苗高在60 cm以上，根、皮、芽无损伤，尤其注意保护苗木顶芽，顶芽损伤苗移栽后，主干不能正常发育。栽后浇透水，水渗后盖少许疏松土，根基堆土略高于地面。每年春夏两季，结合中耕除草进行追肥。在生长旺盛的季节要保持土壤湿润，如遇干旱，要适时浇水，以利生长。越冬前浇封冻水，以利安全越冬。

3. 整形修剪

杜仲可采用主干形、疏散分层形、自然圆头形或自然开心形树形，需根据栽培目的选择适宜树形。自然开心形树形是幼树定植2年后，距地面60~80 cm处定干，春季萌芽后，选择3~5个枝梢培养成主枝，其余枝条剪去。以后每个主枝上培养2~3个侧枝，并适当修剪侧枝，把过密的侧枝及地面长出的1年生萌蘖苗剪去，以促进树干及主枝健壮生长。成年树修剪应注意保持树冠内空外圆，同时应根据生长势的强弱对主枝适当修剪，一般剪去主枝延长枝的1/3。杜仲修剪时还应注意剪除病虫枝、枯枝、徒长枝、过密的幼枝及生长不匀称的枝。

（十五）黄栌 *Cotinus coggygria*

漆树科黄栌属。温带喜光树种，稍耐阴。耐干旱、瘠薄，耐寒，要求土壤排水良好。

1\. 繁殖方法

黄栌主要是播种繁殖，也可用根插或分株。

2\. 栽培技术

黄栌栽培容易，管理简便，栽植地应选在高而不积水的地方。须根较少，故移栽时需对枝进行强修剪，以保持树势平衡。春季栽植，可截干去头。生长期要浇水、施肥。春季芽萌发前修剪过密的枝条，使树冠通风透光。

3\. 整形修剪

黄栌主要为观赏树种，应注意管理树形。修剪在冬季至早春萌芽前进行。幼树的整形修剪，要在定干高度选留分布均匀、不同方向的几个主枝形成基本树形，生长期中产生的徒长枝要及时从基部剪除。冬季短剪主枝，调整新枝分布及长势，剪除重叠枝、徒长枝、枯枝、病虫为害枝及无用枝。平时要注意保持主干枝的生长，及时疏除竞争枝，同时加强对侧枝和内膛的管理，以保证树体枝叶繁茂，树形优美。

（十六）白玉兰 *Magnolia denudata*

白玉兰，别名玉兰、木兰、玉堂春等，木兰科木兰属。喜光，稍耐阴，颇耐寒。喜肥沃、适当湿润而排水良好的弱酸性土壤（pH5~6），但亦能生长于pH7~8的微碱性土中。主根较浅，侧根发达；根肉质，不耐积水。玉兰姿态婀娜，亭亭玉立，叶茂荫浓，笼盖一庭，花大、洁白而芳香，是我国著名的早春观花树种。树冠宽卵形或近球形。

白玉兰

1\. 繁殖方法

玉兰、紫玉兰等木兰属树种的繁殖常用播种、嫁接、扦插、组织培养等方法。种子有胚胎休眠现象，须经0~7℃的低温层积100天左右，才能打破休眠，于春2—3月播种，当年苗高可达30 cm左右。培育大苗，于翌年春季移植，适当截切主根后栽植。嫁接繁殖通常砧木用紫玉兰、山玉兰等木兰科属的植物，方法有切接、劈接、腹接、芽接等。劈接成活率高，生长迅速。晚秋嫁接成活率比早春要高。扦插繁殖是紫玉兰的主要繁殖方法，一般5—6月进行，插穗以幼龄树的当年生枝成活率高。插穗要用50 mg/L萘乙酸浸泡基部6 h，可提高成活率。

2\. 栽培技术

玉兰移栽不要损伤肉质根，大苗移栽要带土球，挖大穴，深施基肥，浅栽树，这样可抑制萌蘖，有利生长。移栽时期以芽萌动前10天或花谢后展叶前为好。对已定植的苗木，欲使其花大香浓，除施基肥外，应在开花前和夏季施以速效肥；花前追肥可促进鲜花怒放，6—7月追肥促进花蕾发育，来年花繁。春季干旱、夏季高温时均应注意及时浇水，保持土壤湿润。雨季要及时排除积水，以防发生涝害。

3\. 整形修剪

玉兰自然分枝比较均匀，树冠一般为圆头形。在园林中，幼树多采用自然圆锥形，成年后成为自然圆头形。玉兰枝干愈合能力较差，一般较少修剪，但为保持冠形优美，利于通风透光，促进花芽分化良好，可适当进行修剪。修剪时期为开花后至大量萌芽前，剪去病枯枝、过密枝、细弱冗长枝、并列枝与徒长枝，平时应随时去除根蘖。剪枝时，短于 15 cm 的中枝和短枝一般不剪，长枝留 12~15 cm 短截，剪口要平滑，微倾，剪口距芽应不小于 5 mm。对于生长过长和过于衰老的枝条要及时进行回缩修剪，以复壮树势。

（十七）石榴 *Punica granatum*

石榴科石榴属。喜光，在庇荫处开花不良。喜温暖气候，有一定耐寒能力。较耐瘠薄和干旱，怕水涝，生长期需要水量较多。对土壤要求不严，但不耐过度盐渍化和沼泽化的土壤，酸碱度在 pH4.5~8.2 均可生长。土质以沙壤土或壤土为宜，过于黏重的土壤会影响生长。喜肥，寿命较长，萌蘖力强，易分株。

1. 繁殖方法

石榴可播种、分株、压条、嫁接、扦插繁殖，但以扦插繁殖为主。扦插繁殖冬春取硬枝，夏、秋取嫩枝。硬枝取 2 年生枝条最好，嫩枝取当年生、已半木质化枝条。

2. 栽培技术

植株一年有 2~3 次生长，春梢开花结实率高，夏、秋梢花朵的结实率低，应在花谢后及时摘除，以节约养分。生长停止早而发育壮实的春梢及夏梢常形成结果母枝，一般均不太长，次年由其顶芽或近顶端的腋芽抽生新梢(即结果枝)，在新梢上着生 1~5 朵花，其中顶生的一花最易结果，修剪时切不可短截结果母枝。

3. 整形修剪

一般在冬季进行。整形方式有 2 种：一是小乔木状，二是灌木状—丛球形。

(1) 小乔木状修剪。多采用自然杯状整形，定植后，留约 1 m 高剪去主干，留 3~4 个新梢做主枝，其余新梢均剪除，两主枝间高低距离约 20 cm 即可。对当年生长过旺的新梢应摘心，冬季将各主枝中短截。次年在各主枝先端留延长枝，并在主枝下部留 1~2 新梢作副主枝，其余的则作侧枝处理，对过密的枝条应疏除。及时剪除干、根上的萌蘖。如此 2~3 年即形成树冠骨架并开始开花结果，以后可任其自然生长。修剪时，注意使树冠逐年适当扩大，除去萌蘖、徒长枝、过密枝及衰老枝、干枯枝。疏除过密枝时，可将成对的枝条剪去一侧而保留另一侧。

(2) 灌木状—丛球形修剪。修剪由基到梢、由内及外，保持内高外低自然丰满的圆形灌丛。疏除过多萌蘖、徒长枝、过密枝及衰老枝、干枯枝。对丛中央的主枝，应疏稀小枝，使大枝均衡生长；丛外边的小枝条应经常截短，使其多生斜生枝，促进树型生长更加美观。当树龄大而老枝过多、下部空枯时，应有计划的分批分期截短或疏剪老枝，培养新枝，以保持生长茂密。对突出丛外的徒长枝，要经常短截或疏除，以保持灌丛的整齐不乱。

（十八）西府海棠 *Malus micromalus*

蔷薇科苹果属。喜光，不耐阴，宜植于南向之地。较耐寒，耐干旱，喜土壤深厚，适宜 pH5.5~7.0 的微酸性至中性黏壤土中生长，忌水涝，萌蘖力强。

1. 繁殖方法

繁殖以播种或嫁接为主，亦可分株、压条及根插。

2. 栽培技术

移栽在落叶后至萌芽前进行，北方适宜春栽。苗木出圃时要保持根系完整。一般大苗移栽需带土球，中小苗留宿土或裸根移栽。栽后浇透水；定植后的苗木应加强抚育管理，经常保持土壤湿润、疏松、无杂草；除栽植时施足基肥外，每年秋季要施基肥，方可保证枝繁叶茂。为了来年仍能开出很多花，可不留果，待幼果出现后即摘除，可节约养分，促进花芽分化，翌年依然花繁。

3. 整形修剪

西府海棠可采用疏散分层形树形。定植后留干 1~1.3 m，剪去苗木顶端，春季萌芽后，将先端生长最强的枝条立直，作为主干延长枝，并培养成中心干，其下选留 3~4 个方向适宜、相距 10~20 cm 的枝条作为主枝，其余的枝条全部剪除，以节约营养。第二年冬剪时，将中心干延长枝留 60 cm 短截，剪口芽方向与上一年留芽方向相反，以便主干通直，使其上端再产生延长枝作中心干；选留的主枝留 40~50 cm 短截，剪口芽均留外芽或侧芽，以培养侧枝。第三年冬剪时，中心干延长枝留 60 cm 短截，在其下部选留 2 枝作为第二层主枝，短截，与第一层主枝相距 70~100 cm 并错落配置，便于充分利用空间和阳光。第四年依此类推，选留第三层主枝，每年对侧枝进行短截，从而培养出各级侧枝，使树冠不断扩大。同时，每年对无利用价值的长枝进行拉枝或重短截，以利形成中短枝，形成花芽；中短枝不短截，以免剪除大量花芽，影响观赏效果。

成年树修剪时应注意剪除过密枝、病虫枝、交叉枝、重叠枝及枯死枝，对徒长枝疏除或重短截，培养成枝组，对细、弱、长的枝组应及时进行回缩复壮。枝组衰老后，宜选定其基部或附近的健壮生长枝，进行更替，逐步去除老枝组。

（十九）紫叶李 *Prunus cerasifera* Ehrh.cv.Atropurpurea

紫叶李，别名红叶李，蔷薇科李属。喜温暖湿润气候，较耐寒。对土壤要求不严，喜肥沃、湿润的中性或酸性土壤，稍耐碱。生长旺盛，萌枝性强。

1. 繁殖方法

紫叶李主要是嫁接繁殖，也可压条及扦插，但生根慢，成活率低。砧木可用毛桃、山桃、李、梅及杏。李砧耐涝，梅、杏砧寿命长。

2. 栽培技术

移栽春、秋两季均可进行，以春季为好。秋栽应注意防寒，定植时，要施足底肥，浇透水。苗木成活后，应加强抚育管理，保持土壤湿润，适时除草松土，每年秋季施 1 次腐熟的有机肥，入冬前，浇 1 次封冻水，以利越冬。

3. 整形修剪

紫叶李可采用疏散分层形树形，主干明显，主枝错落，冠内通风透光良好，生长健壮且树形美观。苗木定植后，在干高 1 m 左右处短截，一般剪口下第一芽萌发的枝条生长最旺盛，作为中心干延长枝；其下选留 3 个较粗壮的新梢作为主枝，要求均匀分布并呈 45° 角斜向上开展，生长季对其进行摘心，以促生分枝，促进中心干延长枝生长。生长期内如果主枝间有强弱不均的分化现象，可用撑、拉、剪口留芽方向及里芽外蹬等多种技术进行调整。第二年冬剪时，适当短截主干延长枝，剪口留壮芽，方向与上年相反，以保证主干的通直；三主枝进行短截，剪口留外芽，以便继续扩大树冠。生长期内应注意控制徒长枝的生长，或疏除或摘心。第三年冬剪时，继续短截主干延长枝，同时选留第二层主枝，进行短截，与第一层三主枝错落分布。第一层的 3 个主枝也要短截，以扩大树冠。主干上的其余枝条，只要其粗度不超过着生部位主干粗度的 1/3，可长放不剪，如果过粗，可回缩到向外短枝处。第四年选留第三层主枝。此外，各主枝冬剪时，均应逐步配备适当数量的侧枝，注意错落分布。以后每年只要剪除枯死枝、病虫枝、内向枝、重叠枝和交叉枝即可；

对于放得过长的细弱枝，则应及时回缩复壮。

（二十）樱花 *Prunus serrulata*

蔷薇科李属。喜光，喜深厚肥沃而排水良好土壤，较耐寒。主产长江流域各地，东北、华北地区均有分布。根系较浅，对海潮风抵抗较弱，对烟尘及有害气体抗性不强。

1. 繁殖方法

樱花用嫁接繁殖，亦可扦插繁殖。春季用硬枝插，夏季用嫩枝插。嫁接砧木可用适应性强的单瓣樱花或樱桃实生苗。嫁接苗3~4年可出圃。

2. 栽培技术

移栽在春季萌芽前进行，由于根系浅，应注意保持根系完整，根部最好带宿土，大苗带土球。栽植时，在穴内施15~25 kg腐熟有机肥。养护期间注意浇水，保持湿润的环境。经常除草松土，雨季注意排水。秋季施1次基肥，入冬前浇1次封冻水。

3. 整形修剪

樱花多采用有一定主干（定干高0.5~1 m）的自然开心形，苗木定植后，留1 m左右剪截定干，以促生主枝。幼年阶段可保留中心干。每年春季萌芽前对各主枝延长枝短截1/3，以促生分枝，扩大树冠。在主枝的中、下部各选定1~2个侧枝，使其一左一右分布。主枝上其他中长枝则可疏密留稀，填补空间，增加开花数量。同时对侧枝的延长枝每年进行短截，使其中下部多生中、长枝。对于侧枝上的中、长枝则以疏剪为主，留下的枝条则缓放不剪，使其先端萌生长枝，中下部产生短枝开花。成年大树，因成枝力较弱，一般不修剪，每年只疏除内膛细枝、病枯枝，改善通风透光条件；对细弱冗长的枝组进行回缩，以刺激其下隐芽萌发新枝。对衰老树要逐年回缩更新，以恢复树势，提高观赏价值。

（二十一）柿树 *Diospyros kaki*

柿树科柿树属。单性花，同株或异株。喜光，适应性强。深根性，根系发达，吸水肥力强，萌芽力强，寿命长。耐寒，耐干旱、耐瘠薄能力特别强。对土壤要求不严，酸性、中性、石灰性土壤皆可生长。而以排水良好、富含有机质的壤土或黏性土最适宜，但不喜沙质土。树冠呈自然半圆、扁圆、长圆、卵圆或方形，成熟时果皮呈橘黄色，果期9—11月。秋叶变红，是一种较好的观叶观果树种。

1. 繁殖方法

柿树常用嫁接繁殖，北方以迁君子为砧木，南方以野柿、油柿或老鸦柿为砧木。

2. 栽培技术

移栽在秋季落叶后至翌年春季萌芽前进行，北方多春栽。春栽以顶芽萌动吐出嫩绿时栽植，成活率最高。选择土层深厚、有机质含量丰富、排水良好、湿润肥沃、光照充足的地方栽植。可裸根移栽，但带土球移栽成活率高。由于柿树幼树须根多，根内含单宁较多，受伤后难以愈合，移栽后恢复生长较慢，所以起苗时应保持根系完整，少伤根，忌根系失水干燥，尽量少移栽。

3. 整形修剪

柿树适宜的树形主要有主干疏散分层形和自然圆头形。幼树修剪重点是整好树形，选留好主侧枝，对中心干延长枝可适当短截，调整搭配好各类枝条的生长势及主从关系。新梢生长到40 cm左右时摘心，促进分枝扩冠，注意选好主枝方向和角度，保持枝间平衡，要少疏多截，增加枝量。对细弱枝要及时回缩更新，并培养成紧凑的结果枝组。盛果期树重点培养内膛小枝，防止结果部位外移，注意通风透光。要疏缩结合，更新培养小枝，保持树势，延长结果年限。对下垂骨干枝要进行回缩换头，回缩到向上斜生的分枝处。对结果枝组可采用双枝更新和单枝更新法进行修剪。双枝更新是在第一年冬剪时，在枝组上部保留 2/3 的结果母枝，下部选留 1/3 结果母枝，留基部 2~3 个芽短截，以培养第二年的结果母枝；第二年冬剪时，继续短截 1/3 结果母枝，并剪去第二年结过果的枝条。单枝更新即利用同一母枝进行更新的方法，对强壮结果母枝短截，使其剪口下生出结果枝，结果后剪除，下部未结果的枝条即为翌年的结果母枝。对于徒长枝，有空间的可加以利用，培养成结果枝组，填补空间；无空间的可疏去。同时，盛果期树应疏去密生枝、交叉枝、重叠枝、病枯枝等。

（二十二）山楂 ***Crataegus pinnatifida Bunge***

山楂

蔷薇科山楂属。喜光，稍耐阴，耐寒，耐干燥、贫瘠土壤，但以在湿润而排水良好之砂质壤土生长良好。根系发达。萌蘖性强。

1. 繁殖方法

嫁接繁殖，砧木为山里红，用芽接成活率较高。

2. 栽培技术

移栽苗木在春季进行，栽前挖定植穴，要求穴深 60~100 cm，直径 100 cm，施足基肥。苗根用 10 mg/L 萘乙酸浸泡 12 h，可促进苗木发根，提高成活率，并促进幼树健壮成长。栽后浇透水，7 天后再浇 1 次水，并松土保墒。每年入秋后施腐熟的有机肥，开花前、幼果膨大期、硬核期均应追肥。

3. 整形修剪

山楂可采用疏散分层形、自然圆头形或自然开心形树形。山楂树易偏干、偏冠，整形修剪应注意调整。幼树期间应注意整形，修剪以轻剪多留枝为原则。竞争枝、直立枝先重短截，下一年去强留弱或缓放，培养枝组。中心干延长枝短截，剪口芽方向与上一年相反，以矫正其偏斜现象。主、侧枝延长枝短截留外芽，以开张角度。初果期树对各级骨干枝的延长枝仍应适当短截，以保持从属关系和平衡树势。对密集的辅养枝疏除或回缩，改造成大型结果枝组，疏除密挤的细弱枝。盛果期树应注意改善通风透光条件，对树冠外围新枝进行短截，加强营养枝生长，回缩复壮结果枝组，疏除过密枝、重叠枝、交叉枝、并生枝及病虫枝；大枝先端下垂时，可轻度回缩，选留侧向或斜上分枝。对结果枝组应进行精细修剪，去弱留强，去细留壮，调整枝组密度，疏除细弱营养枝及细弱结果母枝，在枝组内年年短截部分中选壮母枝作预备枝，以防大小年。注意合理利用徒长枝，可通过短截及夏季摘心，培养成结果枝组。

（二十三）梅花 ***Pruns mume***

梅花

蔷薇科李属。阳性，喜光、通风良好，但忌风口。喜温暖、湿润气候，稍耐寒，能耐瘠薄，在山地或平地上均能生长，以黏壤土或壤土为佳，中性至微酸性为宜，微碱性也可以生长。先花后叶，早春开放。梅花的萌芽力、发枝力较强，树冠呈不正圆头形。

1. 繁殖方法

常用的繁殖方法是嫁接、扦插，压条次之，播种又次之。作为梅的砧木，南方多用梅和桃，北方常用杏、山杏或山桃。梅本砧表现良好，尤其用老梅树作砧嫁接成古梅树桩，更为相宜，通常用切接、劈接、舌接、芽接、腹接或靠接。嫁接在春季砧木萌动后进行，腹接还可在秋天进行，芽接在 6—9 月。播种可在秋季进行。

2. 栽培技术

梅的栽培有许多方法，有露地栽培、切花栽培、盆景栽培以及催延花期栽培等方式。露地栽培主要是适地适树，要选择阳光充足、通风良好的环境。一般栽 2~5 年生大苗，栽培方式可孤植、丛植或群植。栽前要挖树穴，施基肥，栽后浇灌。1 年一般施 3 次肥，即秋季至冬季施基肥；含苞前尽早施速效性花前肥；新梢停止生长后（6 月下旬至 7 月上旬）适当控制水分，并施过磷酸钙等速效性"花芽肥"，以促进花芽分化。

3. 整形修剪

以露地栽培为例，梅花树形以自然开心形为主。修剪一般轻度，并以疏剪为主，短剪为辅。一般梅花修剪多是从幼苗开始。当幼苗长到 25~30 cm 高时截去顶部，萌芽后留顶端 3~5 个枝条作为主枝。当枝条长到 20~25 cm 长时再进行摘心。第二年花开后留基部两三个芽短截，发芽后及时剪去过密枝、重叠枝，保留枝条长到约 25 cm 时再进行摘心，促使形成更多的花枝。修剪时应注意留芽方向。一般枝条下垂的品种应留内芽，枝条直立或斜生的品种应留外芽，剪口要平。如果梅花不进行短截和摘心，则树形杂乱，开花少。第三年以后根据造型要求，每年反复修剪，则树形优美，树冠丰满，开花繁茂。

成年树的修剪多在花后进行，一般强枝轻剪，弱枝重剪。开过花的主、侧枝适当疏剪，再将主枝上的侧枝留 2~3 个芽后短截。病虫枝、徒长枝、纤弱枝、过密枝随时从基部剪除。入秋后将短枝留 10 cm 短截，长枝留 5~6 个芽短截，做到植株枝条长短、高矮、疏密相间。

（二十四）鹅掌楸 *Liriodendron chinense*

鹅掌楸

鹅掌楸，别名马褂木，木兰科鹅掌楸属。喜温暖凉爽的湿润气候，在土层深厚、肥沃、湿润、排水良好酸性或微酸性的土壤上生长良好。生长快，寿命长。花期 5—6 月，果期 10 月。树冠圆锥形。生长强健，耐修剪。

1. 繁殖方法

鹅掌楸的繁殖以播种为主，扦插次之。

2. 栽培技术

鹅掌楸移栽比较困难，尤其是大树移植难度大，苗木移植时无论是大小苗，都需要带土球，大树移栽必须分年度进行，先逐步断根，后移植，否则即使移植成活，恢复比较困难，长期生长不良。

3. 整形修剪

在我国栽培的鹅掌楸多是不作任何修剪的自然形。苗期修剪非常重要，一年生的小苗修剪主要以剪除底部的徒长枝为主，剪口平滑整齐，紧贴主枝，不劈不裂，不撕破树皮，以使剪口能较快自行愈合。3 年生鹅掌楸就要注意树冠的整体外形，修剪时应先剪去主干上萌发的无用枝条，但不得撕裂树皮；及时疏除根蘖。

成年树萌枝力强，除进行常规修剪外，注意疏除主枝上的内膛直立枝，以免干扰冠形。

（二十五）紫薇 *Lagerstroemia indica*

紫薇

紫薇，别名百日红、满堂红、痒痒树，千屈菜科紫薇属。喜光，稍耐阴。喜温暖气候，耐寒性不强，耐旱怕涝，对二氧化硫、氟化氢、氯气等有毒气体抗性都较强。萌蘖性强，生长较慢，寿命长。花有红、粉、白、紫等色，顶生圆锥花序；花期 6—9 月。

1. 繁殖方法

紫薇通常以扦插、分株和播种方法进行繁殖，紫薇萌芽较晚，移栽以 3 月至 4 月初为宜。

2. 栽培技术

起苗时要保持根系完整，栽前施足基肥，腐熟的人粪尿、圈肥、厩肥及堆肥皆可，移栽后要及时浇足定根水。成活后的紫薇，生长期每15~20天浇1次水；早春施入充足的有机肥，5—6月酌情施追肥，以利于花芽分化。第二年枝繁叶茂，入冬前浇1次封冻水，以利于防寒越冬。

3. 整形修剪

灌木状整形，无论丛生或独干苗，定植后在一定高度处截干，并在冬季做树冠整形修剪。第一年冬季，在每根主枝干顶端留2~3个向外开张、分布合理的枝条，并在壮芽处中短截，作为第一级分枝；第二年冬季，在每根一级分枝顶端留2~3个向外开张、分布合理的枝条，并在壮芽处中短截，作为二级分枝。依此类推，就可形成丰满的树冠。

根据栽植地景观的要求，紫薇亦可作为小乔木进行培养。方法是每年选顶部直立枝作为主干，冬季在其壮芽处中短截，在主干上长出侧枝，每年选留一部分作为花枝和辅养枝。这样年复一年，10年左右即可培养成小乔木。当培养成小乔木后，对顶部树冠施行灌木修剪措施即可。

栽种紫薇要注意修剪。在移栽较大的紫薇时，栽前要重剪，可按栽培需要定某一高度的主干，地上部树冠全部剪掉，这样新发的树冠长势旺盛且整齐美观。幼树期间，应随时将茎干下部的侧芽摘除，以使顶芽和上部枝条能得到较多的养分而健壮生长。落叶后或早春萌芽前适当疏剪徒长枝、竞争枝、细弱枝、病虫枝以及枯萎枝等，使枝条均匀分布，形成完整匀称的树冠；留下的枝剪去顶部1/3，可达满树繁花的效果。在生长季节，夏季第一次花后及时剪除花枝，促发新枝以延长花期（紫薇花序开在新枝顶端）。

（二十六）榉树 *Zelkova schneideriana*

榆科榉属。喜光，喜温暖气候及肥沃湿润土壤，在酸性、中性及石灰性土壤上均可生长。忌积水，不耐干旱，耐烟尘，抗有毒气体，抗病虫害能力较强。深根性，侧根广展，抗风力强。生长速度中等偏慢，尤其是幼年期生长慢，10年生后逐渐加快，寿命较长。宜用作孤赏树、行道树、厂矿绿化、防风林。

1. 繁殖方法

种子繁殖为主。11月采种，除杂净种，阴干贮藏，2—3月播种，播种前用清水浸种1~2天。混沙条播，覆土盖草，4月下旬出苗，注意防鸟，及时间苗，加强松土、除草、浇灌、施肥。苗期常出现分杈现象，应及时修剪，当年生苗高达60~80 cm。培育大苗需要在圃培养5~8年达到出圃规格时方可出圃。扦插一般用硬枝，在早春进行，插穗需要进行生根处理，生根比较慢。

2. 栽培技术

栽植在冬季落叶后至翌年萌芽前，起苗时应先将四周的根切断后再挖，以免撕破根皮。养护时应做到先培养干、后培养冠，养干可以通过合理密植，并结合修枝措施来实现。

3. 整形修剪

榉树是合轴分枝，发枝力强，每年春季由梢部侧芽萌发3~5个竞争枝，在自然生长情况下，即能形成庞大的树冠。如作为庭荫树一般不修剪；若作为行道树，栽后每年应进行适当修剪，如主干弯曲则需要在树旁绑缚一竹竿，防止弯曲。待主干枝下高度达5 m左右时，留养树冠，停止抬高枝位修剪，在逐渐抬高枝位时，注意干高比。以后每年进行常规修剪。

（二十七）枫杨 *Pterocarya stenoptera*

胡桃科枫杨属。阳性树种，喜光、稍耐阴。喜温暖多湿气候，对土壤要求不严，酸性及中性土壤均可生长。耐水湿，不畏浸泡，干燥之处虽能生长，但易衰老。萌芽力强。生长快速，适应性强，是平原湖区主要绿化树种，可作行道树和护岸树，也可作孤赏树、庭荫树。

1. 繁殖方法

种子繁殖，8 月采收，去翅晾干，袋藏或拌沙贮藏。以秋播为好，也可春播。播种前温水浸种 24 h，出苗整齐，条播，20 天后出苗。苗高 10 cm 时间苗。苗期注意肥水管理和病虫害防治。一年生苗高可达 100 cm。

2. 栽培技术

移植不宜过早，应在清明前后，否则容易枯梢。应随起随运随栽。枫杨发枝力强，如修剪不当，树干难以高大通直。

3. 整形修剪

枫杨发枝力强，疏枝应从基部疏除。切口削平，促进愈合，以免造成树干腐朽空心。修剪宜在冬季，春季不宜，2~3 年生树修枝强度宜大，即把下部所有粗大主枝全部疏除；4~5 年生树要适当减轻。当树高达 10 m 左右时，疏枝强度一般保留树冠高为树高的 1/3~1/2，生长季及时抹掉主干上的萌芽。以后每年进行常规修剪。

（二十八）鸡爪槭 *Acer palmatum* Thunb.

槭树科槭属。产于我国和日本、朝鲜，在长江流域各地以及山东、浙江等地栽培。喜湿润凉爽气候，耐阴，在背阴或其他树荫，且土壤湿润肥沃、排水良好的环境，生长快，强健。酸性、中性土及石灰质土均可适应，在阳光直射条件下孤植，易遭日灼。

1. 繁殖方法

鸡爪槭采用播种繁殖易产生变种。如要不产生变种，可用嫁接方法育苗。10 月采种去翅，可秋播也可湿沙层积，春播在 2 月条播。3 月中旬至 4 月上旬用靠接、嫁接方法繁殖成活率高。

2. 栽培技术

苗木移植时，需在落叶期带土球移植。病虫害防治同元宝枫。

3. 整形修剪

整形一般自然式，在苗期注意用密植、接干方法培养干，达到一定高度时，通过移植进行稀植以培养树冠，对冗长枝进行短截，内膛密生枝适当疏除，以利通风透光，大树在落叶期进行常规修剪。

三、常绿花灌木的栽培管理技术

（一）瑞香 *Daphne odora*

瑞香科瑞香属。原产于我国长江流域，北方多盆栽。喜阴凉通风的环境，不耐寒，怕高温高湿，要求排水良好、富含腐殖质的土壤，忌积水。萌芽力强，耐修剪，易造型。

1. 繁殖方法

扦插繁殖为主，也可压条、嫁接或播种。

2. 栽培技术

移植春、秋两季均可进行，应选半阴半阳、表土深厚而排水良好处栽植。栽时施以堆肥，但施肥量不宜过多，忌用人粪尿；一般在 6—7 月可施 1~2 次追肥，每年冬季适当施肥。寒冷地区盆栽植株需室内越冬，要求温度不低于 5℃。栽培中需注意土壤不可太干太湿，还要防止烈日直接照射。肉质根有香气,需防治蚯蚓为害。

3. 整形修剪

瑞香萌芽力强,耐修剪,易造型。3月花后将残花剪去。在枝顶端的3个芽发育成3个新枝,来年7—8月花芽在顶端发育。花后可回缩修剪,创造球形树冠。枝顶突出的三小枝,可剪去中间一枝,再根据分枝方向的需要,回缩修剪所留两分枝中较大枝的1/2,保留小枝基部1~2芽,这样可保持球形树冠。以后维持树形,做常规修剪。

(二) 枸骨 *Llex cornuta*

冬青科冬青属。喜阳光充足,也耐阴。耐寒性较差。在排水良好的酸性土壤上生长良好。生长缓慢,萌芽力强,耐修剪。

1. 繁殖方法

播种繁殖为主,也可扦插或分株。栽植可在春季或秋季进行。枸骨属直根系,须根少,移植须多带宿土,少伤根系,栽前适当重剪枝叶。枸骨在苗圃培育后,2~3年即可出圃定植,若培养大苗或枸骨球,需从苗床移出另行培植。

2. 栽培技术

移栽须带土球,操作时要防止散球,同时要剪去部分枝叶,以减少蒸腾,否则难以成活。

3. 整形修剪

枸骨生长慢,萌发力强,耐修剪。花后剪去花穗,6—7月剪去过高、过长的枯枝、弱小枝、拥挤枝,保持树冠生长空间,促使周围新枝萌生。3~4年可整形修剪1次,创造优美的树形。

(三) 海桐 *Pitiospoum tobira*

海桐科海桐属。喜光,略耐阴,喜温暖湿润气候及肥沃湿润土壤,耐寒性不强,华北地区不能露地越冬。对土壤要求不严,黏土、沙土及轻盐碱土均能适应。萌芽力强,耐修剪。

1. 繁殖方法

海桐用播种或扦插繁殖,一般要培育4~5年方可出圃定植。

2. 栽培技术

海桐生长强健,栽培容易,小苗移栽可蘸泥浆或带宿土,大苗移栽要带土球。移栽时间在春季3月间进行,也可在秋季10月前后进行。海桐枝条特别脆,大苗移栽运输过程中要注意不要伤枝,以保优美形状。若要培养成海桐球,应自小去其顶,并注意整形。海桐虽耐阴,但栽植地不宜过阴,植株不可过密,否则易生吹绵蚧。开花时常有蝇类群集,应注意防治。海桐在北方地区多行盆栽,冬季需置于0℃以上的室内过冬,其间控制浇水即可。高温干旱期,要注意防治介壳虫寄生。

3. 整形修剪

6月进行整形修剪为宜,因为这时萌芽力强,可长出新枝。夏季应摘心防止徒长。如秋季修剪,新枝停止生长,萌芽慢,会使树木生长势变弱。

(四) 栀子 *Gardenia jasminoides*

栀子,别名黄栀子、山栀子,茜草科栀子属。喜温暖、湿润、稍荫环境,在庇荫条件下叶色浓绿,但开花较差,要求湿润、疏松、肥沃、排水良好的酸性土,也能耐干旱瘠薄,但植株易衰老。抗SO_2、HF、O_3能力强。萌芽力和萌蘖力强。

1. 繁殖方法

扦插繁殖。

2. 栽培技术

移栽以春季为宜，在雨季进行，必须带土球。夏季要多浇水，以增加湿度。开花前多施稀薄液肥，促进花朵肥大。在 pH5~6 的酸性土中生长良好，在北方呈中性或碱性的土壤中，应适量浇灌矾肥水或叶面喷洒硫酸亚铁溶液。

3. 整形修剪

栀子是叶肥花大的常绿灌木，主干宜少不宜多，其萌芽力强，如任其自然，往往枝叶交错重叠，瘦弱紊乱，密不透风。因此，适时整修是一项不可忽视的工作。栀子于 4 月份孕蕾形成花芽，所以 4—5 月除剪去主干上的部分分枝，对树冠上个别冗杂的枝叶稍作修剪外，一般应重在保蕾。6 月开花，应及时剪除残花，促使抽生新梢；当新梢长至 2~3 节时，行第一次摘心，并适当抹去部分腋芽。对位置不当的枝条，或剪去，或攀扎牵引，调整方向，填空补缺，使疏密适度，长短相宜，以保持树形协调美观。

（五）六月雪 *Serissa foetide*

六月雪又名白马骨、满天星，茜草科六月雪属。分布长江流域，南至广东。阳性树种，也能耐阴，喜温暖气候，也耐寒冷。在排水良好、肥沃、湿润疏松的壤土中生长良好，萌芽力、萌蘖力均强，耐修剪，易整形，扦插苗定植后 2~3 年开花，花期 6—7 月。可地栽，用于园林绿化，也可盆栽供室内欣赏。

1. 繁殖方法

分株或扦插繁殖。分株在春季进行，对丛生的老株或根蘖苗进行分株。扦插可在全年进行，3—4 月采用硬枝扦插，以 2 年生枝条为好；6—7 月采用嫩枝扦插，应选择生长健壮的当年生半木质化枝条。扦插后注意遮阴，保持苗床湿润，在 20℃的条件下，约 1 个月可生根。

2. 栽培技术

地栽的管理较粗放，一般移植四季均可进行，而以春季 3—4 月成活率最高。六月雪喜湿润气候，栽后要经常浇水，并施以稀薄液肥，促进枝繁叶茂。长江以北地区栽培要做好防寒越冬，每年冬季封冻前浇 1 次封冻水，并施入有机肥，封坑、培土。北方多行盆栽，盆栽六月雪生长较慢。上盆后浇好定根水，先放置于半阴处约 20 天，成活后移至阳光充足处，日常管理每隔 1~2 周施稀薄液肥 1 次，以便枝叶健壮，开花繁茂。夏季放入荫棚下，以利于通风，防阳光曝晒。入秋后随气温降低适量减少浇水量，秋后当气温下降到 10℃时移入冷室越冬，冷室温度不高于 5℃，不低于 -1℃。

3. 整形修剪

一般地栽修剪成球形或半球形，2—3 月进行修剪，将株丛中无用枝、徒长枝从基部剪除，选留 3~5 根健壮枝作为主干。3—6 月主干生长过长时，可从分枝处剪去主梢。平时要及时剪去根部的萌生小枝，以利主干的增粗，同时还要剪去老枝、拥挤枝，以利冠内通风透光。六月雪可以蟠扎加工成盆景桩头，可选取茎干粗壮、有一定姿态的六月雪树丛，于 3—4 月挖掘出土，分成独干、双干或多干的不同配置，剪除多余枝干，将根用竹片或其他易腐烂的绳索，捆扎成龙爪形上盆。当嫩枝长至 8~10 cm 长时，将基部或根部发的芽只留少许，其余除去，茎和枝上多余的芽也应随时去掉。上盆后约 3 个月便可加工造型，用棕丝进行蟠扎。注意高低呼应，前后错落有致。蟠扎后还应及时抹芽、修剪和补盘，翌年便可放丝。

（六）南天竹 *Nandina domestica*

小檗科南天竹属。喜温暖湿润气候，微酸性、中性土壤和富含腐殖质的石灰质地上生长良好。

在强光和土壤瘠薄之处生长不良，较耐寒。

1. 繁殖方法

南天竹以播种、分株繁殖为主，也可扦插繁殖。

2. 栽培技术

移栽在春、秋两季均可。移植时，中、小苗需带宿土，大苗需带土球。栽培中要注意选地，不要植于太阳直晒之处。干旱季节要注意浇水，保持土壤湿润，但花期不要浇水太多，以免引起落花。盆栽植株 3~5 年需换盆 1 次，1 年中可追施 2~3 次液肥，并应经常保持土壤湿润。落花后需剪去干花序，以保持植株整洁。

3. 整形修剪

南天竹有隔年结实的习性，结果后于 2—3 月进行修剪，将无用枝从基部剪去，选留 3~5 根健壮枝作为主干；也可采用分株的形式减少株干数。3—6 月主干生长过长时，可从分枝处剪去主梢。平时要及时剪去根部的萌生小枝，以利主干的增粗。每年落果后剪去干花序，保持植株清洁。还要剪去老枝、拥挤枝，以利冠内通风透光。如需主干上长出小分枝，可剪去梢部，促使分枝生长。

（七）凤尾兰 *Yucca gloriosa*

龙舌兰科丝兰属。耐干旱，喜强光，喜排水好的沙质壤土，瘠薄、多石砾的堆土废地亦能适应，对酸碱度的适应范围较广，除盐碱地外均能生长。茎易产生不定芽，更新能力强。在黄河中下游及其以南地区，可露地栽于园林花境。

1. 繁殖方法

播种、分株及扦插繁殖。

2. 栽培技术

凤尾兰生长非常强健，管理粗放。移栽很易成活，仅栽其茎干，把下部叶片剪除，经常浇水，均能成活。栽植第二年不需进行浇水、施肥，也能生长良好。花后要及时剪除花梗，剪除茎下部干枯的叶片。生长多年的茎干过高、歪斜时，可截干更新。

3. 整形修剪

凤尾兰幼株栽植生长后易倒，故此常在 3—4 月间在幼株时就从基部剪除，以利于从根部生出小株，而相互交叉错落生长。每年从基部剪掉老叶和开花后的花葶。如基部有新株长出，可将老株从基部切除；如基部无新株生出，可在老干中部切除。

（八）八角金盘 *Fatsia japonica*

五加科八角金盘属。亚热带树种，喜阴湿温暖气候，不耐严寒，不耐干旱，但耐水湿，宁沪一带宜选小气候良好处种植。以排水良好而肥沃湿润的微酸性土壤为宜，中性土壤也能适应。萌蘖力较强。

1. 繁殖方法

繁殖方法以扦插为主，亦可播种和分株。

2. 栽培技术

移栽在春季气候转暖、新叶萌发前进行。移栽要带土球，栽植地点应选择阳光照射强度小（最好是半阴）的地段，栽时施基肥，生长期追施稀薄的液肥。不用作采种的植株，花后要及时剪除残留的花梗，以减少养分消耗。北方地区盆栽苗木，每隔 2 年换盆 1 次。上盆宜在春季萌发前进行，如植株较高可适当短截，以适合盆栽观赏。可常年在明亮的室内摆饰，切不可在夏季阳光下曝晒，短时间强光直射也会将叶片灼伤。如放于室外，可置于建筑物北侧等半阴、通风良好处。在新叶生长期，浇水要适当多些，保持土壤湿润，以后浇水要掌握间干间湿。气候干燥时，还可向植株及周围喷水增湿。5—9月间，每月施饼肥水2次。10月中下旬移入室内越冬，翌年清明后再移至室外栽培养护。

3. 整形修剪

八角金盘具有丛枝性，枝从地面长出，梅雨季易萌芽。5—6月从基部剪除老叶黄叶；4—6月生长势较强，上面叶子长成后，而下面的叶子已变黄，待生长结束时，其植株高度已定，可将老化的黄叶剪除。八角金盘分枝性能差，因此，可将过高的枝从基部或地面以上剪去。在干的中部、叶芽的上方剪去，可促使植株矮化。

（九）砂地柏 *Sabina procumbens*

柏科圆柏属。喜光，喜海滨气候及肥沃的石灰质土壤，不耐低湿，耐寒，萌芽力强。

1. 繁殖方法

种子繁殖或扦插繁殖。

2. 栽培技术

砂地柏生性强健，栽植成活率较高。夏末秋初扦插的小苗生根后，可留床至翌年春分栽植。秋末较晚扦插的小苗或春季扦插的小苗，生根后，可装入营养钵在荫棚下锻炼养护数日，再移植到大田中。栽后要及时浇水，最好能用遮阴网遮阴几日，成活率较高。当年下地栽植的小苗如冬季用农膜小拱棚覆盖过冬，翌春开始生长早，苗木生长较快，可提前出圃。砂地柏栽培管理粗放简单，日常管理注意除草、灌水，生长旺期，追施1~2次有机肥。

3. 整形修剪

砂地柏枝条伸展自然、优美，在园林应用中多成片栽植，少见独植应用，故一般不做整形修剪，保持其自然形状。如植株个别枝条特长，影响植株的整体美观，可适当回缩，促使其多分枝使植株各分枝大致匀称。

（十）大叶黄杨 *Euonymus japonicus*

卫矛科卫矛属。阳性树种，喜温暖湿润的海洋性气候，对土壤要求不严，以中性而肥沃的壤土生长最好。适应性强，耐干旱瘠薄。极耐修剪整形。

1. 繁殖方法

大叶黄杨以扦插繁殖为主，也可播种繁殖。扦插春、夏、秋均可进行。大叶黄杨萌发力强，2~3年可供绿篱使用。培养大苗时在定植后，可在生长期内根据需要进行修剪。第一年在主干顶端选留2个对生枝，作为第一层骨干枝；第二年，在新的主干上再选留2个侧枝短截先端，作为第二层骨干枝。待上述几个骨干枝增粗后，便形成疏朗骨架。

2. 栽培技术

移植宜在3—4月进行，小苗可裸根或蘸泥浆移栽，大苗移栽或远距离运输需带土球，栽植在春季进行成活率最高。大叶黄杨适应性强，栽后一般不需要特殊管理，但生长期中要根据旱情及时浇水，追施1~2次有机肥。入冬前要浇一次过冬水。绿化上栽植修剪成形的绿篱、黄杨球及其他造型，每年要在春、夏两季各进行1次修剪，去除过密及过长枝。

3. 整形修剪

球形树冠修剪，一年中反复多次进行外露枝修剪，形成丰满的球形树。每年剪去树冠内的病虫枝、过密枝、细弱枝，使冠内通风透光。由于树冠内外不断生出新枝，应随时修剪外表即可形成美观的球形树。

老球树更新复壮修剪，选定 1~3 个上下交错生长的主干，其余全部剪除。来年春天，则可从剪口下萌发出新芽。待新芽长出 10 cm 左右时，再按球形树要求，选留骨干枝，剪除不合要求的新枝。为了促使新枝多生分枝，早日形成球形，在生长季节应对其多次修剪。

（十一）黄杨 *Buxus sempervirens*

黄杨科黄杨属。喜温暖气候，耐阴，通常在湿润庇荫条件下生长良好，凡阳光强烈的地方，叶多呈黄色。要求疏松肥沃的沙质壤土，但在山地、河边、溪旁同样生长良好，耐碱性较强。萌芽力强，耐修剪、造型。

1. 繁殖方法

播种和扦插繁殖。

2. 栽培技术

移栽和定植多在春季发芽前进行，成活率最高。移栽需带土球进行，栽前施足基肥。生长很慢，要经常浇水追肥，促进生长。育大苗时需作垄，株距 1 m，大苗应修剪整形，每年应在 5—6 月间对苗木截去新梢，以促进分枝。经 4~8 年的培育，可育成不同规格的黄杨球，用于绿化。

3. 整形修剪

同大叶黄杨。

（十二）杜鹃花 *Rhododendron simsii*

杜鹃花科杜鹃花属。喜光，多数种类具有一定的耐阴性；喜凉爽湿润气候，怕曝晒；喜酸性土壤，在碱性和黏重土壤上生长不良。

1. 繁殖方法

播种、扦插、嫁接、压条繁殖均可。以扦插繁殖最常用，插穗取当年生嫩枝刚木质化的枝条，带踵剪下，修平毛头，去掉下部叶片，留顶 4~5 片小叶。在梅雨季节前扦插成活率高，西鹃 5 月下旬至 6 月中旬进行，毛鹃 6 月上至下旬进行，夏鹃 6 月中、下旬进行。插穗下部浸蘸生根液，扦插后喷水、遮阴，除西鹃扦插后 40~70 天生根外，其他种类均在 1 个月左右生根。生根后及时移栽，10 月下旬可上盆。

2. 栽培技术

栽培土壤应疏松、排水性能良好。施肥掌握薄肥勤施的原则，忌强烈阳光直射。西鹃多采用嫁接法，最常用的是嫩枝顶端劈接，以 5—6 月最适宜。压条可用壅土压条法。

3. 整形修剪

幼苗在 2~4 年内，为了加速形成骨架，常摘去花蕾，并经常摘心，促使侧枝萌发，长成大株后，主要剪除病枝、弱枝，以疏剪为主。

（十三）红花檵木 *Loropetalum chinense* var. *rubrum*

金缕梅科檵木属。喜温暖湿润气候，不耐寒，半耐阴，喜酸性土壤，在碱性土壤上生长不良，发枝力强，耐修剪。

1. 繁殖方法

常用扦插繁殖。选择肥沃湿润、质地疏松、排水良好的酸性、微酸性或中性土壤，宜在 3 月底进行栽植。可嫁接繁殖，主要用切接和芽接 2 种方法。2—10 月均可进行，切接以春季发芽前进行为好，芽接则宜在9—10月。以白檵木中、小型植株为砧木进行多头嫁接，加强水肥和修剪管理，1年内可以出圃。

2. 栽培技术

栽培技术主要包括：松土除草、施肥、修剪、造型、除萌及防治病虫害等。

3. 整形修剪

将红花檵木修剪成球形，布置在绿带中。培养球形可分毛球和精球2种，毛球需要经过1~3年修剪造型而成，主要应用在管理稍粗放的大绿地中；精球至少要经过3年的修剪造型，主要应用在别墅庭院等精致园林中。用红花檵木密植成色篱起到围挡以及分隔空间的作用。大型色雕是将红花檵木定向培养或造型为动物、几何造型等绿色雕塑，还可培养成桩景，也可通过修枝控制将红花檵木培养为彩叶小乔木，多作为小区行道树使用。

四、落叶花灌木的栽培管理技术

（一）蜡梅 *Cimonanthus praecox*

蜡梅，别名黄梅、香梅等，蜡梅科蜡梅属。喜光，稍耐阴，有一定耐寒力，在北京小气候良好处可露地越冬，怕寒风吹袭。极耐干旱，忌水湿，宜土层深厚、排水良好的沙质壤土，在黏土中生长不良，耐肥力强，不耐盐碱，寿命长。蜡梅枝叶茂密，每当寒冬腊月，数九寒天，百花凋谢，唯有蜡梅独立寒冬，傲霜斗雪，花黄如蜡，清香四溢，为冬季观赏佳品，是我国传统名花之一。花期2—3月，果期7—8月。

1. 繁殖方法

蜡梅以播种、分株、压条、嫁接等方法进行繁殖。

2. 栽培技术

蜡梅移栽在春季萌芽前进行，小苗裸根蘸泥浆，大苗带土球移栽。栽前施入腐熟有机肥作基肥，每株5~8 kg，栽后灌足水。成活后，天气不十分干旱不宜多浇水。雨季注意及时排涝。秋末冬初是蜡梅花芽分化的关键时期，应追施1次以磷肥为主的液肥，入冬前，浇越冬水。第二年花谢后再施1次氮磷结合的复合液肥，促使植株生长健壮，开花繁茂。

3. 整形修剪

蜡梅发枝力强，素有“蜡梅不缺枝”的谚语。为形成良好的株形，栽后应及时整形修剪，保留20~30 cm的主干，使侧枝从主干上生出。当侧枝长到3~5节以后摘心1次，以防徒长。若不留种，一般宜在花后至发叶前进行修剪，剪去枯枝、过密枝、交叉枝和病虫枝，并将1年生枝条短剪，留基部2~3对芽，以促发新枝。以后还可再进行1次摘心，保持株形丰满。每年修剪应在3—6月间进行，7月以后停止修剪。如果不适期修剪，则易抽生许多徒长枝，不仅株形杂乱，而且消耗养分，影响开花。

（二）连翘 *Forsythia suspensa*

连翘，别名黄花杆、黄金条、黄绶带等，木犀科连翘属。喜向阳和温暖湿润气候，但也耐阴，耐寒，耐旱，耐瘠薄，不耐涝。最适在排水良好的肥沃土壤和石灰岩形成的钙质土壤上生长。萌蘖力强，具有较强的抗烟尘和污染气体能力。生长强健，早春花先叶开放，串串花朵挂满枝条，似鸟羽开展，娇艳的黄色明媚动人，艳丽可爱，是北方园林中早春不可缺少的观花灌木之一。

1. 繁殖方法

连翘以扦插繁殖为主，也可进行分株、播种、压条繁殖。

2. 栽培技术

移栽最好在落叶后进行，早春移植的当年开花不盛。定植时，在定植穴内施入堆肥，以后不再施肥连翘就能旺盛生长。在萌动前至开花期间，可灌水2~3次，夏季干旱时灌水2~3次，秋后霜冻前可浇1次封冻水。在雨季，要注意排除积水。隔年入冬前施有机肥1次，以使树势强壮。若在花前施肥，可延长开花时间，更令花繁色美。

3. 整形修剪

连翘在早春3月开花，花芽生在上年枝的叶腋中，并在春末的生长旺季就已经开始花芽分化。所以，连翘花后至花芽分化前应及时修剪，去除弱、杂乱枝及徒长枝，使营养集中供给花枝，以形成更多的花芽。秋后应短剪徒长枝，疏除过密枝，适当剪去花芽少、生长衰老的枝条。3~5年应对老枝进行疏剪、更新复壮1次。

（三）榆叶梅 *Prunus trilobo*

榆叶梅，别名小桃红，蔷薇科李属。喜光，根系发达，耐寒，耐旱力强。对土壤要求不严，但以中性至微碱性而疏松肥沃的沙壤土为佳，不耐水涝。花粉红色，常1~2朵生于叶腋，先叶或与叶同放，花期4月。

1. 繁殖方法

嫁接或播种繁殖。砧木多选用1~2年生的毛桃、山杏或本砧实生苗，也可用梅的实生苗。如果要将其培养成小乔木状，可在山杏等砧木主干上进行高接，使树冠位置提高。

2. 栽培技术

栽植可在秋季落叶后至春季萌芽前进行，栽在排水良好、阳光充足的地方。定植时，可在栽植穴内施2~3铁锹腐熟的堆肥，第2年再施1次堆肥，花后应追施液肥。从春季萌动至开花期间，可灌水2~3次；夏季旱时，可灌水2~3次，雨季注意排涝；秋后霜冻前灌1次封冻水。如果要移植成龄植株，可在前一年秋季两面断根，促发须根，春季移栽成活率高。

3. 整形修剪

丛状苗定植时，选3~5根分枝作为骨干枝培养，其余抹除。当骨干枝达到要求高度时，可截去干顶部，以控制高度；因其春季开花，宜在花后进行修剪。花谢后，将过长的枝条短截1/3~1/2，以控制冠的大小，并促使侧枝的萌发。及时抹除影响冠形的萌条，剪除冠内重叠枝、交叉枝、病虫枝、干枯枝。冬季落叶后，剪除冠内散乱枝，留取部分位置合适的健壮枝条短截以替换过老枝条，缩剪冠部小枝1/4~1/3，使翌年花芽营养集中。疏除过密枝条。亦可留50~100 cm高的主干短截，在主干顶端留3~5个主枝，再按上述方法进行修剪培养，也可形成很美的树冠。

榆叶梅生长旺盛，枝条密集，对过长的枝条应适当短截和疏剪，以保证来年花大花多。花后将花枝进行适度短剪，剪去残花枝促使萌发新枝。对纤细的弱枝、病虫枝、徒长枝进行疏剪或短剪。6—7月份榆叶梅枝条长到45 cm时，可以盘扎成各种形状以提高其观赏效果。3~5年对多年生老株应进行疏剪，以更新复壮。

（四）迎春 *Jasminum nudiflorum*

木犀科茉莉属。性喜光，稍耐阴，较耐寒，喜湿润，也耐干旱，怕涝。迎春枝细长拱形，花单生，先叶开放，花期2—4月。

迎春

1. 繁殖方法

迎春可用扦插、压条和分株繁殖。

扦插春、夏、秋三季都可进行，春季可在花后的2月至3月剪取一年生的枝条作插穗；夏季和早秋扦插，既可用一年生的枝条，也可用当年生的枝条作插穗，但无论哪种枝条都要求健壮、无病虫害，插穗长度10~15 cm，插入沙土中，浇透水，以后避免烈日暴晒，保持土壤湿润，1个月左右生根。

压条在生长季节进行，方法是将贴近地面的健壮枝条压入土壤中，约一个月，节处可长出新根。等新根长到一定长度时剪离母株，另行栽种。

分株在春季进行，将丛生的植株分开，分别栽种即可。

2. 栽培技术

迎春生长健壮，适应性强，栽培管理较为简便。定植时，应施入适量腐熟的有机肥作基肥，以后在每年秋季落叶后增施1次有机肥料。早春至开花前浇水2~3次，夏季不旱不浇，秋后浇1次防冻水。迎春枝端着地易生根，造成株形散乱，可在雨季挑动几次着地的枝条，以免其生根。

3. 整形修剪

早春开花种类，以观花为主要目的的修剪，采用自然拱枝形。迎春的花朵多集中在一年生的枝条上，二年生枝着花较少，所以每年花后要对花枝进行重剪，保持理想树形，只留基部3~4个芽，弱枝应少留。迎春生长力较强，每年可于5月剪去强枝、杂乱枝，6月剪去新梢，对过老枝条应重剪更新；若基部萌蘖过多，应适当剪除，使养分集中，并可保持株形整齐。为得到独干直立株形，可设立支柱来支撑主干，使其直立向上生长。摘去基部的芽，待长到所需高度时，摘去顶芽，并对侧枝经常摘心，使之形成伞形或拱形的树冠。

秋冬两季不宜修剪，最为适宜的修剪时间是在花朵全部凋谢之后10天以内。修剪后施一次腐熟的饼肥或基肥，并在生长季每隔半月施一次粪肥，生长后期增施磷、钾肥。

（五）贴梗海棠 ***Chaenomeles speciosa***

贴梗海棠，别名皱皮木瓜，蔷薇科木瓜属。性喜光，适应性强，有一定耐寒力。贴梗海棠混合芽生于短枝顶端，单生或2~5朵集于二年生枝，朱红色、粉红色，单瓣或重瓣。花期3—4月，梨果卵形至球形，10月成熟。

1. 繁殖方法

贴梗海棠常用分株、扦插繁殖，很少采用播种繁殖。

2. 栽培技术

定植时，施入充足腐熟有机肥作基肥，定植后的3年内，还应在每年秋季落叶后，在植株基部四周开沟施入腐熟堆肥。同时每年早春在其发芽前灌水1次，春、夏干旱时及时浇水、松土，雨季注意排水，秋后浇灌越冬水。在冬季最低气温 –20℃以下的地区需埋土防寒，保护越冬。

3. 整形修剪

贴梗海棠为春花类灌木。修剪时期以休眠期为主，结合夏季修剪。修剪的方法以截、疏为主，综合运用其他的修剪方法。采用灌丛形修剪。花芽大部分着生在二年生枝上，当新植灌丛定植后，按留优去劣的原则，一般选健壮枝3~5个，将过多的、过弱小的枝齐基部剪除，以促进翌年自根际萌发茁壮新枝，以增加丛内枝条数。对于已选出的健壮枝，应依强弱情况进行短截，通常强枝轻剪，弱枝重剪，剪口留外向芽，以便扩大树丛范围，同时使丛内中空，利于通风透光，多生花芽。在肥水条件好的地方，要轻剪长留，反之重剪短留。

第二年冬季，丛内已萌生若干新枝，一般仅留 2~3 枝即可，其余皆疏除，选留的均要作适当短截。上年经过短截的几个骨干枝，应当视强弱情况进行回缩修剪，即连同上年旧枝及最上端的 1~2 个长枝一并剪去，以降低该枝高度。然后对剪口下的长枝和中短枝分别短截。长枝宜轻剪，以缓和枝势，促进其下部短枝形成花芽开花。而这些中短枝，均留 2~3 根短截即可。待丛内枝条增多。密度过大时，即可每年疏除 1~2 根较粗壮或衰老的枝。同时，为不使灌丛内枝数减少太多，每年可选留新的萌条递补填空，这样可保持丛内枝数。如此反复修剪，花开不断。另由于花芽大部分着生在二年生枝上，在早春可将枝条先端枯干部分剪除，在生长季节为防止当年生枝条过旺而影响花芽分化，可进行摘心，使营养集中于多年生枝上。对病虫枝、干枯枝、过密枝、交叉枝、徒长枝等随时进行常规修剪，越早越好。

（六）紫荆 *Cercis chinensis*

紫荆

紫荆，别名满条红、紫竹、乌桑，豆科紫荆属。分布于华北、华东、西南、西北、辽宁等地。喜光，萌发力强，耐修剪。怕涝，耐寒力强。花紫红色，聚集在老枝上开放，先花后叶，萌芽力强，耐修剪。

1. 繁殖方法

紫荆以播种繁殖为主，也可分株繁殖。幼苗出土后，逐渐撤去覆盖物。当小苗具 2 片真叶时及时间苗 1~2 次，当苗高 10~15 cm 时，可带土移栽 1 次，株行距 30 cm × 40 cm，栽后浇透水，经常保持土壤湿润，进行中耕除草，追施稀薄氮肥 1~2 次。华北地区 1~2 年生苗须埋土防寒越冬，3 年生苗可出圃定植。

2. 栽培技术

移栽定植应于春季萌芽前进行，定植前，施适量腐熟有机肥作基肥，以后可不再施肥。每年春季萌动之前至开花期间，可浇水 2~3 次，天气干旱时及时浇水，雨季要注意排水防涝，秋季切忌浇水过多。3 年生以上的植株不必再埋土防寒，但秋后霜冻前，应充分浇灌越冬水，以防根系受冻。

3. 整形修剪

紫荆发枝力强，又具有丛生的特性，定植后为了促使它多发枝，要进行重剪。春天新梢萌发后进行摘心、剪梢，促使新生枝条向强壮方向发展。紫荆属春花类灌木，春季花后应及时修剪，对树丛内的强壮枝摘心、剪梢，要注意剪口处留外向芽，以利株形开展和树丛内部通风透光。避免夏季修剪，否则会减少花芽的产生。更新修剪宜在冬季进行，剪去病虫枝、细弱枝、枯死枝，强枝轻剪，弱枝重剪。紫荆可在 4 年生以上的老枝上开花，因此不要疏剪老枝。修剪时，注意剪口处留外向芽。将过老枝条剪去，刺激萌发新的枝条代替老枝。以后每年去弱留强，新老交替，维持丛状丰满，开花艳丽。

（七）丁香 *Syringa oblata*

紫丁香

丁香，别名紫丁香，木犀科丁香属。分布于华北东北中南部、山东、陕西、河北、甘肃等地。喜光、稍耐阴，阴地能生长，但花量少或无花。耐寒性较强，喜肥沃湿润、排水良好的土壤，耐干旱，忌低湿。3 月中、上旬萌动，新梢 5 月中、下旬停止生长。圆锥花序，花冠紫色、白色，花期 4 月。

1. 繁殖方法

南方用嫁接和扦插繁殖，北方则以播种为主。北方幼苗冬季需掘起假植，埋土防寒，翌春栽植。嫁接用女贞作砧木，嫁接苗成活后要及时去除砧木萌蘖。

2. 栽培技术

移栽应于春季3月上中旬进行，可裸根移植，栽植穴施5 kg左右腐熟有机肥。栽后连续浇3次透水，每次间隔7~10天，及时松土保墒。每年春季从芽萌动至开花期间，浇水2~3次，夏季干旱时及时灌水，秋季追施有机肥，入冬前浇封冻水。成年后一般可不施肥。

3. 整形修剪

定植后，根据需要将中心主枝剪截，留4~5个强壮枝作主枝培养，使其上下错落分布，间距10~15 cm。短截主枝先端，剪口下留一下芽或侧芽。主枝与主干角度小则留下芽，反之留侧芽，并剥除另一个对生芽。过密的侧枝可及早疏剪。当主枝延长到一定程度，互相间隔较大时，宜留强壮分枝作侧枝培养，使主枝、侧枝均能受到充分阳光。逐步疏剪中心主枝以前所留下的营养枝。丁香春季开花，其花芽着生于上年生枝条上，成年树宜在花后进行修剪。花后若不保留种子，应及时剪除残留花穗及前一年枝留下的两次枝，促使新芽从老叶旁长出，花芽可以从该枝先端形成，并剪除细弱枝、过密枝、病虫枝等。

（八）黄刺玫 *Rosa xanthina*

蔷薇科蔷薇属。喜光，稍耐阴，耐寒力强。对土壤要求不严，耐干旱和瘠薄，在盐碱土中也能生长，以疏松、肥沃土地为佳。不耐水涝。少病虫害。花瓣黄色，花期4—6月，果期7—9月。

黄刺玫

1. 繁殖方法

扦插、分株繁殖。

2. 栽培技术

移栽最宜在春季3月份萌芽前，移栽时重剪可提高成活率，栽后浇透水，隔4~5天再浇1次，连浇3次。以后每年春季至开花期浇水2~3次，夏季干旱时浇2~3次，雨季注意排水，入冬前浇封冻水。生长季节及时中耕除草，秋季追施有机肥。

3. 整形修剪

黄刺玫萌蘖力强，耐修剪，但因其花多着生在枝条顶端，故开花前只作适当疏剪，不宜短剪。在栽植后的最初几年，应在开花后及时剪除残花和部分老枝，对长势旺盛的枝条适当短剪，促发更多新枝。秋季落叶后疏剪枯枝、衰弱枝、过密枝和病虫枝。多年生老株应适当疏剪过密的内膛枝，否则株丛过密，反而有碍花芽分化。

（九）月季 *Rosa chinensis*

月季，别名月月红、长春花，蔷薇科蔷薇属。花单朵或数朵聚生，花色丰富艳丽，形态优美，花期长，从春季一直到初霜期开花不断。对环境适应性强，我国南北各地均有栽培，对土壤要求不严，但以富含有机质、排水良好而微酸性土壤（pH6~6.5）最好。喜光，但光过强对花蕾发育不利，花瓣易焦枯。喜温暖，气温22~25℃最为适宜。高温对开花不利。因此，以春、秋两季开花最多最好。

1. 繁殖方法

繁殖以扦插、嫁接为主，也可分株、压条、组织培养繁殖。

2. 栽培技术

移栽月季在春季3月份芽萌动前进行，栽植穴内施一定量的有机肥做基肥，栽植前进行强剪,每株留 3~5 根枝条,枝条长度在 40 cm 以下。栽植时,嫁接苗的接口要低于地面 2~3 cm,扦插苗可保持原有的深度,栽后要灌水。春季及生长季每隔 5~10 天浇 1 次水。雨季注意排涝。因月季一年多次开花,需及时补充养分,入冬施 1 次腐熟的有机肥做基肥,春季萌芽前施 1 次稀薄液肥,以后每隔半月施 1 次液肥。肥料可选用稀释的人畜粪尿,或与化肥交替使用。

3. 整形修剪

整枝形式不同,修剪方法也不尽相同,主要有如下三种。

(1) 灌木状月季整形修剪。当幼苗的新芽伸展到 4~6 片叶时,及时剪去梢头,积聚养分于枝干内,促进根系发达,使当年形成 2~3 个新分枝。冬季剪去残花,多留腋芽,以利早春多发新枝。主干上部枝条,长势较强,可多留芽;下部枝条长势较弱,可少留芽。夏季花后,扩展性品种应留里芽,直立性品种应留外芽。在第 2 片叶上面剪花,保留其芽,再抽新枝。来年冬,灌木型姿态初步形成。重剪上年连续开花的一年生枝条,更新老枝。注意侧枝的各个方向相互交错、富有立体感。由于冬剪的刺激,春季会产生根蘖枝,如果是从砧木上长出应及时剪去。如果是接穗上部成扦插苗,则可填补空间,更新老枝,复壮效果明显。剪除干枯枝、病虫枝、细弱枝。

(2) 树状月季整形修剪。主干高 80~100 cm 时,摘心,在主干上端剪口下依次选留 3~4 个腋芽,作主枝培养,除去干上其他腋芽。主枝长到 10~15 cm 时即摘心,使腋芽分化,产生新枝。在生长期内对主枝进行摘心,促使主枝萌发二级枝,到秋季即可形成丰满的树干。生长期,花后要及时剪除残花、干枯枝、徒长枝、过密枝,强枝轻剪,弱枝重剪。

(3) 藤本月季整形修剪。因为要使月季生长在固定的篱架或棚架范围内,故应根据架的高矮确定主干的高度。主干确定后,对月季进行摘心,促使腋芽抽生新枝。当新枝长到 20 cm 时再摘心,使萌发更多的分枝尽早布满架子。生长期修剪同前 2 种。

(十) 玫瑰 *Rosa rugosa*

蔷薇科蔷薇属。喜光,在庇荫下生长不良。耐寒,耐旱,对土壤要求不严,在微碱性土地上生长和开花最好。不耐积水,萌蘖性强,生长迅速。夏季 4—5 月开花,花单生或簇生于枝顶,芳香,有红色、紫色、白色、绿色等,又有单瓣与重瓣之分。果期 8—9 月,扁球形。

1. 繁殖方法

玫瑰用分株、扦插、播种繁殖。

2. 栽培技术

玫瑰栽植以秋季为好,可裸根定植,株行距 60 cm × 100 cm。在定植后 3 年内,每年秋后或春季萌芽前,都应在植株根部周围施以腐熟的有机肥,每株 5 kg 左右,施肥后浇透水。春季萌动至开花期间,可灌水 1~2 次,夏季天气干旱时,灌水 2~3 次,雨季雨水过多时,要及时排水,入冬前,浇越冬水。

3. 整形修剪

用于观赏的玫瑰,每年秋季落叶后或早春萌动前,剪除老枝、弱枝、交叉枝、过密枝、枯枝及病虫枝,以利更新。对于直立粗壮的枝条,在离地 80 cm 处短截,促发花枝。疏剪衰弱老枝时,对有可能萌发新芽的,可在离地面 5~6 cm 处剪除。对于长势一般的枝条,短截时应选留饱满的芽,以培育壮枝。由于玫瑰的花都着生于枝条的顶端,因此花前不短剪,可酌情疏剪;花后及时剪去残花,积累养分。

（十一）金银木 *Lonicera maackii*

忍冬科忍冬属。喜光也耐阴，耐寒，耐干旱，喜湿润肥沃及深厚壤土，萌蘖性强。

1. 繁殖方法

播种、扦插繁殖。

2. 栽培技术

移栽在春季3月上中旬，定植前，施充分腐熟堆肥做基肥，栽后注意浇水。成活后的植株每年落叶后至发芽前适当修剪整形，促进翌年多发芽，多开花。春季萌动至开花期间，可灌水2~3次，夏季天气干旱时灌水2~3次，入冬前浇越冬水。

3. 整形修剪

栽植成活后，进行一次整形修剪；花后短剪开花枝，使其促发新枝及花芽分化，来年开花繁盛。如枝条生长过密，可在秋季落叶后或春季萌发前适当疏剪整形，同时疏去枯枝、徒长枝，使枝条分布均匀，以促进第二年多发芽，多开花结果。经3~5年重短剪徒长枝或萌蘖枝，长出新枝代替衰老枝，将衰老枝、病虫枝、细弱枝疏掉，以更新复壮。

（十二）紫叶小檗 *Berberis thunbergii f.atropurpurea* Rehd.

小檗科小檗属。适应性强，喜凉爽湿润环境，耐寒、耐旱、喜光，能耐半阴，忌积水洼地，在肥沃、排水良好的土壤中生长旺盛。萌芽力强，耐修剪。

1. 繁殖方法

紫叶小檗用播种、扦插、分株方法均可。北方易结实，用播种繁殖，南方多用扦插繁殖。播种幼苗高6 cm左右时进行间苗或移栽。苗期应保持土壤湿润，经常中耕除草。

2. 栽培技术

移植在春季3月或秋季10—11月进行，移栽时要留宿土或带土球，裸根移栽也可，但要保持根系完整。大植株移栽后重剪，以减少蒸腾量，集中养分于根部。栽后连续浇4~5次透水，每次间隔7~10天。定植成活后的植株，每年应修剪1~2次。作为绿篱栽种的植株，更应及时修剪整形，促发枝丛。

3. 整形修剪

幼苗定植后应进行轻度修剪，以促使多发枝条，有利于成形。每年入冬至早春前对植株进行适当修整，疏去过密枝、徒长枝、病虫枝和过弱的枝条，保持枝条分布均匀成圆球形，注意不要有缺口。群栽成花坛的，修剪时要使中心的植株稍高些，边缘的应顺势低一点，以增强花坛的立体感。栽植过密的植株，3~5年应进行1次重剪，更新复壮。

（十三）锦带花 *Weigela florida*

忍冬科锦带花属。喜光而耐寒，对土壤要求不严，但在深厚肥沃、湿润的壤土中生长最好，抗氯气最强，萌芽、萌蘖力强。

1. 繁殖方法

锦带花用扦插、分株或压条繁殖。

2. 栽培技术

移植多在春季萌芽前进行，移栽时须带宿土。若在生长季移栽须带土球。栽后每年早春萌芽前施1次腐熟堆肥，并修剪枯弱枝条，以利于1~2年生枝上花芽的形成。生长季节结合灌水追肥1~2次，促进生长。花谢后，及时剪除花序，以促进新枝生长，来年1~2年生枝上开花繁密。秋季酌情追施有机肥,可保生长旺盛,年年开花繁茂。

3. 整形修剪

锦带花花开于1~2年生枝上,故在早春修剪时,只需剪去枯枝和老弱枝条,不需短剪。以后每隔2~3年进行一次更新修剪,将3年生以上老枝剪去,以促进新枝生长。花后若不留种,应及时摘除残花,既美观,又节省养分,促进枝条生长。

(十四)牡丹 *Paeonia suffruticosa*

毛茛科芍药属。喜温暖、干凉、阳光充足及通风干燥的独特环境,但弱阴下生长最好。稍耐寒,能耐 −20℃低温,不耐热。肉质根系,喜深厚肥沃、排水良好、略带湿润沙质壤土,在黏土及低洼地生长不良,在微酸性、中性或微碱性土壤上均能生长,但以中性土壤为佳。土壤平均相对湿度50%左右为宜。

1. 繁殖方法

牡丹采用分株、嫁接、扦插和播种方法繁殖。

2. 栽培技术

选择背风向阳、地势高燥、土层深厚肥沃的地块进行栽植,株行距一般80 cm×100 cm。定植前,挖大小和深度为30~50 cm的栽植穴,穴内施入基肥,并撒些乐果等农药,防止害虫伤根,上面再撒一层土,然后将牡丹苗栽入。注意将其根系分布均匀,且根系必须全部直立,不可扭曲,分层覆土后踏实,浇2~3次透水。栽植深度以根茎部平于或略低于地面为准。每年早春适时灌水,灌水量不宜过大,灌后及时中耕,经常保持土壤疏松。通常每年施3次肥:秋季落叶后施基肥,早春萌芽后施饼肥和充分腐熟的粪肥,花期后再追施1次磷肥和饼肥。

3. 整形修剪

牡丹生长2~3年后定干,留方向分布合理的3~5个主枝,其余的枝全部剪除。5—6月开花后将残花剪除;6—9月花芽分化,10—11月缩剪枝条1/2左右;从枝条基部起留2~3枚花芽,适时摘除1枚弱花芽,以保证来年1~2枚花芽开花。在每年冬春季剪除枯枝、老枝、病枝、无用小枝等。

(十五)粉花绣线菊 *Spiraea japonica*

粉花绣线菊又名日本绣线菊,蔷薇科绣线菊属。喜光,稍耐阴,耐寒性强。耐干旱瘠薄,不耐水。喜生于温暖向阳又阴湿之地。耐寒,适应性强,瘠薄土壤也能生长,但在排水良好、土壤肥沃之处生长特别繁茂,萌蘖力、萌芽力强。株形秀丽,花色鲜艳,且花期正值春夏之交少花之时,是夏季观赏价值较高的花灌木。花小,粉红色。花期6—7月。

1. 繁殖方法

扦插、分株和播种繁殖。播种幼苗出齐后,逐渐撤去覆盖物,经常灌以小水,保持苗床湿润。苗高2~3 cm时,间苗1~2次,6—8月追施稀薄麻酱渣水2~3次。无论播种苗或扦插苗,北方寒冷地区均须于11月挖出假植,埋土防寒,翌春栽植。培养2~3年,苗高80 cm左右即可出圃定植。

2. 栽培技术

定植时,施入一定基肥,以后,每年花后可施以少量肥料。春季保持土壤湿润,夏季炎热及干旱时及时浇水,秋后浇封冻水。

3. 整形修剪

每年早春萌芽前对植株进行适当疏剪,疏去枯枝、过密枝和细弱枝,使枝条分布均匀。花后若不留种,应及时剪除残花,同时除去老枝及过密枝条,有利于积累营养。植株衰弱时,可在休眠期进行重剪，以促发新枝。其他与麻叶绣球修剪相类似。

（十六）麻叶绣球 *Spiraea cantoniensis*

麻叶绣球，别名麻叶绣线菊、石棒子，蔷薇科绣线菊属。喜阳光，稍耐阴，较耐寒。耐干旱，忌湿涝。喜肥，在疏松肥沃、排水良好的酸性、中性土壤中均可生长。枝叶繁密，白花攒枝，宛若积雪，远远望去，蔚为壮观，是优良的观花花灌木。花小，白色密集，花叶同放。蓇葖果直立。花期 4—6 月，果期 10 月。

1. 繁殖方法

麻叶绣球用扦插、分株、播种繁殖。播种苗出齐后，撤去覆盖物，并保持土壤湿润。幼苗长出 2 片真叶时，间苗 1~2 次；当幼苗长至 10 cm 左右高时，带土移栽，经 2 次移栽后可定植。

2. 栽培技术

定植前，施入充分腐熟的有机肥做基肥，栽后及时灌水，以利成活。生长期经常灌水，并进行中耕除草，同时可结合灌水追施 2~3 次稀薄肥水，以促进幼苗生长健壮，花后疏剪老枝、密枝，保证通风透光。以后，每年早春萌芽前可施 1 次腐熟有机肥，秋季或初冬再施 1 次腐熟厩肥，来年则开花繁茂。

3. 整形修剪

每年早春萌芽前，对植株进行适当疏剪，疏去衰老枝、细弱枝、过密枝、病虫枝和枯枝，保留 1~2 年生枝干及 2~3 年丛生枝上的密生小枝，使枝条分布均匀。花后轻度修剪，除去老枝及过密枝条。植株衰弱时，可在休眠期进行重剪更新，保留地面上 30~40 cm 高的新生枝干。生长季内应注意控制植株基部萌蘖，以防生长过密而影响开花。如果长枝无花芽，可剪去先端 2/3，待其生出新短枝后，其上的叶腋中发育出花芽，翌年可开花。

（十七）紫珠 *Callicarpa dicotoma*

马鞭草科紫珠属。喜光，喜肥沃、湿润的土壤，较耐寒，耐阴湿，根系发达。

1. 繁殖方法

播种和扦插繁殖。幼苗出土后，浇水要用喷壶轻浇，既不要将小苗冲倒，也不要使泥水溅到幼苗上。幼苗期要注意除草、松土，可浇稀薄的麻酱渣液 2~3 次，并间苗 1~2 次。待幼苗长至 5~10 cm 时逐渐撤除遮阴物。幼龄植株耐寒力差，秋后应将小紫珠苗掘出假植，并埋土防寒。翌春移植于露地，栽植前施一定基肥，栽后浇 2 次透水，培育 2~3 年即可移栽定植。

2. 栽培技术

定植株行距 35 cm × 50 cm，施一定基肥，干旱时及时浇水。

3. 整形修剪

小紫珠萌芽力较强，强剪易生徒长枝，故幼树不宜强剪。树冠成形后，应注意经常对小侧枝进行修剪，促使隐芽得以萌发成枝。因小紫珠果实可供冬季观赏，每年修剪均应在冬季或早春芽萌动前进行，切勿花后即行修剪。每年春季萌动之前，除将过密、过细的枝条和枯枝疏剪掉外，还应适当短剪当年新长出的侧枝，以保证优美的树形，同时也利于枝条的更新和促进植株多开花、多结果。3~5 年可重剪 1 次，更新植株。

红瑞木

（十八）红瑞木 *Cornus alba*

山茱萸科梾木属。喜光，强健，耐寒，喜略湿润土壤。属于观枝类花木，枝血红色，花小，黄白色，伞房状聚伞花序。花期 5—6 月，果期 8—9 月。

1. 繁殖方法

播种和扦插繁殖。种子发芽后,及时间苗 1~2 次,经常保持土壤湿润,并进行中耕、除草、追肥,1~2 年生苗可出圃应用。扦插苗需在苗圃培育 2 年方可出圃定植。

2. 栽培技术

移植宜在早春萌芽前进行,在栽植穴内施腐熟堆肥,移植后应重剪。栽后初期应浇透水,1~2 年内每年施追肥 1 次,以后可不再追肥。

3. 整形修剪

为延长其观赏期,一般冬季不剪,到早春萌芽前重剪,以后轻剪,使萌发较多枝叶,充分发挥其观赏作用。由于其嫩枝最鲜艳,老干的颜色往往较暗淡,除每年早春重剪外,应逐步疏除老枝,不断进行更新。

(十九) 火棘 *Pyracatha fortuneana*

火棘,别名火把果、救军粮,蔷薇科火棘属。喜温暖湿润、阳光充足,稍耐阴,略耐寒。耐修剪,耐干旱瘠薄。宜种植于疏松肥沃、排水良好的土壤中。火棘枝叶茂盛,白花繁密,入秋果红如火,且留存枝头甚久,密密层层,压弯枝梢,经冬不落,是露地栽植观花、观果和作观果盆景的好材料。

1. 繁殖方法

火棘通常采用播种、扦插和压条法繁殖。

2. 栽培技术

移栽应在早春或秋冬进行。带土球移植并将上部枝条重剪,栽前在种植穴内施入有机肥,栽后浇透水,适当修剪,及时浇足定根水。平时管理注意早春早浇萌动水,以防干梢,以后视土壤情况浇水,保持土壤湿润为度。秋后到越冬期浇 1~2 次冻水。早春施入有机肥 1~2 次,花后施入磷钾肥,促进果实生长。冬季适当施肥,以利来年花多果艳。

3. 整形修剪

火棘萌芽力强,枝密生,生长快,耐强修剪。一年中可在 3—4 月、6—7 月及 9—10 月进行 3 次修剪。6—7 月可剪去一半新芽;9—10 月剪去新生枝条;2 年后,3—4 月进行强剪,以保持优良的观赏树形。在生长 2 年后的长枝上短枝多,花芽也多,根据造型需要,剪去长枝先端,留其基部 20~30 cm 即可,以控制树形。平时应将抽生的徒长枝、过密枝、枯枝随时剪除,以利枝条粗壮,叶片繁茂。

(二十) 太平花 *Philadelphus pekinensis*

太平花,别名京山梅花,虎儿草科山梅花属。喜光,耐阴,耐寒力强。对土壤适应性强,能在干旱瘠薄的坡地上生长,不耐水涝,宜排水良好、富含腐殖质的土壤,耐轻碱土。太平花枝繁叶茂,花色素雅,清香宜人,是初夏美丽的观赏花木。花期 6 月,果期 9—10 月。

1. 繁殖方法

播种繁殖。幼苗出土后去掉覆盖物,适当间苗。当苗高 10 cm 左右时即可分苗,移入荫棚下苗床培育,株行距 20 cm × 30 cm,缓苗后可撤去遮阴物。

2. 栽培技术

太平花栽植地应高燥、排水好,定植穴要大,适当施基肥,每穴放苗 3 株,以尽快成丛。每年开花前灌水 2~3 次,干旱期及时浇水,入冬前灌冻水。早春发芽前施以适量腐熟堆肥,以利于花朵繁茂,秋末落叶后施适量磷肥。

3. 整形修剪

每年早春疏剪衰老和过密的枝条，同时短剪，促发新枝。花谢后应及时剪除花序，以节省养分。日常修剪及时剪除病枝、枯枝、徒长枝，注意保留新枝，有利于开花。

（二十一）卫矛 *Euonymus alatus*

卫矛科卫矛属。喜光，耐寒，耐干旱瘠薄，对土壤适应性强。萌芽力强，耐整形修剪，抗二氧化硫。

1. 繁殖方法

播种繁殖。幼苗出土后要适当遮阴，及时间苗，保持土壤湿润。当年苗高约 30 cm，第二年春季分栽，株行距 20 cm × 30 cm，然后再培育 3~4 年即可出圃定植。

2. 栽培技术

移栽要在落叶后至发芽前进行。小苗可裸根移植，大苗应带宿土移植。定植前，施腐熟有机肥做基肥，栽后浇透水。以后每年春天从萌芽至开花间，可灌水 4~5 次，夏季干旱时灌水 3~4 次，秋后浇封冻水 1 次。

3. 整形修剪

当幼树长到一定高度时，留 2~3 个主枝，使其上下错落分布。每年秋季落叶后或早春萌芽前，短截每个主枝，剪去全长 1/3 左右。强枝梢轻剪，弱枝梢重剪。日常管理中，应剪除过密的新枝、拥挤枝、无用枝。短剪、疏剪树冠内的强势竞争枝。及时除蘖，适时摘心。

（二十二）天目琼花 *Viburnum sargentii*

忍冬科荚蒾属。分布在长江流域、华东、陕西、河南等地。较耐阴，喜温暖，较耐寒，能适应一般土壤，喜湿润肥沃、富含腐殖质的土壤。长势旺盛，萌芽力、萌蘖力强。种子有隔年发芽的习性。

1. 繁殖方法

播种繁殖。幼苗应适当遮阴保护，以防日灼；5—6 月应间苗 1~2 次，经常浇水，保持土壤湿润；适当追肥，并进行中耕除草。幼苗移栽应带宿土，1~2 年生幼苗需设风障防寒，或秋后起苗假植越冬，翌春栽植。经 2~3 年培育后，可出圃定植。

2. 栽培技术

移栽宜在秋季落叶后或早春萌芽前进行，须搭棚遮阴缓苗，忌阳光直射。大苗移栽需带土球，定植前，施充足腐熟堆肥作基肥，栽后浇 2 次透水。每年春季萌芽前至开花期浇水 3~4 次，遇干风或炎热天气增加灌水量，不旱不浇，入冬浇封冻水。开花前适量追肥 1~2 次，以促进开花。

3. 整形修剪

每年秋季落叶后或早春萌芽前，应适度修枝整形，疏剪枯枝、过密枝及病虫枝，使枝条分布均匀，则来年枝繁叶茂。

（二十三）八仙花 *Hydrangea macrophylla*

八仙花又名绣球、紫阳花，虎耳草科八仙花属。喜温暖，不耐寒，喜湿润、肥沃、排水良好的壤土，萌蘖力强。在寒冷地区，地上部冬季枯死，第二年春从根颈萌发新梢，再开花。花期 6—7 月。八仙花初开为青白色，渐转粉红色，再转紫红色，花色美艳。

1. 繁殖方法

分株、压条、扦插均可繁殖。

2. 栽培技术

八仙花喜湿润，生长季内不可缺水，但其根系为肉质，盆栽时不宜浇水过多，雨季注意排水，以免烂根。夏季增加喷水次数，冬季保持盆土偏干，适度湿润即可。八仙花喜肥，生育期间一般每半个月追施1次稀薄麻酱渣水。为使盆土保持酸性，可在50 kg肥水中加入100 g硫酸亚铁，进行浇灌。孕蕾期间增施1~2次0.5%的过磷酸钙，以促使花大色艳。

3. 整形修剪

八仙花萌蘖性强，在北方露地栽植地上部分易冻死，可于秋季落叶后将地上部分剪去，并覆土保护根茎、幼芽，以利来年春季萌发新株。在南方或北方盆栽，每年早春对八仙花进行疏剪，去除细弱枝和枯枝。因其每年开花都在新枝顶端，故而在花后进行短剪，以促发新枝。待新枝长出8~10 cm时，行第二次短剪，使侧芽充实，以利于翌年长出花枝。

（二十四）木槿 *Hibiscus syriacus*

木槿，别名木棉、篱障花、喇叭花、朝开暮落花，锦葵科木槿属。喜光，耐半阴。萌芽力强，耐强修剪。喜温暖湿润的气候，耐干燥及贫瘠，抗寒性弱。常见品种有重瓣白花木槿，重瓣紫花木槿。花钟状，单生叶腋，有紫、红、白等多种颜色，花朵有单瓣和重瓣，花期6—9月。

1. 繁殖方法

扦插繁殖。

2. 栽培技术

木槿在露地定植时应进行深栽，否则宜倒伏。旱季及生长旺季应及时浇水，受干旱幼枝易干枯，并引起落花落叶。移植应在休眠期进行，小苗可裸根移栽，大苗须带土球。每年早春萌芽前、开花前和开花后，各施1次稀薄有机肥，以利花色鲜艳，花期长。入冬浇越冬水，当年生苗木应防寒越冬。

3. 整形修剪

每年冬季落叶后至早春萌芽前可剪去枯枝、病虫枝，并适当疏剪小枝，以利整形和通风透光。2~3年生老枝仍可发育花芽、开花，可剪去先端，留10 cm左右即可。多年生老树需重剪复壮。如培养低矮的花树，可将枝条整体短剪，对粗大的枝可以短剪，以促使细枝密生，树容整齐。木槿枝条柔软，若上盆栽植进行整形，可编成各种花样造型，别致美观。

（二十五）珍珠梅 *Sorbaria kirilowii*

蔷薇科珍珠梅属。喜光又耐阴，耐寒，性强健，不择土壤，萌蘖性强。

1. 繁殖方法

扦插、分株繁殖。

2. 栽培技术

移栽定植在春、秋季进行均可。栽植时施足基肥，以后一般不需追肥。栽后要浇透水2~3次，以后每周浇1次水，直至发芽成活。生长季节注意浇水，保持土壤不积水，入冬前浇1次越冬水。

3. 整形修剪

珍珠梅生长较快，花后花序宿存，锈褐色，对不采种的植株宜及时剪除残留花枝，以减少水分及养分消耗，保持株形。落叶后冬剪应疏除老枝、病弱枝、虫枝等，促使来年枝繁叶茂。对多年生老枝可4~5年分栽更新1次。

（二十六）海州常山 *Clerdendrum trichotomum*

马鞭草科赪桐属。喜光，较耐阴，喜凉爽、湿润气候。适应性强，较耐旱、耐盐碱。

1. 繁殖方法

播种繁殖。

2. 栽培技术

移栽定植应在春季 3—4 月，定植前施足基肥，栽后浇透水，间隔 7~10 天，连浇 3~4 次。以后每年从萌芽至开花初期，可灌水 2~3 次，夏季干旱时灌水 2~3 次，秋冬灌 1 次越冬水即可。除当年在定植时施充足基肥外，一般不再施追肥。

3. 整形修剪

当幼树的中心主枝达到一定高度时，根据需要剪截，留 4~5 个强壮枝作主枝培养，使其上下错落分布。短截主枝先端，剪口下留一下芽或侧芽。主枝与主干角度小则留下芽，反之留侧芽。过密的侧枝可及早疏剪。当主枝延长到一定程度，互相间隔较大时，宜留强壮分枝作侧枝培养，使主枝、侧枝均能受到充分阳光。逐步疏剪中心主枝以前留下的辅养枝。随时剪去无用枝、徒长枝、萌蘖等。每年秋季落叶后或早春萌芽前，应适度修枝整形，疏剪枯枝、过密枝及徒长枝，使枝条分布均匀，则来年生长旺盛，开花繁茂。多年生老树需重剪更新复壮。

五、攀缘树木的栽培管理技术

（一）紫藤 *Wisteria sinensis*

紫藤，别名朱藤、藤萝，豆科紫藤属。喜温暖湿润，喜光而略耐阴，有一定的耐寒、耐水湿、耐瘠薄能力。对土壤的适应性强，在土层深厚、肥沃、疏松、排水良好的向阳处生长最好。主根深，侧根少，不耐移植。紫藤藤蔓粗壮，攀缘力强，枝叶茂密，庇荫性强，穗大而美，有芳香，是优良的棚架垂直绿化藤本。花期 4—5 月，果期 9—11 月。

紫藤

1. 繁殖方法

播种、压条、扦插、嫁接繁殖。

2. 栽培技术

紫藤属直根性树种，侧根较少，不耐移植，栽培时尽量多带侧根，选择排水良好的高燥处栽植，积水处容易烂根。移栽时间在春季 3 月份，栽前剪除部分上部枝条，以减少蒸腾，集中养分到根部，促进成活。栽植前施足底肥，肥上盖土再行栽植，栽后要及时浇水。发芽抽梢前，可施腐熟厩肥，生长期间追肥 2~3 次。每年秋季施一定量的有机肥和草木灰。早春萌芽期要勤浇水，入冬前应浇足封冻水，以备越冬。冻水不足，第二年枝梢会出现干枯现象。越冬要在低温处，盆栽紫藤越冬室温不可过高，否则不能充分休眠，影响第二年开花。

3. 整形修剪

紫藤应视需要进行修剪，用于棚架和长廊绿化时，应将其主枝均匀分布绑缚架上，使其沿架攀缘，迅速扩展。冬、春休眠期应进行修剪，调整枝条分布，剪除过密枝、细弱枝，使树体主蔓、侧蔓结构匀称清晰，通风透光。生长期间，花期可剪去残花，防止荚果生长消耗大量养分；花后进行夏剪，剪除过密枝，对新生枝进行摘心，控制过旺生长，以促进花芽的形成。紫藤作灌木状栽培，只要将主蔓控制一定高度，培养 3~4 个侧蔓，对每年抽生的新梢短截为 15~20 cm，花后再摘心，这样连续 2~3 年就可形成广卵形树形。

（二）凌霄 *Campsis grandiflora*

紫葳科凌霄属。喜阳，也较耐阴，喜温暖湿润，不耐寒，在华北，苗期需要包草防寒，成长后能露地越冬。要求排水良好、肥沃湿润的土壤,也耐干旱,忌积水,萌芽力、萌蘖力强。花期 6—9 月,果期 10 月。

1. 繁殖方法

扦插、压条、分株繁殖。

2. 栽培技术

凌霄移植在春秋两季进行,栽植后需立支架,使枝条攀缘其上。栽植前,可在栽植穴内施入腐熟的有机肥作基肥,通常需带宿土,栽植后连浇 3~4 遍透水。每年春季需视墒情浇水,保持土壤湿润。发芽后施 1 次稍浓的液肥,并及时浇水,促进枝叶生长和发育。由于凌霄苗期耐寒性较差,需要防寒保护越冬。萌芽前剪除枯枝和密枝。

3. 整形修剪

定植后修剪,首先选一健壮枝条做主蔓培养,剪去先端未死老化的部分,剪口下的侧枝疏剪掉一部分,以减少竞争,保证主蔓优势。然后牵引使其附着在支柱上。主干上生出的主枝只留 2~3 个作辅养枝,其余的全部疏剪掉。夏季对辅养枝摘心,抑制其生长,促使主枝生长。第二年冬季修剪时,中心主干可短截至壮芽处,从主干两侧选 2~3 个枝条做主枝,同样短截留壮芽,其他枝条留部分作辅养枝,选留侧枝时要注意留有一定距离,不留重叠枝,以利于形成主次分明、均匀分布的枝干结构。每年冬春萌芽前进行 1 次修剪,理顺主侧蔓,疏除过密枝干、枯枝,使枝叶分布均匀,达到各个部位都能通风见光,有利于多开花。

(三) 金银花 *Lonicera japonica*

金银花

金银花,别名忍冬、金银藤、二色花藤,忍冬科忍冬属。喜光耐阴,耐寒,耐旱忌水涝,耐水湿。适应性强,对土壤要求不严,酸性、碱性土壤均能生长。根系发达,萌蘖力强,茎蔓着地就能生根。对二氧化硫有较强抗性。金银花植株轻盈,藤蔓缭绕,冬叶微红,经冬不凋,花先白后黄,繁花密布,秀丽清香,是一种色香皆备的优良藤本植物。可作篱垣、花架、花廊等的垂直绿化,也可点缀于假山和岩石隙缝间,或制作盆景。花期 4—6 月,果期 8—10 月。

1. 繁殖方法

扦插、压条、分株和播种繁殖。

2. 栽培技术

金银花生长强壮,管理简便。一般于春季将苗木裸根栽植在土质肥沃、地势较高且通风向阳的地方,栽后灌足水。栽培时,要搭设棚架或种植在篱笆、透孔墙垣地,以便攀缘生长,否则萌蘖就地丛生,彼此缠绕,不能形成良好株型,花也少。若作灌木栽培,可设直立柱,引壮藤缠绕,待长壮可以直立时,将支柱撤除。在春季萌动时,浇 1~2 次水,秋后浇 1 次封冻水。除定植时施基肥外,一般不再施肥。

3. 整形修剪

金银花一般一年开两次花,当第一批花谢之后对新梢进行适当摘心,以促进第二批花芽的萌发。栽植 3~4 年后的老株在其休眠期间要进行 1 次修剪,将枯老枝、纤细枝、交叉枝从基部剪除,对保留的枝条适当剪去枝梢,以利于第二年基部腋芽萌发和生长。为使枝条分布均匀,通风透光好,每年早春金银花萌动前疏剪过密、过长和衰老枝条,促发新枝,以利于多开花。如果作灌木栽培,可将茎部小枝适当修剪,待长至需要高度时,修剪掉根部和下部萌蘖枝,只留梢部枝条，披散下垂，别具风趣。如果作篱垣，只需将枝蔓牵引至架上，每年对侧枝进行短截，疏除互相缠绕枝条，让其均匀分布在篱架上即可。

（四）木香 *Rosa banksiae*

木香，别名木香藤、七里香，蔷薇科蔷薇属。喜阳光温暖，耐半阴，耐旱，较耐寒。对土壤要求不严，排水良好的沙质壤土上生长良好，忌潮湿积水，低凹积水地生长不良。萌蘖力强。木香花叶并茂，自晚春至初夏花开不断，白花宛如香雪，黄花灿若披锦，花香馥郁，是广泛用于庭院棚架、花篱的垂直绿化树种。花期5—6月，果期9—10月。

1. 繁殖方法

扦插、压条和嫁接繁殖。

2. 栽培技术

移栽或定植宜在春秋季节，选择排水好的向阳地，施以腐熟的堆肥作基肥，栽后踏实，浇足水。栽培木香应设棚架或立架，初期因其无缠绕能力，需作适当牵引和绑扎，使其依附支架。也可在山石或墙垣旁栽植，适当牵引令其攀附。栽植初期要控制基部萌发的新枝，促进主蔓生长，一般选留3~4个主蔓。秋季结合深翻，在根部周围施基肥，开花前后施1~2次稀薄人粪尿，以促进生长。

3. 整形修剪

移植时，对枝条进行强修剪，只留3~4个主蔓，定向诱导攀缘。休眠期修剪应在春季萌发前进行，剪除病虫枝、枯死枝、交叉枝、密生枝、萌蘖枝和徒长枝，除为补充主侧蔓不足可以保留外，其余均应从基部疏除，以免消耗养分和扰乱架面。夏季花谢后，应将残花和过密新梢剪去，使其通风透光，以利花芽分化。主蔓过老时，要适当短截更新，促发新蔓。

（五）扶芳藤 *Euonymus fortunei*

扶芳藤，别名爬行卫矛，卫矛科卫矛属。喜温暖湿润气候，喜光且耐阴。较耐寒，较耐干旱瘠薄。对土壤要求不严，但最适宜在湿润、肥沃的土壤中生长。若生长在干燥瘠薄处，叶质增厚，色黄绿，气根增多。扶芳藤攀缘能力较强，生长繁茂，叶色油绿光亮，秋叶红艳可爱，常用以掩盖墙面、坛缘、山石或攀缘于老树、花格之上，是优良的垂直绿化树种。花期5—6月，果期10—11月。

扶芳藤

1. 繁殖方法

扦插和播种繁殖。

2. 栽培技术

扶芳藤栽培容易，管理粗放。在春季移栽定植时必须浇透水。在平时的管理中，适时浇水、施肥、除草，即能生长良好。无须特殊精细管理。

3. 整形修剪

扶芳藤茎枝纤细，在地面上匍匐或攀缘于假山、坡地、墙面等处，均具有较自然的形状，一般较少修剪。

（六）蔷薇 *Rosa multiflora*

蔷薇，别名为多花蔷薇、野蔷薇，蔷薇科蔷薇属。喜光，耐半阴，耐寒，耐旱。对土壤适应性强，但在土壤深厚、肥沃疏松地长势最好。忌水涝，水涝易引起烂根。蔷薇性强健，枝繁叶茂，初夏开花，花团锦簇，芳香清雅，花期持久，红果累累，鲜艳夺目，可用以布置花架、花廊、花篱，或植于围墙、假山旁,或修剪造型,是一种优良的垂直绿化和装饰树种。花期6—7月,果期10—11月。

1. 繁殖方法

扦插和播种繁殖。

2. 栽培技术

移栽一年四季均可,但春季栽植成活率最高。栽植前,首先要在定植穴内施足基肥,栽后浇透水。在入冬落叶后,施腐熟的堆肥加2%过磷酸钙,环状沟施;在生长季节,每月追施1次腐熟的稀薄液肥或1%的尿素。春季干旱多风,至少7天浇1次水。雨季停止浇水并注意防涝,雨后及时排水。秋后肥水都要减少,以免新枝长成徒长枝,枝条细嫩、不充实,出现干枯枝条。封冻前要浇1次封冻水。作垂直绿化或美化棚架,栽植穴应距棚架或墙20~25 cm,以便枝条攀缘,便于通风、除草和追肥。

3. 整形修剪

修剪以冬剪为主,时间在完全停止生长后,不宜太早,过早修剪容易萌生新枝而遭受冻害。修剪时,首先将过密枝、干枯条、徒长枝、病枝从茎部剪掉,控制主蔓数,使植株通风透光。主枝和侧枝修剪应注意留外侧芽,使其向左右生长。修剪当年生新梢到木质化部分的壮芽上,以便抽生新枝。夏季修剪应在6—7月进行,为冬剪作补充,将春季长出的位置不当的枝条从茎部疏除或改变其生长的方向,短截花枝并适当长留生长枝,增加翌年花量。

(七)葡萄 *Vitis vinifera*

葡萄科葡萄属。喜阳光充足、温暖、较为干燥的气候。冬季需要一定低温,但抗寒力较差,冬季常需埋土防寒,-16℃低温即现冻害。要求通风和排水良好。对土壤要求不严,除重黏土、盐碱土外,沙土、沙砾土、壤土、轻黏土均能适应,尤其在肥沃疏松的沙壤土中,pH5~7.5生长良好。深根性,寿命长,生长快。葡萄硕果晶莹,翠叶满架,品种丰富,果实味美,是良好的垂直绿化树种兼经济果树。花期5—6月,果期7—9月。

1. 繁殖方法

扦插、嫁接繁殖。

2. 栽培技术

葡萄移栽在春、秋季均可。栽后浇透水,10~15天后再浇一次水,栽培过程中要注意肥水管理,春季干旱要注意浇水,秋季施有机肥。在萌芽前后追施速效氮肥,花前5~10天喷0.3%的硼砂,花后10~15天追施磷、钾肥。花后每隔10~15天结合喷药,叶面喷施一次0.3%磷酸二氢钾加0.2%尿素。生长期注意除草松土,雨季要注意排水,更要注意通风透光。

3. 整形修剪

葡萄修剪应根据栽培用途、架式和品种差异,采取不同的修剪方法。修剪在落叶后到伤流前20天进行,而不能在春季树液开始流动时,以免造成伤流而损失大量营养,引起植株衰弱、延迟萌芽或枯死。在防寒栽培区内,最好在正常落叶后至土壤封冻前,结合埋土进行修剪。葡萄整形可采用篱架整形和棚架整形2种方式。篱架整形可采用多主蔓自然扇形整枝;棚架整形多采用龙干形或多主蔓自然扇形整枝。修剪一般有4种方法:长梢修剪、中梢修剪、短梢修剪和极短梢修剪。对结果母枝保留9节以上的为长梢修剪,保留5~8节的为中梢修剪,保留2~4节的为短梢修剪,只保留1节的为极短梢修剪。修剪时,应根据植株的生长势、品种特性、修剪方法、整形方法及架式、枝蔓粗度和着生部位等采取不同程度的修剪,强的长留,弱的短留。结果母枝之间要保留一定的距离，使枝蔓分布均匀，保证通风透光。对年老衰弱的主蔓，可利用下部的枝组或多年生蔓下部隐芽萌发的枝条，将上部回缩更新，也可利用基部由地面发出的萌蘖，先行培养，再将老蔓去除。夏季要及时抹除多余的枝梢，并适当摘心、疏花序、去卷须、新梢引缚等，以使通风透光良好，树体生长健壮。

（八）爬山虎 *Parthenocissus tricuspidata*

爬山虎，别名爬墙虎、地锦，葡萄科爬山虎属。喜阴，也耐阳光直射，耐寒，耐旱，也耐高温。对土壤、气候适应性较强。阳处、阴处均生长良好，但在阴凉、湿润肥沃的土壤中生长最好。对二氧化硫、氯气等有毒气体的抗性较强。爬山虎生长强健，蔓茎纵横，密布气生根，翠叶遍盖如屏，秋霜后叶色红艳，借助吸盘攀缘于墙壁，可绿化、美化高大建筑物，是观赏和实用功能俱佳的攀缘植物。花期 6 月，果期 10 月。

爬山虎

1. 繁殖方法

扦插、播种繁殖。

2. 栽培技术

爬山虎栽培容易，管理粗放。移栽在落叶后至发芽前进行，移栽时，可适当剪去过长藤蔓，以利于操作，最好带宿土。定植时，每穴可施入 1~2 锹腐熟堆肥，栽后连浇 3~4 遍水，每遍间隔 7~10 天，浇足浇透，秋季霜冻前浇 1~2 遍水。

3. 整形修剪

爬山虎靠吸盘附着墙面。初栽时，只需重剪短截，后将藤蔓引到墙面，及时剪掉过密枝、干枯枝和病枝，使其均匀分布即可。此后每年无须再行修剪。

（九）美国地锦 *Parthenocissius quinquefolia*

美国地锦，别名五叶地锦、美国爬山虎，葡萄科爬山虎属。喜光及空气湿度高的环境，耐热、耐干旱、耐寒。对土壤的适应性强，但在阴凉、湿润、肥沃的土壤中生长较好。对二氧化硫等有毒气体的抗性较强。美国地锦枝繁叶茂，苍翠的绿叶，经秋风霜露染成片片红叶，色彩艳丽，甚为美观，是优美的垂直绿化树种。花期 7—8 月，果期 9—10 月。

1. 繁殖方法

扦插、播种繁殖。

2. 栽培技术

由于美国地锦卷须吸盘没有爬山虎的发达，吸着力差，所以在空气湿度低的地方，初期需在建筑物或墙垣上钉钉、橛等，牵引卷须攀附。美国地锦移栽也可在落叶后至发芽前进行，定植时，要在定植穴内施入一定量腐熟有机肥作基肥，栽后连续灌 3 次水。每年从芽萌动至开花期间灌 3~4 次水，夏季灌 2~3 次水，秋后灌 1 次水，霜冻前灌 1 次水。一般生长期内可不必再施肥。

3. 整形修剪

由于美国地锦靠吸盘附着墙面，初栽时，只需重剪短截，后将藤蔓引到墙面，及时剪掉过密枝、干枯枝和病枝，使其均匀分布即可。

实际操作

Q:怎样进行园林树木播种、扦插、嫁接育苗操作?

一、播种育苗

(一) 目的要求

了解播种育苗的重要意义,会播种育苗操作。

(二) 材料工具

5~6 人为一小组,每组配备:树木种子若干、覆盖物、杀菌剂、杀虫剂、锄头、竹签(木桩)、拉绳、铁锹、筛子、细土或腐质土、水桶、浇水管及壶等。

(三) 方法步骤

1. 种子播前处理

干藏的种子,在播种前需要进行清水浸种,根据种皮厚薄、种子坚硬程度,选择使用冷水(室温)、温水(30~40℃)或热水(60~90℃)浸泡催芽处理。处理前先用 0.2% 高锰酸钾浸种 2 h。经过层积处理并已出芽的种子不需要浸种,可直接播种。

2. 苗床整理

提前 1 周按当地标准苗床放样,比如:苗床底宽 1.3 m,面宽 1 m,布道宽 0.3~0.4 m,苗床高 0.2~0.3 m,长 15~20 m,用木桩钉好,用线拉好,然后把布道土挖出放置苗床之上,作出高床。

播前在已整好苗床地上,用锄头将苗床面进一步整平、整细,并撒入杀虫剂和杀菌剂,用药量参照说明书。

3. 播种工序

(1) 画线。播种前画线定出播种行位置,目的是使播种行通直,便于培育和起苗。

(2) 开沟与播种。开沟后应立即播种。播种沟一般宽 2~5 cm,如采用宽条播种,可依其具体要求来确定播种沟宽度;播种沟的深度与播种深度、覆土厚度相同(见覆土部分)。播种时,一定要使种子分布均匀。

极小粒种子(如杨、柳类)可不开沟,混沙直接撒播播种。

中粒种子如侧柏、刺槐、松、海棠等,常用条播。播幅为 3~5 cm,行距 20~25 cm。

大粒种子,如板栗、银杏、核桃、杏、桃、油桐及七叶树等,按一定的株行距逐粒将种子点播于床上。一般最小行距不小于 30 cm,株距不小于 10~15 cm。

(3) 覆土。播种后用铁筛筛好细土或黄心土、细沙、腐殖土等覆盖种子。播后立即覆土,且要均匀,覆盖厚度为种子短轴直径的 2~3 倍。

(4) 镇压。为使种子与土壤紧密结合,保持土壤中水分,播种后疏松土壤用石磙(或木磙)轻压或轻踩一下,湿黏土则不必镇压。

(5) 覆盖。用稻草或树叶等材料覆盖床面,厚度以略见土壤为度。

(6) 浇水。将水管接在自来水龙头上,均匀浇水或用洒水壶浇水,第一次浇水一定要浇透。以后要保持苗床湿润。

（四）考核方式

本项目以 5~6 人为小组进行实训，考核形式为过程与结果综合考核，成绩以小组为单位评定。课后每人提交实习报告一份，内容为播种育苗的操作过程和注意事项。

（五）成绩评定

考核主要内容与分值	考核标准	成绩
1. 种子播种前处理(20 分) 2. 苗床整理(30 分) 3. 播种程序、质量(30 分) 4. 实训态度(10 分) 5. 实训报告(10 分)	能根据不同园林树木种子的特点，播种前采用不同的种子处理方法；苗床进行播种前整理，育苗床达到上暄下实，平整，土壤细碎；土壤消毒方法正确，播种工序正确，株行距合适，开沟深度合适，播种均匀，覆土、覆盖、浇水符合要求；回答问题正确，实训态度认真；实训报告充实，达到要求	优秀 (90~100 分)
	能根据不同园林树木种子的特点，进行播种前种子处理；苗床进行播种前整理达到要求；土壤消毒方法正确，播种工序基本正确，行不直，播种不太均匀，覆土、覆盖、浇水基本符合要求；回答问题基本正确，实训态度较认真；实训报告合格	良好 (75~89 分)
	能根据不同园林树木种子的特点，进行播种前种子处理；苗床进行播种前整理基本达到要求；土壤消毒方法、播种工序、株行距确定基本正确，播种工作能在指导下完成操作；回答问题不太准确，实训态度一般；实训报告基本合格	及格 (60~74 分)
	能根据不同园林树木种子的特点，进行播种前种子处理；苗床进行播种前整理、土壤消毒、播种工序、株行距确定均达不到要求，播种技术基本符合要求；回答问题不正确，实训态度不认真；实训报告内容少	不及格 (60 分以下)

二、扦插育苗

（一）目的要求

了解扦插育苗的重要意义，会进行扦插育苗操作。

（二）材料工具

5~6 人为一小组，每组配备：修枝剪、生根粉、锄头、面盆或容器、杀虫剂、杀菌剂、竹弓、薄膜、洒水壶、遮阳网及扦插床等。

（三）方法步骤

1. 采穗母树选择

根据不同的树种特性，选好采集穗条的母树，如水杉、雪松应在 1~3 年生实生苗上采穗，龙柏、蜀桧应在 10~15 年生母树上采集，红叶石楠、大叶黄杨在幼青年母树上采集。要求选择生长健壮、树形好的优良母树。

2. 采穗

在优良母树的树冠中上部外围采取 1 年生枝做插穗，夏季应采取当年生半木质化外围侧梢作插穗。注意夏插采穗应在早晨露水未干或傍晚采集，注意保持穗条水分。

3. 剪穗

(1) 针叶树。上部应保留顶芽，下部应紧靠节间平剪，穗长 10~15 cm。下部针叶去掉。

(2) 阔叶树。常用的插穗剪取方法是在枝条上选择中段的壮实部分，每根插穗上保留 2~3 个充实的芽(穗长 8~12 cm)，上剪口应离芽 1 cm。一般上剪口的斜面是长芽一侧高，背芽的一侧低，以免扦插后切面积水，较细的插穗也可剪成平面；下端剪口应紧靠叶柄基部或腋芽之下，下切口平切，生根较难的可斜切或双面切。

嫩枝应带叶片，剪穗时上部保留 2~3 个叶片，叶片大时保留 1/3~1/2 叶片。

4. 整理苗床

将插床进一步平整、松土或填入扦插基质(泥炭或泥炭与细河沙按 1∶1 混合)，施入杀虫剂、杀菌剂，要求苗床疏松、透气、排水良好。

5. 扦插

(1) 插穗处理。将插穗基部整理整齐，把生根剂配好倒在容器或面盆中，深 2~3 cm，插穗基部浸入生根剂，浸 2~3 cm 深，时间长短根据药剂浓度而定。

(2) 扦插操作。春插落叶树种扦插深度入土 1/2~2/3，地表留 1 芽，常绿树种入土 1/3~1/2；夏插穗入土深度为 1/3~1/2。根据生根成活后的生长情况确定合理的密度：杨树、悬铃木 20 cm × 40 cm，水杉、池杉 10 cm × 20 cm，雪松、龙柏、黄杨、蜀桧及红叶石楠 5 cm × 10 cm。插穗直插或稍倾斜插入基质中，插好后压实基部，使插穗与基质密切结合。

(3) 浇水保湿盖膜。用洒水壶将苗床浇透，浇好后每间隔 80 cm 插一根竹弓，上覆薄膜，盖好进行密封，如温度较高可在薄膜上加盖遮阳网，降低床内温度，控制在 30℃以下，并注意保持苗床的湿润，经常检查，喷水保湿。

(四) 考核方式

本项目以 5~6 人为小组进行实训，考核形式为过程与结果综合考核，成绩以小组为单位评定。课后每人提交实训报告一份，内容为扦插育苗的操作过程和注意事项。

(五) 成绩评定

考核主要内容与分值	考核标准	成绩
1. 插穗选取(5 分) 2. 剪穗质量(10 分) 3. 插穗处理(5 分) 4. 扦插操作(20 分) 5. 实训态度(10 分) 6. 扦插成活率(40 分) 7. 实训报告(10 分)	插穗选取部位、粗细、长度合适；插穗留芽数、上下剪口位置合格；剪口光滑，插穗生根处理正确，扦插操作熟练；扦插深度、株行距合适；洒水均匀，浇透水，保湿、遮阴措施得当；实训态度认真，扦插成活率达到 90% 以上；回答问题正确，实训报告充实，达到要求	优秀 (90~100 分)
	插穗选取部位、粗细、长度基本合适；插穗留芽数、上下剪口位置基本合格；剪口光滑，插穗生根处理，扦插深度、株行距合适；洒水基本均匀，保湿、遮阴措施合格；实训态度比较认真、扦插成活率达到 80%~89%；回答问题基本正确，实训报告合格	良好 (75~89 分)
	插穗选取部位、粗细、长度、留芽数、上下剪口位置基本合格；剪口光滑，插穗生根处理，扦插深度、株行距不一致；洒水基本均匀，保湿、遮阴措施合格，在指导下完成操作；实训态度比较认真，扦插成活率达到 70%~79%；回答问题一般，实训报告基本合格	及格 (60~74 分)
	插穗选取部位、粗细、长度、留芽数、上下剪口位置基本合格；剪口不光滑，插穗能进行生根处理，扦插深度、株行距不一致；洒水不均匀，保湿、遮阴措施不到位；实训态度不认真，扦插成活率低；回答问题不正确，实训报告内容少	不及格 (60 分以下)

三、嫁接(枝接)育苗

(一) 目的要求

了解嫁接(枝接)育苗的重要意义,会进行嫁接(枝接)育苗操作。

(二) 材料工具

砧木、接穗、修剪枝、切接或芽接刀、磨刀石及塑料薄膜条等。

(三) 方法步骤

1. 砧木与接穗的选择

(1) 砧木选择。选择播种圃中 1~2 年生与接穗亲和力强的树种实生苗。

(2) 接穗选择。在校园绿化树木中选成年期、树形优良、生长健壮的母树,在树冠外围中上部选择 1 年生粗壮枝条。

2. 嫁接

(1) 削穗。在已选好的母树树冠中上部采取接穗,常绿树种及时剪去叶片,并且湿布包裹、保湿。然后到苗圃现场削穗,按照规定标准削切接或劈接的接穗。

切接嫁接

劈接嫁接

① 切接法削穗:接穗以保留 2~3 个芽为原则,长度 10~15 cm。把接穗正面削一长 3 cm 的斜切面,在长削面背面再削一短切面,长 1 cm,两切面相交于中间髓部,接穗上端的第一个芽应在短切面的一边。

② 劈接法削穗:适用于大部分落叶树种。接穗保留 2~3 个芽,长度 10~15 cm。接穗下端两侧切削,呈两面一致的楔形,切口长 2~3 cm。

(2) 剪砧。在砧木离地面 5~10 cm 处进行剪砧,削平切面。切接法:在砧木一侧(横断面上直径的 1/5~1/4 处)垂直下刀略带木质部,深度 2~3 cm;劈接法:在横切面上的中央垂直下切,深度 2~3 cm,劈开砧木。

(3) 插接。砧木切开或劈开后将接穗插入,并使形成层对齐,至少保证有一边的形成层对齐,接穗稍露白,砧、穗的削面紧密结合。

(4) 绑扎。插好后立即用塑料条包扎严实,松紧适度。

(5) 保湿。如果土壤干燥,应在嫁接前几天对苗圃进行灌水,接好后可用行间土堆在嫁接行上,盖到接穗顶部,防止水分蒸发。一般接后用塑料袋来保持湿度。

(6) 操作技术要求。嫁接刀要锋利,削面平滑,操作速度要快,形成层对齐,适当露白,绑扎要紧,接后保湿,及时除萌、加强管理。

(四) 考核方式

考核形式为过程与结果综合考核,学生个人完成实训,并以个人评定成绩。课后每人提交选穗及嫁接操作、注意事项内容的实训报告一份。

（五）成绩评定

考核主要内容与分值	考核标准	成绩
1. 剪削接穗（10 分） 2. 剪砧木（5 分） 3. 插接（10 分） 4. 绑扎（10 分） 5. 操作安全（5 分） 6. 实训态度（10 分） 7. 成活率（40 分） 8. 实训报告（10 分）	接穗留芽数量 2~3 个，剪口、接穗削面、削面长、砧木剪口及高度、深浅符合要求；接穗与砧木形成层对接平齐，露白适当，接合紧密；绑扎严、松紧适度、芽露出，手法熟练；在规定时间内完成嫁接数量，嫁接成活率达到 90% 以上；回答问题正确，实训态度认真；实训报告充实，达到要求	优秀 （90~100 分）
	接穗留芽数量 2~3 个，剪口、接穗削面平滑、削面长、砧木剪口达到要求；接穗与砧木形成层对接平齐，露白基本合适，接合紧密；绑扎严、松紧不太合适、芽露出，操作速度较慢；在规定时间内完成嫁接数量，嫁接成活率达到 80%~89%；回答问题基本正确，实训态度比较认真；实训报告基本达到要求	良好 （75~89 分）
	接穗留芽数量 2~3 个，剪口、接穗削面平滑、削面长、砧木剪口、接穗与砧木形成层对接、露白、接合、绑扎、露芽基本达到要求，操作速度较慢；在规定时间内能完成，嫁接成活率达到 70%~79%；回答问题基本准确，能在指导下完成操作，实训态度一般；实训报告基本达到要求	及格 （60~74 分）
	接穗留芽数量、剪口、接穗削面、削面长，砧木剪口基本达到要求；接穗与砧木形成层对接、露白、接合、绑扎、露芽、操作速度达不到要求；在规定时间内不能完成嫁接数量，嫁接成活率低；回答问题不准确，实训态度不认真；实训报告未达到要求	不及格 （60 分以下）

四、嫁接（芽接）育苗

（一）目的要求

了解嫁接（芽接）育苗的重要意义，会进行嫁接（芽接）育苗操作。

（二）材料工具

砧木、接穗、修剪枝、芽接刀或单面刀、塑料薄膜条（宽 2 cm 左右、长 25~30 cm）等。

（三）方法步骤

1. 砧木选择

选择与接穗亲和力强、生长健壮、抗逆性强的乡土树种的播种苗或扦插苗，最好选择 1~2 年生实生苗，当砧木地茎粗度达 1~1.5 cm 即可芽接。

2. 接穗选择

在校园绿化树木中选成年期、树形优良、生长健壮的母树，在树冠外围中上部选择 1 年生粗壮枝条。

3. 嫁接时间

嵌芽接是带木质部芽接的一种方法，当不便于切取芽片时常采用此法。适合春、秋进行嫁接，比枝接节省接穗，成活良好。适用于大面积育苗。

（1）取接芽。接芽保留叶柄（或无），具体操作是从芽的上方 1 cm 处向下方先斜入再平切一刀，稍带一些木质部，一般芽片长 2~2.5 cm，再在芽的下方 1~1.5 cm 处呈 45° 角斜切一刀，即可取下带木质部芽片，宽度不等，依接穗粗细而定。

(2) 砧木接口的切削。在选好的与接穗等粗或略粗于接穗的砧木外皮平滑部位，由上而下切削与接芽大小相应或稍大的芽片，去除砧木芽片，露出砧木切口。

(3) 接合。将接穗芽片嵌入砧木切口，尽量使2个切口大小相近，形成层左右部分都能对齐或一边对齐，砧木切口的上端露出一点(露白)皮层。

(4) 缠绑。用适当宽度的塑料条由下而上将接口处砧木与接穗缠绑紧实，但芽的部位要露出。

(5) 补接。接后一周检查成活情况，有叶柄的接芽如果成活，则用手一触及叶柄时，叶柄会轻易脱落，触及叶柄不脱落，多为没成活，可以补接。无叶柄的芽则透过塑料条查看接芽是否干瘪，干瘪则没成活，可补接。

(6) 解绑剪砧。时间视接芽生长情况而定，接芽萌发生长到5~10 cm以上时可解绑剪砧(生长快的可一次剪砧，否则需分2次剪砧)。

4. 嫁接注意事项

(1) 嫁接操作技术要领："平、齐、紧、快、净"。

(2) 嫁接刀具锋利。

(3) 切削砧、穗时不撕皮和不破损木质部。

(四) 考核方式

5~6人一组进行小组集中实训，个人操作，考核形式为过程与结果综合考核，个人评定成绩。每人提交包括选穗及嫁接操作、注意事项内容的实训报告一份。

(五) 成绩评定

考核主要内容与分值	考核标准	成绩
1. 取接芽操作(10分) 2. 砧木处理(5分) 3. 接合(10分) 4. 缠绑(10分) 5. 操作安全(5分) 6. 实训态度(10分) 7. 成活率(40分) 8. 实训报告(10分)	取接芽操作方法正确，芽片大小合适，砧木剪口位置合适，砧木芽片与接芽大小相同或略大，厚度与接芽相同，对接操作准确，形成层对齐，绑扎严、松紧适度，芽露出，操作速度快；在规定时间内完成嫁接数量；嫁接成活率达到90%以上；回答问题正确，实训态度认真；实训报告达到要求	优秀 (90~100分)
	取接芽操作方法正确，芽片大小合适，砧木剪口位置合适，砧木芽片与接芽大小相同或略大，厚度与接芽相同，对接操作准确，形成层对齐，绑扎严、松紧适度，芽露出；在规定时间内能完成；嫁接成活率达到80%~89%；回答问题基本正确，实训态度比较认真；实训报告基本达到要求	良好 (75~89分)
	取接芽操作方法基本正确，芽片大小合适，砧木剪口、芽片基本合格，厚度与接芽略不相同，对接操作比较准确，形成层能对齐，绑扎基本合格；嫁接成活率达到70%~79%；回答问题不太准确，能在指导下完成操作，实训态度一般；实训报告基本达到要求	及格 (60~74分)
	取接芽操作方法基本正确，芽片大小合适，砧木剪口、芽片基本合格，厚度与接芽略不相同，对接操作基本准确，形成层基本能对齐，绑扎不合格；嫁接成活率低；回答问题不正确，实训态度不认真；实训报告未达到要求	不及格 (60分以下)

五、苗期管理

(一) 目的要求

了解苗圃育苗管理的重要意义,会进行苗圃日常管理。

(二) 材料工具

5~6 人为一小组,每组配备:锄头、铁锹、修剪枝、手锯、大平剪、灌溉水管、喷头及化肥或有机肥等。

(三) 方法步骤

1. 灌溉排水

(1) 灌溉。根据苗木的生长规律和天气条件,确定合理的灌溉量。出苗期保持湿润,浇地表水;幼苗期时干时湿;速生期要多次灌水,每次浇透;生长末期停止浇水(特殊干旱浇一次透水)。

(2) 排水。梅雨前,全面检查排水系统,保证排水沟的畅通。下大雨时及时检查,发现积水及时排除,雨后要及时清理,用锹铲平步道,要求做到"雨停地干、不留积水、沟沟相通"。

2. 除草松土

用锄头清除苗圃杂草并松土,操作要求做到"小苗略浅、大苗稍深、不伤苗根、全面细致、不留草根",除草具体原则为"除早、除小、除了"。步道、床边、床面全面除草不能漏掉。

3. 施肥

要求合理施肥,根据不同发育时期确定合理的用量,做到由稀到浓、少量多次。施肥时,要根据肥料的种类决定并与除草松土相结合,固体肥料应松土前施入,液体肥应松土后施入。小雨在雨前施,大雨应雨后施。施肥方法有撒施、浇施和穴施。

4. 苗木圃地整形修剪

(1) 球形苗木整形修剪。根据球体的大小进行修剪,用大平剪,将树体剪成圆球形,每次修剪应比上一次高度提高 3~5 cm,使球体丰满。

(2) 行道树大苗整形修剪。应分三步进行,第一步养根系,保成活率;第二步养树干,使主干增粗并达到应有的 2.5~3.5 m 高;第三步养树冠,培养 3~5 个主枝,使树冠开展。

(3) 开心型树冠大苗整形修剪。可培养 2~3 个主干,定干高度根据树种特性,一般 1.5~2.5 m 高修剪定干。培养开心型树冠,每主干留 2~3 个主枝,形成良好的冠型。

(4) 花灌木整形修剪。1 年生苗定主干培养主枝,按开心型要求选留 3~5 个主枝,2 年生苗开始培养树冠,确定各主枝的延长枝并配备各级侧枝。3 年生以上培养良好冠型,做到"轻剪长放,合理修剪",疏除不必要的徒长枝、病虫枝、萌蘖枝、过密枝,并根据树种确定正确的修剪时间,冬春开花的在花后修剪,夏秋开花的在休眠期修剪。

(5) 绿篱苗木整形修剪。对主枝、侧枝多次进行摘心,促发新枝,提高出圃的质量,使绿篱苗丰满均匀。

(6) 藤本苗木整形修剪。定干高度 0.8~1 m,保留 3~5 个主蔓,剪去主蔓下部多余枝,在休眠期将主蔓上枝条回缩保留 20~30 cm,进行养蔓缠绕,使其直立。

(四) 考核方式

本项目以 5~6 人为小组集中实训,针对灌溉排水、除草松土、施肥、整形修剪等环节,每人轮岗操作,对个人评定成绩。每人提交苗期管理实训报告 1 份。

（五）成绩评定

考核主要内容与分值	考核标准	成绩
1. 灌溉排水（20分） 2. 除草松土（15分） 3. 施肥（20分） 4. 整形修剪（20分） 5. 实训态度（10分） 6. 实训安全（5分） 7. 实训报告（10分）	灌溉时期把握准确，灌溉方法选择得当，灌溉效果控制合适；排水方案得当，可实施性强；除草松土及时，效果好；肥料选择、施用得当；整形美观匀称，修剪技术娴熟；实训态度认真；操作安全无事故；实训报告质量高	优秀 （90~100分）
	灌溉时期把握比较准确，灌溉方法选择比较得当，灌溉效果控制比较合适；排水方案得当，可实施性比较强；除草松土及时，效果较好；肥料选择、施用较得当；整形比较美观匀称，修剪技术比较娴熟；实训态度比较认真；操作安全无事故；实训报告质量较高	良好 （75~89分）
	灌溉时期把握基本准确，灌溉方法选择基本得当，灌溉效果控制基本合适；排水方案得当，可实施性强；除草松土不够及时，效果一般；肥料选择、施用可以；整形不够美观匀称，修剪技术不够娴熟；实训态度一般；操作安全无事故；实训报告质量一般	及格 （60~74分）
	灌溉时期把握不够准确，灌溉方法选择不得当，灌溉效果控制不合适；排水方案一般，可实施性不强；除草松土不及时，效果不好；肥料选择、施用不得当；整形不美观，修剪技术不娴熟；实训态度不够认真；操作安全无事故；实训报告质量一般	不及格 （60分以下）

技能小结

本技能主要介绍常见园林树种的繁殖方法、育苗方法和栽培管理技术要点；重点介绍不同树种不同用途的整形与修剪技术。

思考与练习

1. 简述雪松的繁殖方法，雪松常规修剪和常见不良树冠的改造修剪方法。
2. 简述用作行道树的悬铃木杯状形和中央领导干形的整形修剪方法。
3. 简述白玉兰繁殖与栽培技术特点。
4. 如何进行紫薇的繁殖、栽培、整形修剪？
5. 石榴如何整形修剪？
6. 树状月季、灌木状月季、藤本月季如何整形修剪？

技能十　园林植物容器栽培技术

能力要求

- 会进行容器栽培基质的配置
- 会根据栽培对象选择容器
- 会园林植物的容器栽培与养护

相关知识

Q：园林植物的容器栽培有什么优点？容器有什么质地的，如何选择？容器栽培对基质有哪些要求？

一、植物容器栽培概述

容器栽培是将园林植物栽培在合适的容器中。近年来，各地容器苗的生产应用有了长足的发展，有效地提高了种植成活率。

容器栽培的苗木具有以下优点。

(1) 种植的苗木生长一致，抗性强，避免了田间栽培起苗时对苗木根系的伤害，种植成活率高。

(2) 可以采用自动化、机械化生产模式，极大地提升了园林苗木产品的技术含量。

(3) 可以减少移栽的人工成本。

(4) 可以打破淡旺季之分，实现全年园林苗木供应，实施反季节施工，缩短园林绿化的施工工期。

(5) 适用的土地类型更广泛，能充分利用土地资源。

(6) 城市绿地建成速度快，质量好。

在当前快速发展的城市建设过程中，一年四季都需要进行迅速而有效的绿化，并且要求针阔叶树种、花灌木、草坪、花卉配置合理和美观，栽植后能很快成形成景，成活率高，容器栽培的园林苗木能够满足这一要求。从成效上讲，园林植物的容器栽培与露地栽培相比，更符合园林绿化和城市建设的需要，是现代苗圃今后发展方向之一。

园林植物容器栽培在生长过程中也存在一定的缺陷，如其所要求的栽培管理水平较高；苗木根系的生长受到栽培容器的限制；随着苗木的不断长高长粗，需要经常更换适合的容器，栽培基质需要专门配制，增加了生产成本等。

二、栽培容器的种类与选择

（一）容器的种类

目前，用于花木栽植用的容器种类很多，通常依质地、大小、专用目的进行分类。

1. 素烧盆

素烧盆又称为瓦盆，以黏土烧制，有红盆和灰盆 2 种。通常为圆形，底部有排水孔，大小规格不一，一般最常用的口径与盆高相近。虽质地粗糙，但排水良好，空气流通，适合园林植物生长，而且价格低廉，用途广泛（图技 10–1）。

(a)

(b)

图技 10–1　素烧盆

2. 陶盆

陶盆用陶土烧制，可分为紫砂、红砂、青砂等；外形除圆形外，还有方形、菱形、六角形等。盆面常刻有图画，因此外形美观，适合室内装饰用。与素烧盆相比，水分和空气流通不良。一般质地越硬，通气排水性越差。

3. 瓷盆

瓷盆为上釉盆，常有彩色绘画，外形美观，适合家庭装饰用。其主要缺陷是：花盆上釉后，空气、水分流通不良，不利于植物生长。故一般不作盆栽用，常作为花盆的套盆使用（图技 10–2）。

(a)

(b)

图技 10–2　瓷盆

4. 木盆或木桶

木盆或木桶多用作木本园林植物的栽培容器。制作木盆的材料应选材质坚硬而不易腐烂的木材，如红松、栗、杉木、柏木等，外部刷上油漆，内部涂环烷酸铜防腐。木盆以圆形较多，也有方型，盆的两侧应有把手，以便搬动。木盆的形状应上大下小，盆底应有垫脚，以防盆底直接接触地面而腐烂。

5. 水养盆

水养盆专用于水生花卉盆栽。盆底无排水孔，盆面阔大而浅。常用陶瓷材料制作。

6. 兰盆

兰盆专用于兰花及附生蕨类植物的栽培。盆壁有各种形状的孔洞，以便流通空气。有时也用木条或柳条制成各种形式的兰筐。

7. 盆景用盆

盆景用盆深浅不一，形式多样，常为瓷盆或陶盆。山水盆景常用大理石制成的特制浅盆。

8. 纸盆

纸盆仅供培养幼苗使用。

9. 塑料容器

塑料容器质轻而坚固耐用，可制成各种形状，质地有软有硬，色彩也极其多样，是目前国内外大规模花卉生产常用的容器。通气透水性能不良，浇水后盆中基质积水时间过长，因此栽培时应注意培养土的物理性状，使之疏松通气。

10. 铁容器

铁容器用铁皮制成，常为桶状，有的下部配有能撤卸的底。主要用于大规格的苗木栽培。

11. 聚乙烯袋

我国已经广泛采用穿孔的聚乙烯袋作为栽培容器，并取得了很好的效果。该容器比硬质塑料或金属容器更经济实用，且使用方便，经久耐用，易于折叠和弯曲，便于贮藏。聚乙烯袋容器填充介质时往往比硬质容器费力费时，填充后搬运也更麻烦。

（二）栽培容器的选择

容器栽培首先要科学合理地选择容器，使植物在容器中既能正常生长，又能满足经济、观赏等多方面的需要。一般情况下，栽培容器的选择应着重考虑以下几个方面。

1. 容器的规格

容器的规格会影响苗木在确定的时间内所能达到的规格和质量。容器的规格要合适，过大或过小都不利于植物生长。容器太小，所装基质少，供水供肥能力低，出现窝根或生长不良的现象，严重时甚至停止生长；容器过大，会提高生产费用，苗木不能充分利用容器所提供的空间和生长基质，虽然苗木的生长空间得到了保证，提高了苗木的观赏价值，但所带来的回报却低于耗费。

一般情况下，在确定容器规格时，要考虑植物的形态、特性及栽培时间的长短。比较高大的、根系发达的或栽培时间较长的植物，容器的规格应该大一些，反之应小一些；主根发达、侧根较少的植物，所选择的容器口径应该适当小一些，盆的深度应大一些，反之应选择适当浅而口径大一些的容器。

在容器栽培中，为了避免根系生长时出现窝根现象，应该适时地将容器苗移栽到较大容器之中。但是要做到这一点并不容易，因为移栽不仅需要耗费大量劳动力，而且时间难以把握。不能及时移栽到较大容器会出现缓苗期。

2. 容器的排水状况

容器的排水状况对苗木的生长十分重要。排水不良易导致容器苗的根系生长衰弱，根毛死亡,进而影响到苗木对水分和养料的吸收。

容器的保水性、通气性与容器的材质关系极大,盆土的湿度也受材质的影响。塑料容器盆土的水分只能从盆口的表面蒸发,保水性虽好,但要注意防止盆土过湿;无釉陶盆,盆土水分蒸发快,易干燥,应加强水分管理。

3. 容器的颜色

容器的颜色对容器苗的生长有一定的影响。在炎热的夏季,暴露于直射光下黑色容器中基质的温度可能会超过48℃;浅色容器可以降低生长基质的温度,但白色聚乙烯袋因为不能抵抗紫外光而易老化。另一方面,白色容器近似透明,生长在基质外围的藻类物质往往会大幅度减少基质中的氧气数量,从而影响苗木的健康生长。

当苗木生长到冠层足以遮盖整个容器的表面时,容器的颜色对苗木生长的影响就会减小。

4. 经济成本

容器是一笔相当大的初期投资。资料显示,在美国的容器栽培苗圃中,购买容器的费用仅次于劳动力的费用。但另一方面,对于整个容器栽培生产体系而言,容器上的投资是必需的,容器可保持园林苗木整洁美观,便于运输,对苗木根系的保持力强,种植后的成活率高,因而容器投资的回报十分丰厚。

不同的容器材质,成本相差较大。塑料盆、聚乙烯袋、素烧盆等容器价格相对比较低廉,而陶盆则价格比较昂贵。因此,在选择容器时,应根据经济实力选用经济实用的栽培容器。

5. 观赏效果

容器选择还应注意观赏和陈设的需要。随着经济的发展,栽培容器已不再是盛装植物和基质的一种简单的容器,还成为时尚主题的一项重要内容。丰富的材质、优美的造型和组合方式、缤纷的色彩,使栽培容器的装饰性显著增强。栽培容器的装饰作用正被设计师充分利用,经过精心挑选,可用于营造优美的景观,彰显个性。

模仿石头、蘑菇、木炭的颜色,可以体现自然的风味;看上去很陈旧的青铜容器,可散发出古色古香的韵味;陈旧的陶瓦柱形种植钵、乡土气息浓郁的地中海土罐,体现出一种怀旧的主题。

三、容器栽培的基质

(一) 容器栽培的特点

容器栽培与地栽植物相比,有许多不利因素。

(1) 栽培容器的空间有限,要求所用基质必须养分充足,富含有机质,因而一般的农田或山地土壤不能直接用作栽培基质。

(2) 容器的通气性较差,根系呼吸受到影响,所以容器栽培的植物对栽培基质的物理性状如水、肥、气、热的要求比地栽植物高。

(3) 容器栽培的植物,水分蒸发量大,必须经常浇水。频繁的浇水会造成土壤结构的破坏,养分流失,因而必须经常施肥。

(二) 容器栽培对基质的要求

(1) 要疏松,空气流通,以满足根系呼吸的需要。

(2) 水分的渗透性能良好,不积水。

(3) 能保持水分和养分,不断供应植物生长发育的需要。

(4) 适宜的酸碱度。

(5) 不允许有害微生物和其他有害物质的滋生和混入。

(6) 材料来源广泛,取材方便。

技能实训

Q:容器栽培基质如何配制?怎样栽植?栽后如何养护?

一、容器栽培基质的配制

(一) 基质材料

盆土(栽培基质)材料,常用的有堆肥土、沙、腐叶土、泥炭、松针土、蛭石、珍珠岩及腐熟的木屑等。各种材料的特性以及制备方法见表技10-1。

表技10-1 常见基质材料的特性以及制备

种类	特性	制备	注意事项
堆肥土	含较丰富的腐殖质和矿物质,pH 4.6~7.4;原料易得,但制备时间长	用植物残落枝叶、青草、干枯植物或有机废物与园土分层堆积3年,每年翻动2次,再进行堆积,经充分发酵腐熟而成	1. 制备时,堆积疏松,保持潮湿。 2. 使用前需过筛消毒
腐叶土	土质疏松,营养丰富,腐殖质含量高,pH 4.6~5.2,最广泛使用的培养土,适用于栽培多种花卉	用阔叶树的落叶、厩肥或人粪尿与园土层层堆积,经2~3年制成	堆积时应提供有利于发酵的条件,存储时间不宜超过4年
草皮土	土质疏松,营养丰富,腐殖质含量较少,pH 6.5~8,适于栽培玫瑰、石竹、菊花等花卉	草地或牧场上层5~8 cm表层土壤,经1年腐熟而成	取土深度可以变化,但不宜过深
松针土	强酸性土壤,pH 3.5~4.0;腐殖质含量高,适于栽培酸性土植物,如杜鹃花	用松、柏针叶树落叶或苔藓类植物堆积腐熟,经过1年,翻动2~3次	可用松林自然形成的落叶层腐熟或直接用腐殖质层
沼泽土	黑色。富含腐殖质,呈强酸性,pH 3.5~4.0;草炭土一般为微酸性。用于栽培喜酸性土花卉及针叶树等	取沼泽土上层10 cm深土壤直接作栽培土壤,或用水草腐烂而成的草炭土代用	北方常用草炭土或沼泽土
泥炭土	有2种:褐泥炭,黄至褐色,富含腐殖质,pH 6.0~6.5,具防腐作用,宜加河沙后作扦插床用土;黑泥炭,矿物质含量丰富,有机质含量较少,pH 6.5~7.4	取自山林泥炭藓长期生长经炭化的土壤	北方不多得,常购买
河沙或沙土	养分含量很低,但通气透水性好,pH 7.0左右	取自河床或沙地	—

续表

种类	特性	制备	注意事项
腐木屑	有机质含量高，持肥、持水性好，可取自木材加工厂的废料	由锯末或碎木屑熟化而成	熟化期长，常加人粪尿熟化
蛭石、珍珠岩	无营养含量，通透性好，卫生洁净	—	防止过度老化的蛭石或珍珠岩混入
煤渣	含矿质，通透性好，卫生洁净	—	多用于排水层
园土	一般为菜园、花园中的地表土，土质疏松，养分丰富	经冬季冻融后，再经粉碎、过筛而成	带病菌较多，用时要消毒
黄心土	黄色、砖红色或赤红色，一般呈微酸性，土质较黏，保水保肥力较强，腐殖质含量较低，营养贫乏，无病菌、虫卵、草籽	取自山地，离地表70 cm以下的土层	用时常拌入有机肥和沙、腐木屑、珍珠岩等
塘泥	含有机质较多，营养丰富，一般呈微酸性或中性，排水良好	取自池塘，干燥后粉碎、过筛	有些塘泥较黏，用时常拌沙、腐木屑、珍珠岩等
陶粒	颗粒状，大小均匀，具适宜的持水量和阳离子代换量，能有效地改善土壤的通气条件；无病菌、虫卵、草籽；无养分	由黏土煅烧而成	—

引自：成海钟，园林植物栽培养护[M]，2005.

（二）基质的配制

不同植物的生长习性不同，所需盆土质地不一样，用统一的配比方法是不现实的。表技10–2是一般园林植物盆栽基质的常用配置比例。

通常盆栽基质的配置顺序如下。

（1）确定基质的材料配比方案。

（2）按配方准备各种原材料。

（3）将所准备的原材料按照配比方案混合均匀。

（4）必要时进行消毒或调节酸碱度。

表技10–2 园林植物盆栽基质的常用配比

应用范围	腐叶土或草炭/份	针叶土或兰花泥/份	田园土/份	河沙/份	过磷酸钙或骨粉/份	有机肥/份
播种或分苗	4	—	6	—	—	—
草本定植或木本育苗	3	—	5.5	—	0.5	1
宿根草本或木本定植	3	—	5	—	0.5	1.5
宿根草本或木本换盆	2.5	—	5	—	0.5	2
球根及肉质类花卉	4	—	4	0.5	0.5	1
喜酸性土壤的花卉	—	4	4	0.5	0.5	1

引自：成海钟，园林植物栽培养护[M]，2005.

需要指出的是,大量使用盆栽基质时,过于强调基质的肥力情况是很难做到的。因此,在许多苗圃,随地采用当地的黄心土或苗圃土壤、山泥、园土,拌入一定比例的河沙(或锯末、珍珠岩)、有机肥后,作为栽培基质。

(三) 基质的消毒

基质的主要成分,如园土、泥炭土、腐叶土等,均含有不同程度的杂菌和虫卵,为保证园林植物特别是一些较为名贵的园林花木,栽培到容器后健壮生长,减少病虫害,使用前必须对基质进行消毒。消毒方法很多,常采用日晒、烧土、蒸汽消毒和化学消毒法等方法。

1. 物理消毒

(1) 蒸汽消毒。将 100~120℃的蒸汽通入土壤,消毒 40~60 min,或以混有空气的水蒸气在 70℃时通入土壤,处理 1 h,均可消灭土壤中的病菌。蒸汽消毒设备、设施成本较高。

(2) 日光曝晒。对土壤消毒要求不严格时,可采用日光曝晒消毒,尤其是夏季,将土壤翻晒,可有效杀死大部分病原菌、虫卵等。在温室中,土壤翻新后灌满水再曝晒,效果更好。水稻田土用来种花可免除消毒。

(3) 家庭栽培可采用铁锅翻炒法灭菌。将培养土在 120~130℃铁锅中不断翻动,30 min 后即可达到消毒的目的。

2. 化学药剂消毒

化学药剂消毒具有操作方便、效果好的特点,但因成本较高,通常小面积使用。常用 40% 的甲醛 500 mL/m^3 均匀浇灌,并用薄膜盖严密闭 1~2 天,揭开后翻晾 7~10 天,让甲醛挥发殆尽后使用;也可用稀释 50 倍的甲醛均匀泼洒在翻晾的土面上,使表面淋湿,用量为 25 kg/m^2,然后密闭 3~6 天,再晾 10 天以上即可使用。

氯化苦在土壤消毒中也常有应用。使用时每平方米打 25 个左右深约 20 cm 的小穴,每穴加氯化苦药液约 5 mL,然后覆盖土穴,踏实,并在土表浇上水,提高土壤湿度,使药效延长,持续 10~15 天后,翻晾 2~3 次,使土壤中氯化苦充分散失,2 周以后使用。或将培养土放入大箱中,每 10 cm 一层,每层喷氯化苦 25 mL,共 4~5 层,然后密封 10~15 d,再翻晾后使用。需要注意的是,氯化苦是高效、剧毒的熏蒸剂,使用时要戴乳胶手套和适宜的防毒面具。

二、园林植物容器栽植

(一) 栽植前的准备

容器栽培的成功与否很大程度上取决于容器的选择和栽培基质的性质。在栽植前应配制适合植物生长发育所需的培养土。根据所栽植物的大小、习性、发育阶段和现有的生产条件选择合适的容器,要避免大容器栽小苗或小容器栽大苗。备好栽培用盆和上市用盆:栽培用盆常用通气性能较好的容器,如素烧盆、木盆等;上市用盆选用美观的塑料盆、瓷盆等。

(二) 上盆

上盆是按照幼苗大小选择适当规格的花盆,用一块碎盆片、砖瓦片等物盖于盆底排水口上,凹面向下,然后在盆底填入一层粗粒培养土或碎瓦片、煤渣、沙砾等,作排水物,上面再填一层培养土,以待植苗。待植的苗木应进行修剪,剪去过长根和病腐根,并在保证株形完满的前提下适当修剪枝叶。

植苗时,用左手拿苗放于盆口中央深浅适当的位置,用器具在苗四周填入培养土,用手指或榔头等自盆边向中心压紧、打实。植株不宜栽得过深，填土也不宜过满，基质土面与盆口应保留5 cm距离，留出浇水位置。

栽植球根花卉时，应先填入排水层和基质(基质土面与盆口应保留5 cm)，然后用手或花铲开穴，将球根栽入穴中，压实，栽入深度以能见到顶尖部位为宜。

塑料袋做容器时，一般不在底部填上排水层，而是直接装入基质，将装好基质的塑料袋排放在指定位置后，挖穴或用木棒打孔栽苗。

大型容器栽培大苗时，一般也不填排水层，栽植前先在容器底部填入一层土壤，然后放苗入容器，边回填基质边用器具捣实。

苗木种植完毕后应立即充分浇水，水要灌足，一般连续浇2次，见到水从排水孔中流出时停止浇水。

(三) 排盆

植物上盆后，要根据具体情况摆放容器。容器栽培的场所，有条件时应设立遮阴和冬季保护设施。

喜光植物应摆放在阳光充足处，摆放密度应小一些；中性、阴性植物应分别排放在半阴、荫蔽处，并可适当加大密度。

容器的排放要整齐、美观，密度要合理，中间留出步道，便于管理和操作。

(四) 栽后管理

1. 施肥

施肥要根据植株的生长发育时期，分别采用施基肥、追肥和叶面施肥等方法，补充养分，满足植株生长发育的需要。

(1) 基肥。一般上盆及换盆时常施以基肥。常用基肥主要有饼肥、牛粪、鸡粪、蹄角和羊角片，基肥施入量不应超过盆土总量的20%，可与培养土混合后均匀施入。蹄片因分解缓慢可放于盆底或盆土四周。

(2) 追肥。追肥以薄肥勤施为原则，一般一年追肥3~4次。落叶种类在晚秋落叶至早春萌芽前，常绿种类在旺盛生长前；植物旺盛生长期间追肥1~2次；最后一次追肥于8—9月份进行。

通常以沤制好的饼肥、油渣为主，也可用化肥或微量元素追施或叶面喷施。盆栽植物的用肥应合理配施，否则易发生营养缺乏症。观叶植物不能缺氮，观茎植物不能缺钾，观花和观果植物不能缺磷。观叶植物、幼年期植物、茎叶发育期的观花植物应多施氮肥，花芽分化期、孕蕾期、开花期的花木应多施磷钾肥。

叶面追施时有机液肥的质量分数不宜超过5%，化肥的施用质量分数一般不超过0.3%，微量元素质量分数不超过0.05%。

追肥方法可用浇施(将肥料先溶于水，再用喷壶将肥液直接浇入基质中)、穴施(在靠近容器壁的基质中打孔或挖小穴，然后将颗粒肥放入其中，最后埋土)、叶面追肥(施肥时需注意不宜在低温下进行，通常在中午前后喷洒，液肥应多喷于叶背面)等方法。

施肥应在晴天进行。施肥前先松土，待盆土稍干后再施肥。施肥后，立即用水喷洒叶面(叶面追施除外)，以免残留肥液污染叶面。施肥后第二天务必浇1次水。

2. 浇水

盆栽植物的水分管理是容器栽培的关键技术。浇水应遵循“不干不浇、见干就浇、浇则浇透，透而不漏”的原则，避免“半截水”。

浇水次数、浇水时间和浇水量应根据植物种类、不同生长发育阶段、天气状况、培养土性状等条件灵活掌握。

要掌握不同植物的需水特性，因“树”因“花”合理浇水。蕨类植物、天南星科、秋海棠类等喜湿植物要多浇，仙人掌类等旱生植物要少浇。有些植物对水分特别敏感，浇水不慎会影响生长和开花，甚至导致死亡。如大岩桐、蒲包花、秋海棠的叶片淋水后容易腐烂；仙客来球茎顶部叶芽、非洲菊的花芽等淋水会腐烂而枯萎；兰科植物、牡丹等分株后，如灌水也会腐烂。因此，对浇水有特殊要求的种类应和其他植物分开摆放，以便浇水时区别对待。

同一植物在不同的生长阶段需水状况不一样。进入休眠期时，浇水量应依种类的不同而减少或停止；从休眠期转入生长期，浇水量逐渐增加；生长旺盛时期，要多浇，开花期前和结实期少浇，盛花期适当多浇。

不同的季节，植物的浇水量不同。春季，天气转暖，植物开始生长，浇水量要逐渐增加，草花1~2 天浇水 1 次，花木 3~4 天浇水 1 次；夏季，温度较高，植物处于生长旺盛期，蒸腾量大，宜多浇水，每天早晚各浇 1 次；秋季，温度逐渐下降，植物生长转缓，浇水量可适当减少，但南方常处于秋老虎时期，还需经常浇水；冬季，控制浇水。

夏季浇水以清晨和傍晚为宜，冬季以上午 10 时以后为宜。

随着设施条件和生产技术的改善，喷灌、滴灌已越来越多地应用于盆栽生产，利用微雾喷灌降温增湿，形成了一整套系统的水肥管理模式，这是机械化、标准化盆栽生产的发展方向。

3. 松盆

松盆相当于露地栽培中的松土除草。不断的浇水管理，常使营养土表面板结，有时还伴生青苔，影响栽培基质的通气透水性能，抑制植物生长。松盆技术较为简单，可用竹片、小铁耙等器具疏松盆面营养土，同时清除表面杂草、青苔等。

4. 整形修剪

有些盆栽植物在生长过程中，需要进行适当的整形修剪，如摘心、摘芽、剪枝等，使各类植物朝栽培者所希望的方向发展。通过整形修剪，或形成枝叶繁茂、形态浑圆丰满的冠形，或形成粗壮挺拔的主干，或使花木的花朵大而美丽。

5. 支撑

一些容器栽培的高干植物、缠绕植物以及特殊花木等要用支柱支撑，以免被风吹倒，防止晃动植株伤及根系和折断枝条，有的植物通过支撑还可以起到整枝造型的作用，如三角花、蝴蝶兰等。

盆栽植物的支撑常有以下几种形式（图技 10–3）。

(1) 棒状。将支柱末端扎入土中，用细绳或细线将植物绑扎、固定在支柱上。支撑物常用木棒、竹棒、塑料棒及金属棒等。支撑容器大苗时，可以将容器成行、成列排放，用木棒或竹竿等物将大苗按照一定的高度相互绑扎在一起，形成群体效应，大大增强抵抗大风等自然灾害的能力。单株大苗，可参照露地栽植大树的方法，用三角形撑架支撑。

(2) 环状。用铁丝、竹丝、枝条等物绕制而成的支架放置于盆面，使植物的茎、枝在一定的范围内伸展，防止枝叶风折。

(3) 篱架状。支撑物多为扇状，深插于盆中，引导植物缠绕生长。

(4) 艺术支架。根据栽培者所希望的造型，做成各种形状，置于盆面供植物攀缘生长，并且通

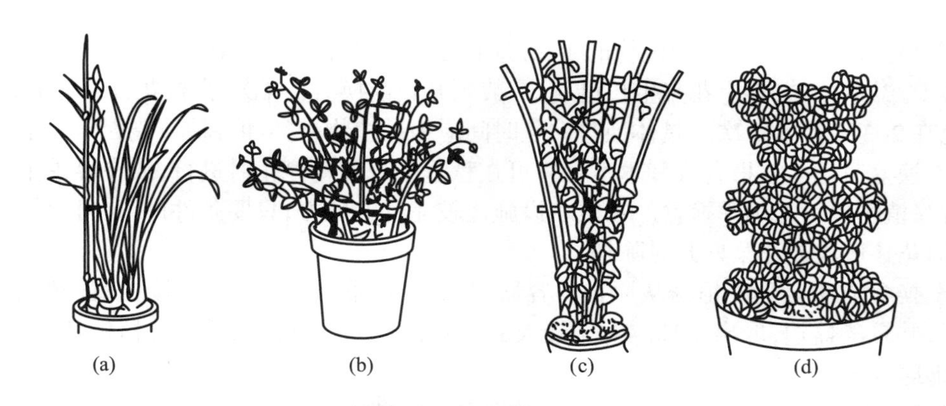

图技 10-3　支撑

（a）棒状支柱法　（b）环状支架支撑法　（c）篱架状支架支撑法　（d）模型支架支撑法

过一定的整形修剪手段形成各种造型。支架材料多样。

6. 转盆

转盆是为了防止植物偏向一方生长，破坏匀称圆整的株形，每隔一定时间，转换花盆方向。在单面温室中或室内近窗口处摆放的容器植物、排放密度较大的边缘盆栽植物，如果摆放时间过长，植株偏向光线投入的方向一侧倾斜。因此，为防止植物偏向生长，造成偏冠现象，应每隔一定的时间，将植物作 180° 的转向。一般每隔 20~30 天在原地转动一次。具体转向时间应根据植物的生长速度而定，生长快的植物间隔时间应短一些，反之可以适当延长。如盆栽植物在生长过程中，各方的光线照射都比较均匀，植物无明显的偏冠现象，可以不进行转向处理。但是，长期不移动排放位置，根系有扎入盆下土壤可能时，即使不作转向处理，也应移动排放位置。

7. 倒盆

为使盆栽植物生长均匀一致，经常调动花盆的位置，将生长旺盛的植株移到条件较差的部位，而将较差部位的盆栽植物移到条件较好的部位。通常倒盆与转盆同时进行。

下列情况需要进行倒盆。

一是盆栽植物经过一段时间的生长，株幅增大造成株间拥挤，如不及时倒盆，会因通风透光不良导致病虫害和引起植株徒长。

二是在大棚温室中，摆放在不同位置的盆栽植物，因光照、通风、温度等环境因子的不同，生长出现差异，可使盆栽植物生长一致。

8. 换盆

换盆是把植株从较小的容器中倒出，转入较大的容器中（如果只换掉大部分旧的栽培基质而不转入较大的容器，称为翻盆）。

换盆一般有以下 2 种情况。

一是随着生长发育，植株逐渐长高长大，原有的容器不能满足其生长的需要，生长受到限制，根群在盆内无伸展的余地，相互盘叠，或一部分根系自排水孔中穿出或露出土面，此时应及时换盆，由小盆转入大盆，扩大根系生长空间。

二是植株在老盆中生长时间过长，盆中的栽培基质物理性质变差，养分贫乏，或基质被老根充满，植株的吸收能力下降，或老盆已经老化、损坏，此时需要换盆，修整根系，更新基质，更换容器。

(1) 更换次数。随着盆栽植物的生长，应该逐步由小盆向大盆转移，但不宜一次性换入过大的容器中。温室一、二年生花卉生长迅速，一般到开花前换盆2~4次；宿根花卉多为1年换盆一次；木本花卉2~3年换盆1次。具体换盆间隔时间应根据植物种类和各种环境因素而定。

(2) 换盆时间。宿根花卉和木本花卉可在秋季生长即将停止时进行，或在春季生长开始前进行。常绿植物也可在雨季换盆。在栽培设施比较完善的地方，只要条件许可，可以根据需要随时换盆，但花芽形成或花朵盛开时除外。

(3) 换盆方法。先将植株从原来的容器中取出(脱盆)。脱盆时，应按住植株的基部，将盆提起倒置，并轻磕盆边，取出土球。对于较大的花木，可将盆侧放，双手握住植株基部，用脚轻踹盆边，将土球取出。

对于木本花卉，土球取出后，应适当切除原土球，切除部分一般不超过原土球的1/3，并剪去裸露的老根、病残根，适当修剪枝叶，然后再植入新的容器中。

对于换盆困难的大型容器，一般先将容器吊放在高台上，然后用绳子分别捆住植株的茎基部和干的中部，将植株轻吊起，使容器倾斜，慢慢扣出容器。处理土球后，用新基质和植株重新栽放入容器中，最后立起容器，压实浇水。

(4) 换盆后的管理。换盆后，应立即浇透水，之后以保持土壤湿润为宜。由于换盆时根系受伤，吸水能力减弱，如果浇水过多，易使根部伤处腐烂。待新根长出后逐渐加大浇水量。换盆后如果阳光照射强烈，应该适当遮阴。

实际操作

Q:容器栽培的基质怎样配制？怎样进行容器苗上盆、换盆与翻盆？怎样进行转盆、倒盆与松盆？如何进行盆栽植物的浇水与施肥？

一、基质的配制

(一) 目的要求

掌握容器栽培对基质的要求、常用容器栽培基质的配制方法和基质的消毒技术。

(二) 材料工具

园土、泥炭土、腐叶土、蛭石及珍珠岩等。

有机肥、甲醛、硫黄粉、石灰及塑料薄膜等。

铁锹、筛子、喷壶、喷雾器及粉碎机等。

(三) 方法步骤

分组完成基质的配制、消毒工作。

(1) 熟悉各种土料，根据需要将各种土料粉碎、过筛后备用。

(2) 按照栽培植物对基质的要求，将各种土料按比例混合，分别配制成普通培养土、播种培养土、疏松培养土、中性培养土、黏性培养土及杜鹃花培养土等专用培养土。

(3) 测定培养土的酸碱度，根据需要用硫黄粉、石灰调节至所需酸碱度。

(4) 甲醛稀释50倍后喷洒培养土，喷后堆好，用塑料薄膜密封，进行熏蒸消毒。在操作时注意施药安全。

（四）实训要求

记录各类培养土配制的过程及对培养土酸碱度的测定结果。实训操作过程写入实习报告，并写出注意事项。课后完成实训报告并及时上交。

二、上盆、换盆与翻盆

（一）目的要求

使学生熟悉上盆、换盆与翻盆的要领，掌握上盆、换盆与翻盆技术。

（二）材料工具

小苗、盆花、各类培养土、不同型号的花盆、碎盆片及肥料等。

花铲、铁锹、枝剪、刀片和喷壶等。

（三）方法步骤

将待上盆、换盆或翻盆的植株浇好水备用。分组（4~6 人一组）进行操作。

1. 幼苗上盆

花盆大小适宜，依次垫瓦片、填盆底土、填底肥、填培养土、放入幼苗，调整高度，再填土，留出沿口，浇透水，放于阴处。

2. 换盆

把待换盆栽植物脱出原盆，修剪上部多余枝叶，修理土坨，换入较大的新盆，方法同上盆。

3. 翻盆

把待翻盆栽植物脱出原盆，修剪上部多余枝叶，修理土坨，换入装有新培养土的原盆或新盆，方法同上盆。

记录上盆、换盆与翻盆的操作过程，调查成活率。

（四）考核方式

本项目以小组为单位进行实训与成绩评定，考核形式为过程与结果综合考核，交实习报告一份，分析上盆、换盆与翻盆的不同之处，分析不同方法对幼苗成活率及生长的影响。

（五）成绩评定

考核主要内容与分值	考核标准	成绩
1. 材料准备（10 分） 2. 幼苗上盆（30 分） 3. 换盆（20 分） 4. 翻盆（20 分） 5. 实训态度（10 分） 6. 实训报告（10 分）	材料准备充分，幼苗上盆、换盆及翻盆操作正确，栽植深浅合适，换盆时选择新盆规格大小合适，土坨修理适当，幼苗生长健壮，实训态度认真；幼苗成活率达 98% 以上；实训报告认真，内容充实，分析深刻，上交及时	优秀 （90~100 分）
	材料准备较充分，幼苗上盆、换盆及翻盆操作正确，栽植深浅合适，土坨修理比较合理，管理的幼苗生长多数健壮，但有的幼苗生长不良，实训态度较认真；幼苗成活率达 90% 以上；实训报告较认真，内容一般，有分析，上交及时	良好 （75~89 分）
	材料准备较充分，在指导下能完成幼苗上盆、换盆及翻盆，实训态度一般；幼苗成活率达 70%~89%；实训报告内容一般，分析少，上交及时	及格 （60~74 分）

续表

考核主要内容与分值	考核标准	成绩
	材料准备较充分,能在指导下完成一定幼苗上盆、换盆及翻盆操作,实训态度不认真;不能认真完成全部操作,质量不合格,幼苗成活率在69%以下;实训报告内容少,无分析,上交不及时	不及格(60分以下)

三、转盆、倒盆与松盆

(一) 目的要求

使学生掌握转盆、倒盆与松盆技术。

(二) 材料工具

盆栽植物、竹片、小铁耙等。

(三) 方法步骤

结合基地盆栽植物的日常管理进行实训。

(1) 根据不同植物特点确定转盆时间,一般每隔20~30天原地转动花盆180°。

(2) 根据情况,将温室前的盆花与温室后方的盆花进行位置互换。

(3) 在施肥和浇水后的第二天,用竹片、小铁耙等松动容器表土。

(四) 实习报告

交1份实习报告,记录转盆、倒盆与松盆的方法,并叙述不同的转盆、倒盆与松盆方法产生不同效果的体会。

四、盆栽植物的浇水与施肥

(一) 目的要求

熟悉盆栽植物的浇水、施肥原则和肥料的种类、特点,正确掌握浇水、施肥技术。

(二) 材料工具

沤肥水、无机肥、盆栽植物、喷雾器、喷壶及移植铲等。

(三) 方法步骤

在教师指导下,以承包管理的方式,进行常规栽培管理中的浇水、施肥工作。

(1) 盆花的根外追肥,用0.2%的尿素稀释液喷洒叶片。盆中施入有机复合肥颗粒。

(2) 掌握花盆间干间湿的浇水原则。注意不同植物的浇水方式。

(四) 考核方式

本项目以个人为单位进行实训与成绩评定,考核形式为过程与结果综合考核。交实训报告一份,内容为记录施肥和浇水方法,以及如何掌握"见干见湿"的浇水原则的体会。

（五）成绩评定

考核主要内容与分值	考核标准	成绩
1. 材料准备（20分） 2. 规范操作（浇水、施肥）（30分） 3. 承包管理的植物生长情况（30分） 4. 实训态度（10分） 5. 实训报告（10分）	材料准备充分，根据具体植物生长状态正确浇水，施肥量合适，方法适当，施肥次数合理，管理的植物生长健壮，实训态度认真；操作正确，盆栽植物成活率达98%以上；实训报告认真，内容充实，分析深刻，上交及时	优秀（90~100分）
	材料准备较充分，根据具体植物生长状态正确浇水，施肥量与方法比较合理，施肥次数较合理，管理的盆栽植物生长健壮，但有的盆栽植物生长不良，实训态度较认真；盆栽植物成活率达90%以上；实训报告较认真，内容一般，有分析，上交及时	良好（75~89分）
	材料准备较充分，根据具体植物生长状态正确浇水，施肥量较合适，方法单一，施肥次数或多或少，管理不到位，承包管理的盆栽植物生长一般，能在指导下完成一定的工作任务，实训态度一般；盆栽植物成活率达70%~89%；实训报告内容一般，分析少，上交及时	及格（60~74分）
	材料准备较充分，根据具体植物生长状态正确浇水，施肥量较合适，方法单一，施肥次数或多或少，管理不到位，承包管理的盆栽植物生长一般，能在指导下完成一定的工作任务，实训态度不认真；质量不合格，盆栽植物成活率在69%以下；实训报告无分析，上交不及时	不及格（60分以下）

技能小结

本技能重点介绍了容器栽培技术的一般流程和环节、基质的配制与消毒、容器栽培养护技术等。

思考与练习

1. 容器栽培的特点是什么？
2. 当地有哪些配制培养土的材料？
3. 怎样进行上盆、转盆、倒盆、换盆？
4. 盆栽的施肥和浇水方法有哪些？各自有什么特点？

技能十一　特殊立地园林树木栽植

能力要求

- 初步掌握特殊立地环境下园林树木的栽培管理措施

相关知识

Q：城市中特殊、极端的立地环境有什么样的特点？

城市绿地建设经常需要在一些特殊、极端的立地条件下栽植树木。所谓特殊的立地环境，是指具有大面积铺装表面的立地、盐碱地、干旱地、岩石地、环境污染地及屋顶等。在特殊的立地环境条件下，影响树木生长的主要环境因素有水分、养分、土壤、温度及光照等，常表现为其中一个或多个环境因子处于极端状态下，如干旱立地条件下水分极端缺少，岩石立地条件下基本无土或土壤极少，必须采取一些特殊的措施才能成功栽植树木。

一、铺装地面的环境特点

1. 树盘土壤面积小

在有铺装的地面进行树木栽植，大多情况下种植穴的表面积都比较小。如城市行道树栽植时，空留的树盘土壤表面积一般仅 1~2 m^2，有时覆盖材料甚至一直铺到树干基部，树盘范围内的土壤表面积少（图技 11–1）。

图技 11–1　铺装地面栽植树木

2. 生长环境条件恶劣

栽植在铺装地面上的树木，除根际土壤被压实、透气性差，导致土壤水分、营养物质与外界的交换受阻外，还会受到强烈的地面热量辐射和水分蒸发的影响，其生境比一般立地条件要恶劣得多。研究表明，夏季中午的铺装地表温度可高达 50℃以上，不但土壤微生物存活困难，树干基部也会受到高温的伤害。近年来我国许多城市建设的各类大型城市广场，崇尚采用大理石进行大面积铺装，更加重了地表高温对树木生长的危害。

3. 易受机械性伤害

由于铺装地面多为人群活动密集的区域，树木生长容易受到人为的干扰和损伤，如刻伤树皮、钉挂杂物，在树干基部堆放有害、有碍物质以及市政施工时对树体造成的各类机械性伤害。

二、岩石地的环境特点

常见的岩石立地类型有：在山地上建宅、筑路、架桥后对原地形地貌改造形成的人工坡面，采矿后破坏表层土壤而裸露出的未风化岩石，因各种自然或人为因素导致滑坡而形成的无土岩地，以及人造的岩石园、园林叠石假山等。大多缺乏树木生存所需的土壤或土层十分浅薄，缺少自然植被，是环境绿化中的特殊立地。这类立地缺少树木正常生长需要的水分和养分，树木的根系难以固定，树木生存环境恶劣。

因为岩石具有发育的节理，常年风化造成的裂缝或龟裂，可积聚少许土壤并蓄存一定量的水分。风化程度高的岩石，表面形成风化层或龟裂部分，树木有可能扎根生长。若岩石表面风化为保水性差的岩屑，在岩屑上铺上少量客土后，也能使某些树木维持生长。

三、干旱地的环境特点

1. 土壤次生盐渍化

当土壤水分蒸发量大于降水量时，不断丧失的水分使得表层土壤干燥，地下水通过毛细管的上升运动到达土表，盐碱伴随着毛管水上升并在地表积聚，盐分含量在地表或土层某一特定部位的增高，导致土壤次生盐渍化。

2. 土壤生物减少

干旱会导致土壤生物（细菌、线虫、蚁类、蚯蚓等）种类、数量减少，生物酶的分泌也随之减少，土壤有机质的分解受阻，影响树体养分的吸收。

3. 土壤温度高

干旱造成土壤热容量减小，温差变幅加大；同时，因土壤的潜热交换减少，土壤温度升高，这些都不利于树木根系的生长。

四、盐碱地的环境特点

盐碱土是地球上广泛分布的一种土壤类型，约占陆地总面积的 25%。我国从滨海到内陆，从低地到高原都有分布。土壤中的盐分主要为 Na^+ 和 Cl^-。Na^+ 和 Cl^- 为强淋溶元素，在土壤中的主要移动方式是扩散与淋失，两者都与水分有密切关系。在雨季，降水大于蒸发，土壤呈现淋溶脱盐特征，盐分顺着雨水由地表向土壤深层转移，也有部分盐分被地表径流带走；而在旱季，降水小于蒸发，底层土壤的盐分沿毛细管移至地表，表现为积盐过程。在荒裸的土地上，土壤表面水分蒸发量大，上层土壤积盐速度快，因此要尽量避免土壤的裸露，尤其在干旱季节，土壤覆盖有助于防止盐化发生。

沿海城市中的盐碱土主要是滨海盐土，不仅土壤表层积盐重，达到 1%~3%，1 m 土层中平均含盐量也达到 0.5%~2%，盐分组成与海水一致，以氯化物占绝对优势。盐分来源主要有地下水，大气水分沉降。人类在生产或生活中排放的含氯废水或废气，农业生产中施用的含氯化肥，通过水流或降雨进入土壤，也会导致盐渍化的发生。海水倒灌也会导致土壤盐分增加。

盐碱地对树木生长主要有如下影响。

1. 引发生理干旱

盐碱土中积盐过多，土壤溶液的渗透压远高于正常值，树木根系吸收养分、水分非常困难，甚至会出现水分从根细胞外渗的情况，破坏了树体内正常的水分代谢，造成生理干旱，树体萎蔫、生长停止甚至全株死亡。一般情况下，土壤表层含盐量超过 0.6% 时，大多数树种已不能正常生长；土壤中可溶性含盐量超过 1.0% 时，只有一些特殊耐盐树种才能生长。

2. 危害树体组织

在土壤 pH 过高的情况下，OH^- 对树体产生直接毒害。这是因为树体内积聚的过多盐分，使蛋白质合成受到严重阻碍，从而导致含氮的中间代谢产物积累，造成树体组织的细胞中毒；另外盐碱的腐蚀作用也会使树木组织直接受到破坏。

3. 滞缓营养吸收

过多的盐分使土壤物理性状恶化、肥力降低，树体需要的营养元素摄入减慢，利用转化率也降低。而 Na^+ 的竞争，使树体对钾、磷和其他营养元素（主要是微量元素）的吸收减少，磷的转移受抑，严重影响树体的营养状况。

4. 影响气孔开闭

在高浓度盐分作用下，叶片气孔保卫细胞内的淀粉形成受阻，气孔不能关闭，树木容易过度蒸腾而干枯死亡。

五、屋顶花园的环境特点

屋顶花园是在完全人工化的环境中栽植植物，采用客土、人工灌溉系统为树木提供必要的生长条件。在屋顶营造花园，受到荷载的限制，不可能有很深的土壤。屋顶花园的环境特点主要表现在土层薄、营养物质少、缺少水分；同时屋顶风大，阳光直射强烈，夏季温度较高，冬季寒冷，昼夜温差变化大（图技 11–2）。

图技 11–2 屋顶花园

技 能 实 训

Q：在城市特殊、极端的立地环境下如何种植树木？

一、铺装地面的树木栽植

具铺装地面的立地环境如人行道、广场、停车场等，建筑施工时一般很少考虑后期的树木种植问题，因此在树木栽植和养护时常发生有关土壤排水、灌水、通气、施肥等方面的问题，需作特殊的处理。

1. 树种选择

由于铺装立地的特殊环境，树种选择应具有耐干旱、耐贫瘠的特性，根系发达；树体能耐高温与阳光曝晒，不易发生灼伤。

2. 土壤处理

适当更换栽植穴的土壤，改善土壤的通透性和土壤肥力，更换土壤的深度为 50~100 cm，并在栽植后加强水肥管理。

3. 树盘处理

应保证栽植在铺装地面上的树木有一定的根系土壤体积。据调查资料，在有铺装地面栽植的树木，根系至少应有 3 m^3 的土壤，且增加树木基部的土壤表面积要比增加栽植深度更为有利。铺装地面切忌一直伸展到树干基部，否则随着树木的加粗生长，地面铺装材料会嵌入树干体内，树木根系的生长也会抬升地面，造成地面破裂不平。还可以采用有孔洞的草坪地砖铺装在树盘的外围，以利透气。

树盘地面可栽植花草，覆盖树皮、木片、碎石等，一方面提升景观效果，另一方面起到保墒、减少扬尘的作用。

二、岩石地的树木栽植

（一）树种选择

1. 株形矮小

应选择树体生长缓慢，株形矮小，呈团丛状或垫状，生命周期长，耐贫瘠土质、抗性强，特别多见于高山峭壁上生长的岩生类型，如黄山松、杜鹃、紫穗槐、胡颓子、忍冬、绣线菊、大果榆及花棒等。

2. 旱生植物

在考虑株形矮小的同时，还要选择本身耐干旱的树种。旱生植物大多植株含水量少，丧失1/2 含水量时仍不会死亡。叶面变小，多退化成鳞片状、针状；或叶边缘向背面卷曲，叶表面的蜡质层厚、有角质，气孔主要分布的叶背面有绒毛覆盖，水分蒸腾小。

3. 深根性

选择的树种根系要发达，能延伸达数米，可穿透岩石的裂缝伸入下层土壤吸收营养和水分。有的根系能分泌有机酸分化岩石，或能吸收空气中的水分。

（二）岩石地的改造

1. 客土改良

客土改良是在无土岩石地栽植树木的基本做法。岩石缝隙多的，可在缝隙中填入客土；整体坚硬的岩石，可局部打碎后再填入客土。

2. 斯特比拉纸浆喷布

斯特比拉是一种专用纸浆，将种子、泥土、肥料、黏合剂、水放在纸浆内搅拌，通过高压泵喷洒在岩石地上。由于纸浆中的纤维相互交错，形成密布孔隙，这种形如布格状的覆盖物有较强的保温、保水、固定种子的作用，尤其适于陡崖、无土岩石山地的绿化。

3. 水泥基质喷射

在铁路、公路、堤坝等工程建设中，经常要开挖大量边坡，从而破坏了原有植被覆盖层，形成大量的次生裸地，可采用水泥基质喷射技术辅助绿化。水泥基质是由固体、液体和气体三相物质组成的具有一定强度的多孔人工材料。固体物质包括粗细不等的土壤矿质颗粒、胶结材料（低碱性水泥和河沙）、肥料和有机质以及其他混合物。基质中加入稻草、秸秆等成孔材料，使固体物质之间形成形状和大小不等的空隙，空隙中充满水分和空气。基质铺设的厚度为 3~10 cm。基质与岩石间的结合，可借助由抗拉强度高的尼龙高分子材料等编织而成的网布。施工前首先开挖、清理并平整岩石边坡的坡面，钻孔、清理并打入锚杆，挂网后喷射拌有种子的水泥基质，萌发后转入正常养护。此法不仅可大大减弱岩石的风化及雨水冲蚀，降低岩石边坡的不稳定性，而且在很大程度上改善了因工程施工所破坏的生态环境，景观效果也很显著，但一般只适用于小灌木或地被树种栽植。

4. 植生袋

是将选种的草、花、灌木种子、保水剂、微生物肥料等材料，通过机器设备作成植生袋并覆上一层抗老化绿网，然后将复合好的材料按一定的规格缝制成袋子，即植生袋和绿网袋的有机结合体。作为一种新型边坡绿化材料，植生袋是边坡绿化及荒山修复重要的施工方法之一。可以在无土的岩石或山体滑坡后留下的裸露部位、高速公路和铁路的无土沙石斜坡部位、垂直的山崖部位、严重盐碱地段、无土屋顶等无法种植和移植草坪的地段施工。也可以用于构筑防汛墙、道路隔音墙的垂直绿化。在河道整治和水景的治理中，都是一种优势手段。

三、干旱地的树木栽植

（一）栽植时间

干旱立地植树除了选择耐旱性强的乡土景观树种外，还要选择适宜的栽植时间。干旱地的树木栽植应以春季为主，一般在 3 月中旬至 4 月下旬，土壤比较湿润，土壤的水分蒸发和树体的蒸腾作用也比较低，树木根系再生能力旺盛，愈合发根快，有利于树木的成活生长。但在春旱严重的地区，宜在雨季栽植。

（二）栽植技术措施

干旱立地采取抗旱栽植措施是保证树木栽植成活的关键，常用的技术措施有：

1. 泥浆堆土

将表土回填树穴后，浇水搅拌成泥浆，再挖坑种植，并使根系舒展；然后用泥浆培稳树木，以树干为中心培出半径 50 cm、高 50 cm 的土堆。因泥浆能增强水和土的亲和力，减少重力水的损失，可较长时间保持根系的土壤水分。堆土还减少树穴土壤水分的蒸发，减小树干在空气中的暴露面积，降低树干的水分蒸腾。

2. 埋设聚合物

聚合物是颗粒状的聚丙烯酰胺和聚丙烯醇物质，能吸收自重 100 倍以上的水分，具极好的保水作用。干旱地栽植时，将其埋于树木根部，能较持久地释放所吸收的水分供树木生长。高吸收性树脂聚合物为淡黄色粉末，不溶于水，吸水膨胀后成无色透明凝胶，可将其与土壤按一定比例混合拌匀使用；也可将其与水配成凝胶后，灌入土壤使用，有助于提高土壤保水能力。

3. 开集水沟

旱地栽植树木，可在地面挖集水沟蓄积雨水，有助于缓解旱情。

4. 容器隔离

采用塑料袋容器（10~300 L）将树体与干旱的立地环境隔离，创造适合树木生长的小环境。袋中填入腐殖土、肥料、珍珠岩，再加上能大量吸收和保存水分的聚合物，与水搅拌后成冻胶状，可供根系吸收 3~5 个月。若能使用可降解塑料制品，则对树木生长更为有利。

四、盐碱地的树木栽植

（一）常见的主要耐盐树种

一般树木的耐盐力为 0.1%~0.2%，耐盐力较强的树种为 0.4%~0.5%，强耐盐力的树种可达

0.6%~1.0%。可用于滨海盐碱地栽植的树种主要有：

黑松，能抗含盐海风和海雾，是唯一能在盐碱地用作园林绿化的松类树种，尤其适于在海拔600 m以上的山地栽植。

北美圆柏能在含盐0.3%~0.5%的土壤中生长。

胡杨能在含盐量1%的盐碱地生长，是荒漠盐土上的主要绿化树种。

火炬树原产于北美，浅根且萌根力强，是盐碱地栽植的主要园林树种。

白蜡为深根系乔木，根系发达，萌蘖性强，在含盐量0.2%~0.3%的盐土生长良好，木质优良，叶色秋黄，具耐水湿能力强，是极好的滩涂盐碱地栽植树种。

沙枣适宜在含盐量0.6%的盐碱土栽植，含盐量不超过1.5%能生长。

合欢根系发达，对硫酸盐的抗性强，耐盐量可达1.5%以上，适宜在含盐量0.5%的轻盐碱土栽植。花有浓香，被誉为耐盐碱栽植的宝树。但耐氯化盐能力弱，超过0.4%则不适生长。

苦楝1年生苗可在含盐量0.6%的盐渍土生长，是盐渍土地区不可多得的耐盐、耐湿树种。

紫穗槐根部有固氮根瘤菌，落叶中含有大量的酸性物质能中和土壤的碱性，改善土壤的理化性质，也可增加土壤腐殖质。适应性广，能抗严寒、耐干旱，在含盐量1%的盐碱地也能生长，且生长迅速。叶可作绿肥，枝为重要的编织及造纸原料，花为蜜源，种子含油率为10%，可提炼润滑剂及甘油，为盐碱地绿化的先锋树种。

另外如国槐、柽柳、垂柳、刺槐、侧柏、龙柏及红树等都具有一定的耐盐能力；单叶蔓荆、枸杞、小叶女贞、石榴、月季及木槿等均是耐盐碱土的优良树种；法桐、香花槐、107速生杨、172抗碱柳、臭椿、紫叶李、红叶臭椿、国槐、火炬树、沾化冬枣、大叶女贞、果桑、乔木桑及蜀桧均可在轻盐碱地绿化中应用。

（二）栽植措施

1. 施用土壤改良剂

施用土壤改良剂可达到直接在盐碱土栽植树木的目的，如施用石膏可中和土壤中的碱，适用于小面积盐碱地改良，施用量为3~4 t/hm^2。

2. 防盐碱隔离层

对盐碱度高的土壤，可采用防盐碱隔离层控制地下水位上升，阻止地表土壤返盐，在栽植区形成相对的局部少盐或无盐环境。具体方法为：在地表挖1.2 m左右的坑，将坑的四周用塑料薄膜封闭，底部铺20 cm石渣或炉渣，在石渣上铺10 cm草肥，形成隔离盐碱、适合树木生长的小环境。天津园林绿化研究所的试验表明，采用此法第一年的平均土壤脱盐率为26.2%，第二年为6.6%；树木成活率达到85%以上。

3. 埋设渗水管

铺设渗水管可控制高矿化度的地下水位上升，防止土壤急剧返盐。天津园林绿化研究所采用渣石、水泥制成内径20 cm、长100 cm的渗水管，埋设在距树体30~100 cm处，设有一定坡降并高于排水沟；距树体5~10 m处建一收水井，集中收水外排，第一年可使土壤脱盐48.5%。采用此法栽植白蜡、垂柳、国槐、合欢等，树体生长良好。

4. 暗管排水

暗管排水的深度和间距可以不受土地利用率的制约，有效排水深度稳定，适用于重盐碱地区。单层暗管埋深2 m，间距50 cm。双层暗管第一层埋深0.6 m，第二层埋深1.5 m，上下两层在空间上形成交错布置,在上层与下层交会处垂直插入管道,使上层的积水由下层排出,下层管排水流入集水管。

5. 抬高地面

天津园林绿化研究所在含盐量为0.62%的地段,采用换土并抬高地面20 cm栽种油松、侧柏、龙爪槐、合欢、碧桃及红叶李等树种,成活率达到72%~88%。

6. 躲避盐碱栽植

土壤中的盐碱成分因季节而有变化,春季干旱、风大,土壤返盐重;秋季土壤经夏季雨淋盐分下移,部分盐分被排出土体。此时,树木定植后,经秋、冬缓苗易成活,故秋冬季为盐碱地树木栽植的最适季节。

7. 生物技术改土

这主要指通过合理的换茬种植,减少土壤的含盐量。如上海石化总厂,对滨海盐渍土,采用种稻洗盐、种耐盐绿肥翻压改土的措施,仅用1~2年的时间,降低土壤含盐量40%~50%。

8. 施用盐碱改良肥

盐碱改良肥内含钠离子吸附剂、多种酸化物及有机酸,pH 5.0。利用酸碱中和、盐类转化、置换吸附原理,既能降低土壤pH,又能改良土壤结构,提高土壤肥力,可有效用于各类盐碱土改良。

五、屋顶花园的树木栽植

(一) 树种选择

屋顶花园的特殊生境对树种的选择有严格的限制,一般要求树体具抵抗极端气候的能力;能忍受干燥、潮湿积水;适应土层浅薄、少肥的土壤;栽植容易,耐修剪,生长缓慢。根系生长快、钻透性强的树种不宜选用,生长快、树体高大的乔木慎用。距离地面越高的屋顶,树种选择受限制越多。常用的乔木有罗汉松、龙爪槐、紫薇、女贞等,灌木有红叶李、桂花、山茶、紫荆及含笑等,藤本有紫藤、蔷薇、地锦、常春藤及络石等,地被有菲白竹、箬竹、黄素馨、铺地柏等。

(二) 配置方式

1. 地毯式

这种方式适宜于承受力比较小的屋顶,以地被、草坪或其他低矮灌木为主进行造园,构成垫状结构。土壤厚度15~20 cm,选用抗旱、抗寒力强的攀缘或低矮植物,如地锦、常春藤、紫藤、凌霄、金银花、红叶小檗、蔷薇、狭叶十大功劳、迎春及黄素馨等。

2. 群落式

这种方式适宜于承载力较大(一般不小于400 kg/m^2)的屋顶,土壤厚度要求30~50 cm。可选用生长缓慢或耐修剪的小乔木、灌木、地被等搭配构成立体栽植的群落,如罗汉松、红枫、紫荆、石榴、箬竹、桃叶珊瑚及杜鹃等。

3. 庭院式

这种方式适宜于承载力大于500 kg/m^{2}的屋顶,可仿建露地庭院式绿地,除了立体植物群落配置外,还可配置浅水池、假山等建筑景观,但应注意承重力点的查看,一般多沿周边设置,安全性较好。

无论哪一种屋顶花园,树种栽植时要注意搭配,特别是群落式屋顶花园。由于屋顶荷载的限制,乔木特别是大乔木数量不能太多;小乔木和灌木树种的选择范围较大,搭配时注意树木的色彩、姿态和季相变化；藤本类以观花、观果、常绿树种为主。

(三) 底面处理

1. 排水系统

(1) 架空式种植床。在离屋面 10 cm 处设混凝土板承载种植土层。混凝土板需有排水孔，排水可充分利用原来的排水层，顺着屋面坡度排出，绿化效果欠佳。

(2) 直铺式种植。在屋面板上直接铺设排水层和种植土层，排水层可由碎石、粗沙组成，其厚度应能形成足够的水位差，使土层中过多的水能流向屋面排水口。花坛设有独立的排水孔，并与整个排水系统相连。日常养护时，注意及时清除杂物、落叶，特别要防止总落水管被堵塞。

2. 防水处理

(1) 刚性防水层。在钢筋混凝土结构层上用普通硅酸盐水泥沙浆掺 5% 防水剂抹面，造价低，但怕震动；耐水、耐热性差，曝晒后易开裂。

(2) 柔性防水层。用油、毡等防水材料分层粘贴而成，通常为三油二毡或二油一毡。使用寿命短、耐热性差。

(3) 涂膜防水层。用聚氨酯等油性化工涂料涂刷成一定厚度的防水膜，高温下易老化。

3. 防腐处理

为防止灌溉水肥对防水层产生的腐蚀作用，需作技术处理，提高屋面的防水性能，主要方法有：

(1) 先铺一层防水层，由两层玻璃布和五层氯丁防水胶（二布五胶）组成；然后在上面铺设 4 cm 厚的细石混凝土，内配钢筋。

(2) 在原防水层上加抹一层厚 2 cm 的火山灰硅酸盐水泥沙浆。

(3) 用水泥沙浆平整修补屋面，再敷设硅橡胶防水涂膜，适用于大面积屋顶防水处理。

(四) 灌溉系统设置

屋顶花园种植，灌溉系统的设置必不可少，如采用水管灌溉，一般每 100 m^2 设一个。最好采用喷灌或滴灌形式补充水分，安全便捷。

(五) 基质要求

屋顶花园树木栽植的基质除了要满足提供水分、养分的要求外，应尽量采用轻质材料，以减少屋面载荷。常用基质有田园土、泥炭、草碳、木屑等，其物理性能见表技 11–1。轻质人工土壤的自重轻，多采用土壤改良剂以促进形成团粒结构保水性及通气性良好，且易排水。栽培基质一般由田园土 60%、草炭 30%、珍珠岩 10% 组成，厚 60 cm。防水层采用厚 2 cm 的火山灰硅酸盐水泥沙浆。

表技 11–1　屋顶花园常用栽培基质的物理性能

材料名称	容重 /($t\cdot m^{-2}$)	持水量 /%	孔隙度 /%
田园土	1.58	35.7	1.8
木屑	0.18	49.3	27.9
蛭石	0.11	53.1	27.5
珍珠岩	0.1	19.5	53.9

技能小结

本技能主要介绍了城市中大面积铺装表面的立地、盐碱地、干旱地、岩石地及屋顶等特殊、极端的立地条件特点与树木栽植技术措施。

思考与练习

1. 怎样进行有铺装地的树木种植？
2. 常见的主要耐盐碱树种有哪些？
3. 如何进行屋顶花园的树木栽植？

参考文献

[1] 柴梦颖．园林树木栽培与养护[M]．北京：中国农业大学出版社，2013.
[2] 卓丽环．园林树木[M]．2 版．北京：高等教育出版社，2015.
[3] 石进朝．园林植物栽培与养护[M]．北京：中国农业大学出版社，2012.
[4] 王国东．园林植物环境[M]．南京：凤凰出版传媒集团，2012.
[5] 唐蓉，李瑞昌．园林植物栽培与养护[M]．北京：科学出版社，2014.
[6] 魏岩．园林植物栽培与养护[M]．北京：中国科学技术出版社，2003.
[7] 余远国．园林植物栽培与养护管理[M]．北京：机械工业出版社，2010.
[8] 龚维红，赖九江．园林树木栽培与养护[M]．北京：中国电力出版社，2009.
[9] 张天麟．园林树木 1 600 种[M]．北京：中国建筑工业出版社，2010.
[10] 王国东．园林苗木生产与经营[M]．大连：大连理工大学出版社，2014.
[11] 王秀娟，张兴．园林植物栽培技术[M]．北京：化学工业出版社，2007.
[12] 李娜．园林景观植物栽培[M]．北京：化学工业出版社，2014.
[13] 王国东，周兴元．园林植物栽培[M]．2 版．北京：高等教育出版社，2015.
[14] 布凤琴，宋凤，臧德奎．300 种常见园林树木识别图鉴[M]．北京：化学工业出版社，2014.
[15] 李作文，张连全．园林树木 1 966 种[M]．沈阳：辽宁科学技术出版社，2014.
[16] 徐晔春，崔晓东，李钱鱼．园林树木鉴赏[M]．北京：化学工业出版社，2012.
[17] 王国东，园林树木栽培与养护[M]．上海：上海交通大学出版社，2016.

郑重声明

高等教育出版社依法对本书享有专有出版权。任何未经许可的复制、销售行为均违反《中华人民共和国著作权法》，其行为人将承担相应的民事责任和行政责任；构成犯罪的，将被依法追究刑事责任。为了维护市场秩序，保护读者的合法权益，避免读者误用盗版书造成不良后果，我社将配合行政执法部门和司法机关对违法犯罪的单位和个人进行严厉打击。社会各界人士如发现上述侵权行为，希望及时举报，本社将奖励举报有功人员。

反盗版举报电话 （010）58581999 58582371 58582488

反盗版举报传真 （010）82086060

反盗版举报邮箱 dd@hep.com.cn

通信地址 北京市西城区德外大街4号
高等教育出版社法律事务与版权管理部

邮政编码 100120

教学课件联系 songchen@hep.com.cn

教材问题联系 zhangqb@hep.com.cn

群名称：高职农林课程建设交流
群 号：1139163301